그동안 몰랐던
별의별 천문학 이야기

─별에 빠지다─

김 상 철 지음

본서에 등장하는 칠레 지명은 칠레 현지 발음대로 표기되어 있습니다.

머리말

흔히 '과학기술'이라고 부르지만 엄밀히 과학과 기술은 다르다. 과학은 주로 순수과학을 의미하고 기술은 응용과학, 주로 공학을 의미한다. 예산은 주로 기술에 준다. 금방금방 결과가 나오고, 또 돈이 되기 때문이다. 그러다 보니 과학에도 비슷한 요구를 한다. 경제에 도움이 되는지, 일자리 창출에 도움이 되는지, 특허가 나오는지. 선진국에 진입했다고는 하지만 아직 우리는 개발도상국형 투자를 하고 있다. 또한, 과학자이건 공학자이건 늘 성과로 평가받아야 하기에 성과에 목을 매고 있다.

하지만 국가의 저력은 과학에서 나오고 기술이 발전하려면 먼저 과학이 튼튼해야 한다. 선진국의 과학은 수백 년간 쌓아둔 바탕에서 나온다. 6·25전쟁 후 주로 1970년대부터 발전을 시작한 우리나라 같은 후발 주자는 앞선 선진국보다 과학에 더 많이 투자해야 하고 더 기다려야 한다. 하지만 현실은 그와 반대인 경우가 많다. 늘 기술에 주로 투자가 이루어지고 싸잡아서 '과학기술'에 엄청난 투자를 한다고 생각한다. 그러다 노벨과학상 수상자를 발표하는 10월만 되면 비난의 화살이 돌아온다. 그렇게 투자했는데 노벨과학상은 언제쯤 받을 수 있냐고. 물론 우리나라 현대 과학의 역사는 짧아도 개인적인 역량이 뛰어난 몇몇 한국인 과학자가 있어 수상을 기대해 보기도 한다. 하지만 우리나라가 과학에서 어쩌다 한 번 받는 노벨상에 흡족해할 게 아니라면, 과학자의 시각으로 보면 아직 멀었다. 투자를 하지 않으면서 우물에서 숭늉 찾는 격이다.

과학을 하면서, 특히 천문학을 하면서 받는 질문들이 많다. 그런 질문에 대한 답을 모두에게 들려주고 싶었다. 일반인들은 물론이고 어린이들과 중·고등학생들에게도 천문학자는 어떻게 사는지, 어떤 생각을 하며 살고, 어떤 과정을 거쳤는지 그런 이야기를 해 주고 싶었다. 내가 강연을 할 테니 모이라고 말하기 어려워서 어디선가 사람들을 모을 테니 와서 강연을 하라고 하면 꼭 가서 사람들을 만났다. 이 땅의 삶에 지친 어른들도 그렇지만 특히 아이들은 우주에 관심이 많다. 아이돌이나 운동선수를 꿈꾸는 아이들이 늘었지만 여전히 과학자가 되고 싶어 하는 어린 세대도 많다. 그런 사람들에게 우리 시대의 천문학자는 어떤 연구를 하는지, 어떤 고민을 하며 사는지 보여 주는 게 과학의 대중화라고 생각한다. 그리고 그런 대화가 오가다 보면 툭 하고 질문이 나온다. 질문을 한다는 것은 자연이든 학문이든 사람이든 무언가에 대해 궁금해한다는 것이고, 그게 과학의 시작이다. 궁금해하시라! 그리고 질문하시라! 그러면 거기서 학문이 시작된다. 천문학도 그렇다. 아이들이 질문하면 최대한 성실하게 답해 주시라. 모르겠으면 모르겠다고 답하면 된다. 그리고 누구에게 물어봐 주거나 또는 아이 스스로 누구누구를 찾아가서 질문해 보라고 격려해 주면 된다. 과학은 멀리 있지 않다. 오늘 밤하늘에 뜬 달, 도시에서도 몇 개 보이는 밝은 별을 올려다보는 것에서 과학은 시작된다.

목차

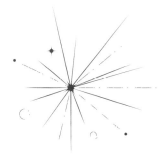

1장

천문학자라는 사람들

1. 천문학자를 만나 보자

한국에서 천문학을 연구하는 박사를 만나는 건 쉽지 않다. 천문학 박사 수가 적어서 드물기 때문이다. 그리고 또 '돈'이 안 된다. 뭔가 순수한 면은 있어 보이지만, 반면 재물이 많은 것 같지는 않다. 그도 그럴 것이 잠 안 자고 밤새도록 망원경 부여잡고 밤하늘의 별만 보는데 떡이 나오나 빵이 나오나. 그런데도 이걸 좋아하는 사람들이 있다. 또 취미도 아니고 돈도 안 되는 이걸 굳이 직업으로까지 해서 평생 하겠다는 사람들이 있다. 그런 사람들이 모여 있는 곳이 천문학계이다.

그래서 양면성이 있다. 한편으로는 순수하다. 굳이 재물에 욕심 내지 않고 '자연'을 바라보며 순수한 호기심을 추구하다 보니 순박한 편이다. 또 한편으로는 고집이 있다. 나름 수학도 좀 하고 영어도 좀 하고 공부 좀 한다는 애가 천문학을 하겠다고 하면 부모이건 학교이건 주변에서 꽤 말린다. 그런 반대를 뚫고 전공을 선택하고 또

대학원까지 갔다는 것은 학자 집안이거나, 부유하며 자유로운 집안이거나, 그도 아니면 본인이 엄청 고집쟁이라는 거다. 그래도 천문학자는 나름 행복하다. 추구하는 바가 부의 창출이 아닌 궁금증 해결이고, 또 본인이 하고 싶어 하는 것을 하면서 월급도 받으니까.

천문학은 선진국에서 주로 연구하고 있다. 그도 그럴 것이 가난한 나라나 집안이라면 생존과 먹거리가 가장 중요할 수밖에 없고, 배가 좀 불러야 별도 쳐다보고 일식이 언제 일어나나 계산도 해 볼 수 있다. 또 망원경이 있어야 하는데 더군다나 클수록 성능이 좋다. 자연스럽게 비싸고 거대한 망원경을 만들 예산과 기술이 있는 선진국이 투자하게 되고, 그들의 학문이 앞설 수밖에 없다. 어떤 나라가 천문학을 잘하느냐는 질문을 받은 적이 있다. 당연히 미국이다. 미국의 캘리포니아주가 한반도보다 넓다. 미국의 주 50개는 사실상 나라 50개를 모아 놓은 것과 같으니 부와 기술력에서 앞선다. 미국보다 먼저 선진국이었던 유럽의 국가들이 일대일로는 미국과 상대가 안 되다 보니 유럽연합을 만들었다. 천문학에서도 미국이 가장 훌륭한 망원경과 시설들을 보유하고 있고 천문학자의 수나 실력에서도 뛰어나다. 그 뒤를 잇는 게 유럽연합과 일본, 호주 같은 나라이고 최근에는 중국이 엄청난 성장을 하고 있다. 중국의 사례를 보면 경제력의 성장 및 국력의 신장과 천문학 같은 순수 학문의 발달이 아주 잘 비례한다. 한국의 사례도 비슷하다. 그저 그런 망원경과 장비의 약점을 '머리'로 메꾸며 선진국을 따라잡으려 노력하다 보니 과거엔 늘 2군에 머물렀는데, 최근 국력의 신장과 맞물려 천문학에서도 1군을 바라보고 있다. 예전에는 국제 학회에 가면 한국인은 늘 극소수였고 존재감이 미미했지만 요즘은 존재감이 뿜뿜이다. 과거에는 끼지 못했지만 이제는 소위 '그들 중의 하나'로 인정받는다.

천문학은 자연과학이다. 자연을 연구한다는 말이다. 사람이 만든 것이 아닌, 즉 인공적이지 않은 대상 중 머리 들면 보이는 우주를 궁금해하고 질문하고 답을 찾는 분야이다. 천문학을 전공해서 박사학위를 받으면 대학의 교수나 연구원이 되는데, 우리나라에서 천문학을 연구하는 연구원은 딱 하나, 내가 몸 담고 있는 대전 대덕연구단지의 '한국천문연구원'이다. 한국천문연구원 입구에는 커다란 돌에 연구원의 사명을 적어 놓은 사명석이 있는데, '우리는 우주에 대한 근원적 의문에 과학으로 답한다'라고 쓰여 있다.

[그림 1] 대전 대덕연구단지에 위치한 한국천문연구원 전경
(오른쪽 위 'ㄷ'자 중앙이 본관인 세종홀이고 왼쪽에 은하수홀, 오른쪽에 장영실홀이 있다.
사진 중앙의 꺾인 건물은 이원철홀. 가장 왼쪽에는 14m 전파망원경을 품고 있는 흰색 돔이 있다.)

[그림 2] 한국천문연구원 입구에 있는 사명석
"우리는 우주에 대한 근원적 의문에 과학으로 답한다" 연구원의 사명이 적혀 있다.

　과학은 궁금증에서 시작한다. 해는 왜 동쪽에서 떠서 서쪽으로
질까? 왜 달은 초승달에서 반달로, 다시 보름달로 모양이 변할까?
대부분의 별은 위치가 변하지 않는데 왜 어떤 것들은 날마다 위치
가 바뀔까? 밤하늘의 별 하나하나가 태양 같다는데 왜 밤하늘은 어
두울까? 겨울철 오리온자리 오른쪽 위 방향에 별들이 예닐곱 개 예
쁘게 모여 있는 건 뭘까? 천체 사진을 보면 별들 사이에 뿌연 구름
같은 것들이 있는데 우주에도 지구처럼 구름이 있는 걸까? 우주선
을 타고 우주를 멀리 계속 가면 블랙홀을 만날까? 그러면 죽게 되
나? 우주 끝까지 가 볼 수 있기는 한 걸까? 등등. 궁금한 것을 나열
하면 끝이 없다. 어린 시절부터 이런 궁금증을 떠올리고, 말하고, 포
기하지 않고 답을 찾아 나가다 보면 어느새 과학자의 길에 들어서
게 된다. 질문을 하나 하고 거기에 대해 제대로 된 답을 얻는 경험을
하면 다음에 또 자연스럽게 질문하게 된다. 그리고 이런 궁금증이

생겼을 때 답 얻는 것을 쉽사리 포기하지 않을 것이다. 몇 번 답을 얻고 질문을 해결하면서 쾌감을 얻다 보면 어려운 질문을 만나도 끈질기게 매달릴 힘을 얻게 된다. 자녀들과 어린아이들의 질문을 귀 담아들어야 하는 이유이다. 부모, 가까운 사람들, 질문을 받은 사람들이 아이들의 미래 방향을 정하는 셈이다.

어린아이들은 새로운 세계에 온 여행자다. 그들에게는 모든 것이 신기하고 새미있다. 늘 자세히 관찰하고 재미있으면 따라 해 보고 그 과정을 즐거워한다. 그리고 부모나 주변 사람들에게 질문한다. 그들의 질문을 들어보라. 진정한 과학자, 인문학자, 사회학자의 자질을 보인다. 학창 시절에 약간 감퇴하더라도 억지로 제지당하지 않는다면 어린 시절의 감수성 그리고 성장하면서 터득하는 지식과 경험은 그들 한 사람 한 사람을 노벨과학상 수상자로 만들 것이다. 과학자의 질문처럼 아이들의 질문도 일회성으로 끝나지 않는다. 질문 하나에 대답해 주면 또 다른 질문이 나오고, 거기에 대답하면 다시 또 질문이 등장하고, 끝이 없다. 하지만 끝이 없지는 않다. 끝이 있다. 아이들이 아직 성인만큼 또는 전문가만큼 지식과 경험이 쌓여 있지 않기 때문이다.

우리 아이들이 어렸을 때 나에게 우주에 관한 질문을 하면 나는 늘 최대한 이해하기 쉬운 용어로 답해 주려 노력했다. 답을 들으면 아이들은 또 질문하고 또 질문하기를 이어가는데 보통은 다섯 번이나 열 번 정도면 끝난다. 유치원생이나 초등 저학년의 경우 질문이 꽤 오래 지속되기도 하는데, 질문이 많이 이어실수록 관찰력이나 사고력이 뛰어나고 그 분야의 재능이 있다고 할 수 있겠다. 쌓아둔 지식도 부족하고 과학적 방법론도 배우지 않은 아이가 순수한 호기심으로 질문하는 것이기 때문이다. 이 시기 아이들은 다 과학자이다. 체계적인 분석 기술을 못 배웠고 자기가 알아낸 것을 논리적으로 설명하지 못할 뿐이다.

부모들의 반응 중 가장 말리고 싶은 것은 "시끄러워. 밥이나 먹어."와 같은 무시하는 발언이다. 어리다는 이유로 인격적인 존중을 하지 않기 때문이다. 상대가 성인이건 아니건 우선은 경청해야 한다. 물론 지금 내가 바쁘다면 그렇다고 말하고 구체적으로 언제 다시 이야기하자고 하면 된다. 막상 질문을 들었을 때 전혀 모르겠다면 모른다고 솔직하게 말하면 된다. 하지만 부모가 답을 모른다고 해서 바로 포기하면 아이들은 그 포기하는 법까지 배워 버린다. 답을 찾기 위한 노력을 보여 줄 필요가 있다. 인터넷으로 검색해 보거나 한국천문연구원 같은 기관 또는 천문학자를 찾아 전화나 메일을 보내거나, 그도 아니면 주변 지인들에게라도 묻거나 수소문을 하면 아이들은 그 과정을 보며 배움을 얻는다. 정작 그 질문의 답은 못 찾더라도 다음에 또 다른 질문이 생겼을 때 어떻게 접근할지를 알게 된다. 또 쉽게 포기하지 않고 열심히 답을 구하는 부모의 모습에서 배움을 얻는다.

대학과 대학원에서의 배움도 다르지 않다. 대학에서 사용하는 책들, 교재들, 대학원에서 접하게 되는 수많은 논문은 그러한 질문들과 그에 대한 답을 잘 정리해 놓은 자료집들이다. 수학이든 과학이든 무언가를 배운다는 것은 먼저 질문을 하고 그에 답하는 과정을 익히는 것이다. 도저히 궁금하지 않다면 답을 아무리 설명해 주고 쉽게 풀어줘도 와닿지 않는다. 내 일이 아니라 남의 일일 테니.

때로는 천문학이나 물리학에 심취한 사람들 중에 사회성이 떨어지는 이들도 존재한다. 달걀을 부화시켜 보겠다고 직접 품었던, 밥

먹기도 잊고 실험에 열중했던 에디슨 같은 경우가 유명한 사례이다. 가족이나 동료들에게 피해를 줄 정도만 아니라면 귀엽게 봐 줄 만한 과학자의 특성으로 여길 수도 있겠다. 붉은색을 가까이하는 사람은 붉은색으로 물들고 먹을 가까이하는 사람은 검어진다는 옛 말처럼 순수과학을 하면 그 사람도 순수해진다고 하면 어떨까.

2. 천문학 하는 방법 - 관측과 이론

자연과학의 한 분야인 천문학도 모든 자연과학만큼이나 연구하는 방법에 따라 둘로 나눌 수 있다. 바로 관측과 이론이다. 보통 자연과학의 방법론을 말할 때는 실험과 이론으로 구분한다. 눈으로 자연을 관찰하고 코로 냄새를 맡고 입으로 맛을 보고 소리를 듣고 손으로 만져 보면서 자연을 직접 접하고 현상을 파악하는 분야를 '실험'이라고 하고, 아인슈타인처럼 펜으로 종이에 방정식을 쓰고 풀거나 머릿속으로 생각에 생각을 거듭하면서 자연을 연구하는 경우를 '이론'이라고 한다. 요즘에는 이론의 한 분야이면서도 사람이 도저히 하기 어려울 만큼 복잡하고 방대한 계산을 컴퓨터를 이용해 수행하는 분야를 '수치 모의실험'(시뮬레이션)이라고 해서 따로 분류하기도 한다.

그런데 우주를 연구하는 천문학자들에게는 자연과학의 다른 분야와 달리 실험이라는 것이 쉬운 게 아니다. 지구에 떨어진 운석이나 달, 화성 등의 태양계를 벗어나면 인간이 직접 가보거나 만져 보는 것이 어렵다. 겨우 할 수 있는 것이 망원경으로 빛을 받아서 '보는' 것이다. 그래서 천문학자들에게 실험이란 거의 '보는 것' 하나이기에 '관측'이라는 용어를 사용한다. 그래서 천문학자들은 관측과 이론으로, 또는 하나 더 보태서 수치 모의실험으로 분류한다.

천문학의 꽃은 관측이다. 물론 내가 '관측 천문학자'여서 이렇게 말하기도 하지만 많은 이가, 심지어 이론 천문학자들도 꽤 동의한다. 그 이유는 자연을, 우주를 직접 접하고 측정해서 알려 주기 때문이다. 물론 측정 과정이 틀렸을 수도 있고 분석 과정에서 실수할 수도 있지만, 여러 학자가 독립적으로 반복 시도해 보는 검증 과정을 거치므로 오류를 최소화할 수 있다. 그런 면에서 이론 또는 수치 모의실험의 단점을 지적해 본다면 유일하지 않은 결론을 얻을 수 있다는 것이다. 우리가 보는 자연은 특정한 하나의 모습인데 이론 연구 결과가 여러 가지 가능성을 보여 준다면 그중 어느 것이 정말로 우리가 보는 자연의 모습인지, 어떻게 그 하나를 구별해 낼 수 있는지 선별하기가 어려울 수 있다. 학술대회 발표 관련한 유명한 이야기가 있다. 관측 결과를 발표하는 경우 발표자 본인은 결과를 반신반의하지만 듣는 모든 사람은 믿는 반면, 이론 연구 결과 발표의 경우 발표자는 자신의 결과를 굳게 믿고 발표하지만 듣는 이들은 믿지 않는다는 연구 분야의 특성 때문인지 관측자들은 복잡하고 수많은 분석 과정에서 혹시라도 본인이 실수하지는 않았는지 검증에 검증을 또 거치면서도 늘 결과를 의심한다. 그러다 보니 결과를 발표할 때도 조심스럽고 누군가 중대한 지적을 하는 건 아닐까 하는 마음을 품은 채 발표한다. 하지만 그의 결과는 직접적으로 자연에 맞닿아서 측정하고 점검한 결과인 만큼 발표를 듣는 모든 사람은 모두 호기심을 가득 품고 경청한다. 반면, 이론과 수치 모의실험 연구 결과는, 본인은 확신에 차서 발표하지만 청중은 늘 '저게 과연 유일한 답일까' 하는 의아심을 가지고 경청하다 보니 저런 농담이 돌아다니지 않나 싶다.

두 분야에 방법의 차이는 있지만 가치의 경중은 없다. 즉 어느 하나가 더 뛰어나다거나 더 중요하다고 말할 수는 없다. 다만 접근하고 연구하는 방법이 다를 뿐이다. 그럼에도 천문학같이, 광대한 우주를 연구하는 경우는 관측 자료의 양이 엄청나게 많아서 그런지 또는 먼저 '보고' 나중에 그것을 설명하는 천문학의 특성 때문인지 관측자의 수가 훨씬 많다. 내가 근무하는 한국천문연구원의 조직으로는 3개의 커다란 본부와 그보다 규모가 작은 사업단이 1개, 그리고 센터가 5개 있는데, 이론 연구를 하거나 전산을 다루는 한두 개의 작은 부서 외에는 관측 연구가 주를 이룬다고 할 수 있다.

 ## 3. 하늘을 보는 도구 - 망원경

관측에 대해 좀 더 알아보자. 현대의 천문학자가 하는 관측은 [그림 3]처럼 삼각대 위 망원경에 눈을 대고 보는 그런 관측이 더 이상 아니다. 물론 1609년에 인류 최초로 망원경으로 우주를 관측한 갈릴레오 갈릴레이는 그렇게 망원경과 눈만으로 관측을 했고, 그 후 수백 년 동안 아니 현재에도 여전히 그렇게 관측을 하기도 한다. 밤하늘 천체 관측을 취미로 하거나 또는 소행성이나 변광성, 초신성을 새로 발견하거나 감상하고자 하는 아마추어 천문가들은 소형 망원경을 사용하여 눈으로 보기도 하고 필름이나 CCD로 사진 촬영을 하기도 한다.

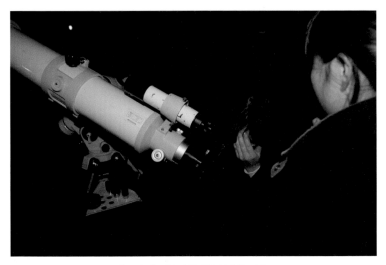

[그림 3] 소형 망원경을 이용한 관측

 하지만 연구를 목적으로 하는 천문학자들이 사용하는 망원경은 일반적으로 1m보다 크다. 여기서 망원경의 크기는 어떻게 정하는지를 알아보자. [그림 3]처럼 망원경에는 경통과 받침대가 있다. 렌즈나 거울이 내부 어딘가에 들어 있으며 그를 감싸고 지탱하는 경통, 그리고 삼각대 같은 받침대가 있다. [그림 3]의 흰색 경통처럼 길쭉한 경우 경통의 하늘 쪽 끝부분 안쪽에 렌즈를 넣은 것을 굴절 망원경이라고 하는데 이때 렌즈의 지름을 망원경의 크기라고 부른다. 갈릴레이가 사용한 것도 굴절 망원경이었는데 렌즈의 지름이 1.5cm에 불과했고, 요즘 시대에 취미로 천체 관측에 발을 들여 놓으면서 굴절 망원경을 마련한다면 지름이 5cm 혹은 10cm 부근일 것이다.

 렌즈를 유리로 만들면 양쪽 면을 가공해야 한다. 또 무겁고 만들기가 어렵다. 렌즈를 사용하는 이유는 빛의 방향을 틀어서 빛을 모아 주는 역할 때문이다. 천재 과학자 아이작 뉴튼은 이 점에서 그의 천재성을 발휘했다. 즉 1668년에 그는 렌즈가 아니라 휜 거울을 이용해도 빛의 방향이 바뀌는 점을 이용하여 망원경을 만들었는데, 이렇게 오목거울을 이용하는 망원경을 반사 망원경이라 한다(그림 4). 거울은 렌즈와 달리 한쪽 면만 가공해도 되고 무게도 가볍다. 크기가 커질수록 렌즈를 만드는 것은 기술적으로 어려운데 특히 지름이 1m보다 큰 렌즈는 만들기가 어려워서 현존하는 가장 큰 굴절 망원경은 20세기 초반에 시카고대학 천문학자들이 활발하게 관측에 사용하던 여키스 천문대의 1m 망원경이다. 그 이후부터 현재까지 천문학자들이 연구를 위해 만든 망원경은 모두 반사 망원경이다. 반사 망원경의 경우 하늘에서 온 빛을 가장 먼저 받아 반사하면서 빛의 방향을 바꾸는 거울의 지름을 망원경의 '크기'라고 한다. 일반적으로 천체 망원경은 거울을 2개 이상 사용하는 경우가 많아, 이 거울을 '주 거울'이라는 뜻의 주경(主鏡)이라고 부른다. 주경에서 반사된 빛이 눈에 들어오기까지 몇 번 더 반사를 거치는 경우 부경, 삼경 등으로 부르고, 보통은 뒤로 갈수록 지름이 점점 작아진다. 굴절 망원경은 경통의 양쪽에 렌즈 두 개(하늘 쪽에 대물렌즈, 눈 쪽에 접안렌즈)를 두는 반면, 반사 망원경은 지상 쪽에 주경을 두고 하늘 쪽은 뻥 뚫려 있어 경통 안으로 손을 집어넣어 작업을 할 수도 있다. 한눈에 보면 굴절 망원경은 가늘고 긴 반면 반사 망원경은 뭉툭하고 길이가 짧다.

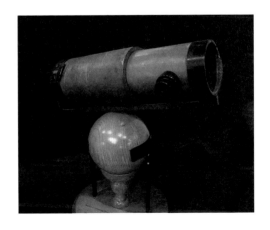

[그림 4] 뉴튼이 1672년에 영국 왕립협회에 기증한 반사 망원경

4. 천문 관측의 최첨단 - 제임스 웹 우주 망원경

최근에 허블 우주 망원경보다 유명해진 제임스 웹 우주 망원경을 살펴보자[1]. 이런 질문을 던져 보자. 미국, 유럽, 캐나다는 왜 13조 원이나 하는 개발 비용을 들여 제임스 웹 우주 망원경을 함께 만들었을까?

지상 망원경과 우주 망원경의 차이를 알아보자. 천문학자들이 땅 위에 짓는 광학 망원경은 보통 산꼭대기에 둔다. 이는 대략 두 가지를 피하기 위해서인데, 하나는 공기의 흔들림이고 다른 하나는 도시 불빛이다. 물론 높이 올라가면 수증기가 옅어지니 그것도 도움된다. 가장 중요한 것은 대기의 움직임이다. 대기는 지표면에 가까울수록 양이 많고 고도가 높아질수록 옅어진다. 그러니 높이 올라갈수록 대기의 양이 줄어들고 대기 현상인 구름과 수증기도 줄어든다. 지구의 자전 등으로 인해 대기, 즉 지표면의 공기는 끊임없이 움직이는데 우리는 그것을 바람으로 느낀다. 비가 오거나 구름이 끼면 별을 볼 수 없지만 그렇지 않더라도 바람이 강하게 불면 별을 관찰하는 것이 쉽지 않다. 또한, 높은 고도에서 공기의 움직임은 눈에는 잘 안 보이지만 망원경에 들어오는 별빛을 보면 인지할 수 있다. 사진 특히 CCD 카메라로 별을 촬영하면 대기의 움직임이 거의 없을 때는 별이 CCD의 한 점에 있다시피 작게 보이지만, 공기가 빠르게 움직일 때는 별의 상이 흔들려서 별 하나하나가 아주 크게 보인다. 빈센트 반 고흐의 그림 "별이 빛나는 밤"의 별들처럼 별 하나하나가 엄청 크다. 반 고흐는 고통이나 내면의 이유 때문에 별을 크게

---

1) 2022년 7월 18일 중앙일보 기사 '김상철의 미래를 묻다 - "우주의 비밀 풀어라" 달·화성에도 망원경 만든다'와 2022년 9월 1일 경희대학교 대학원보 과학학술 기사 '제임스 웹 우주 망원경 - 우주를 보는 새로운 눈, 천문학의 새 시대를 열다'를 참고하였음.

그렸는지 몰라도, 또 실제로는 이 그림의 별들만큼이나 별이 크지는 않다 하더라도 대기가 불안정한 날 천문학자에게는 별들이 정말로 그림에서만큼 크게 느껴진다.

[그림 5] 빈센트 반 고흐의 그림 "별이 빛나는 밤"

망원경을 지상에 두면, 비 오거나 흐린 날 관측할 수 없다는 단점을 빼고는 1년 내내 내가 원할 때 언제든 관측할 수 있고 내가 필요한 장비를 부착할 수 있다는 장점이 있다. 또 망원경을 로켓에 실어 우주로 띄워 올리는 것이 굉장히 비싸다는 점과 비교하면 비용도 훨씬 저렴하다. 우주로 보낼 때는 보내는 물건이 크고 무거울수록 비싸기에 너무 큰 망원경을 띄워 보내기 어렵지만 지상 망원경은 크기를 키우는 것이 비교적 쉽다, 예산만 허용한다면! 그럼에도 불구하고 천문학자들은 망원경을 우주로 띄워 올릴 수만 있다면 올리고 싶어 한다. 대기! 대기를 피할 수 있기 때문이다. 물론 구름이나 비도 없으니 1년 내내 관측할 수 있다는 장점도 있다.

지성 천문내에 관측 출장을 갈 때는 누구나 맑은 날씨를 기대한다. 밤새 강한 비가 예보되어 있거나 나라 전체가 짙은 구름에 둘러싸이면 절망적이지만, 그래도 천문학자들은 대개 망원경이 있는 돔에 가서 밤을 새며 관측할 기회가 생기기를 기다린다. 간혹 비가 그치고 맑은 하늘이 드러나면 비가 씻어낸 대기가 오히려 훨씬 청명하기 때문이다. 반면 아주 오랜만에 내리는 '첫 비'는 맞지 않는 게 좋다. 대기 중의 온갖 먼지와 오염물들을 가득 품고 내리기 때문이다.

우주에 띄워 올린 망원경은 지구 대기보다 높은 고도에 존재하므로 대기의 흔들림 때문에 생기는 별의 반짝임이 없다. 즉 우주에서 별은 반짝이지 않는다. 늘 일정한 밝기의 빛을 우리에게 보낸다. 동요 '반짝반짝 작은 별 아름답게 비치네'라는 현상은 대기 때문인데, 별마다의 고유한 밝기를 측정하고자 하는 천문학자에게 이런 변동은 두통거리다. 하지만 우주에서는 방해꾼 대기가 없다!

우주에 망원경을 둠으로써 얻는 또 다른 장점은 아주 어두운 천체를 관측할 수 있다는 점이다. 지상에서는 대기가 빛을 산란시켜 허공에 희미하나마 빛이 존재한다. 해나 달로부터 오는 빛 그리고 도시 불빛 등이 공기와 부딪히며 이리저리 흩어지면서 배경 하늘을 밝게 만든다. 반면 우주에서는 그런 산란광이 없으므로, 땅에서라면 배경 하늘빛에 가려 볼 수 없던 희미한 천체가 관측될 수 있다. 덤으로 지상에서는 관측하지 못하는 자외선이나 적외선 빛도 우주에서는 관측할 수 있다. 별로부터 오는 자외선이나 적외선 빛은 지표면까지 오기 전, 지구 대기를 통과하는 도중에 대기에 흡수된다.

오래 살아남아 지표면까지 도달하는 가시광선, 즉 광학 파장의 빛만 우리 눈과 망원경에 검출된다.

지구 대기에 명확한 경계가 있는 건 아니다. 공기는 지표면에 가장 많고 높이 올라갈수록 점점 옅어진다. 그래서 지표 해수면에서 100km 고도를 '카르만 경계'라고 부르고, 이보다 높이 올라간 사람을 '우주인'이라고 부른다. 카르만 경계보다 높이 올라가도 공기가 없는 게 아니다. 다만 거의 대부분의 공기가 그 아래에 있을 뿐이고 어디부터를 '우주'라고 불러야 할지 경계를 정해야 할 필요가 있어 편의상 그리 약속한 것이다.

'국제우주정거장'은 지상 약 420km 높이에서 지구 둘레를 돌고 있고, 지름 2.4m의 허블 우주 망원경은 지표면으로부터 약 550km의 높이에서 약 1시간 반마다 지구를 한 바퀴 도는 궤도를 유지한다. 이 정도 높이의 우주에서만 관측해도 지구 대기의 방해를 받지 않고 우주를 훌륭하게 관측할 수 있다. 허블 우주 망원경이 지난 30여 년 동안 인류에게 선사해 준 위대한 선물들이 그 증거이다. 그런데 이렇게 지구 둘레를 돌고 있으면 우주를 관측할 때 늘 지구 반대편을 향하도록 끊임없이 자세를 바로 잡아야 한다. 거대한 지구를 피해야 하고 또 태양 쪽을 향해서도 안 된다. 태양이나 지구, 달이 아닌 어두운 밤하늘을 향하도록 해야 하고, 또 1시간 반마다 지구를 돌면서 자세를 고쳐 가면서도 먼 우주의 아주 좁은 영역에 있는 관측 대상을 놓치지 않아야 한다. 이 '자세 제어' 기술이 대단한 고난도의 기술이다.

[그림 6] 허블 우주 망원경이 우주에서 관측을 수행하는 모습. 1997년 우주왕복선 디스커버리호가 두 번째 수리 미션을 수행할 때 찍은 사진이다. (사진 출처=나사)

그래서 생각해 낸 새로운 관측 장소가 라그랑주점(Lagrange Points)이다. [그림 7]처럼 우주에 태양-지구같이 질량이 큰 물체들이 있을 경우 두 천체의 중력과 우주선의 원심력이 상쇄되어 안정적인 지역 다섯 군데가 존재하는데, 이것을 '라그랑주점'이라고 부른다. 지구로부터 태양 방향으로 약간 떨어진 거리에 있는 제1 라그랑주점(L1)은 태양과 지구 사이에 있고, 밝은 태양을 늘 보고 있으므로 우주를 관측하기에는 좋지 않지만 반대로 태양을 관측하고자 할 때는 최적이다. 그래서 여기엔 '소호', '에이스' 등의 이름으로 불리는 태양 관측 위성들이 여럿 위치한다. 그 반대편, 역시 지구로부터 약간 떨어진 거리에 있는 제2 라그랑주점(L2)은 지구에서 보기에 태양의 반대편에 있어 먼 우주를 관측하기에 최적이다. 허블 우주 망원경은 주로 가시광선, 즉 광학 파장을 관측하는 반면 제임스 웹 우주 망원경은 주로 적외선, 즉 '열'을 관측하기에 열을 많이 내는 태양이나 지구로부터 먼 곳에 위치할수록 좋다. 그런 면에서 지구가 태양을 가려 주며 지구로부터의 거리가 달보다도 약 4배 먼 이곳은 '심우주' 관측에 안성맞춤이다. 그래서 제임스 웹 이전에 '더블유맵', '허셜', '플랑크' 같은 우주 망원경들이 먼저 이곳에 가 있었다.

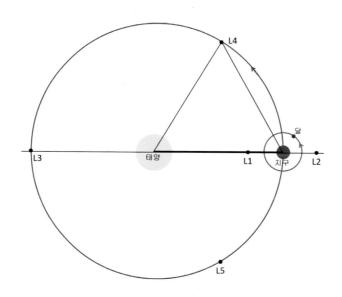

[그림 7] 태양과 지구 근처에 존재하는 다섯 개의 라그랑주점. 이 점들은 '평형점'이어서
여기에선 우주선이나 소행성이 다른 곳으로 가지 않고 안정하게 있을 수 있다.
L4와 L5 점들은 태양-지구를 잇는 선을 밑변으로 하는 정삼각형을 이룬다.
(크기와 거리는 실제와 다르며 과장해서 그렸다.)

제임스 웹 우주 망원경은 만드는 데만 20년 넘게 걸렸다. 1994년에 '허블 우주 망원경 이후의 계획수립위원회'가 결성되었고, 제임스 웹 우주 망원경의 개발은 1990년대 후반에 시작되었지만 예산 부족과 기술적인 문제 등의 이유로 발사가 여러 번 지연되다가 마침내 2021년 크리스마스인 12월 25일에 로켓에 실려 발사되었다. 허블 우주 망원경의 주경은 2.4m 크기이지만 제임스 웹의 주경은 지름이 6.5m이다. 이런 거대한 물건을 싣고 우주로 갈 수 있는 로

켓은 아직 없다. 모든 우주선은 원통형의 좁고 길쭉한 로켓에 실려 우주로 발사된다(그림 8). 그 긴 몸체의 대부분은 분사를 위한 연료를 실은 추진체, 즉 '발사체'라고도 하고 로켓이라고도 하는 부분이다. 로켓이 밀어 올려서 우주로 보내는 '탑재체'는 로켓의 윗부분에 싣는다. 그래서 제임스 웹의 거울은 통째로 만들 수 없었고 육각형의 작은 조각 거울 18개를 벌집 모양으로 이어 붙여 전체적으로 지름이 약 6.5m가 되게 만들었다(그림 9). 그래서 조각 거울을 합친 후의 전체 모습도 육각형이다. 원이면 좋겠지만 뭐 이 정도도 괜찮다. 빛을 모아 주기만 하면 되니까.

[그림 8] 제임스 웹 우주 망원경을 발사하려고 우주선에 싣기 위해 접었을 때의 모습

[그림 9] 제임스 웹 우주 망원경의 거울을 모두 폈을 때의 모습

로켓에 6.5m 거울을 통째로 담을 수는 없으니 [그림 8]처럼 몇 부분으로 접어서 길쭉하게 만들어 싣고, 지구 대기를 벗어난 이후 제2 라그랑주점까지의 거리를 약 한 달 동안 이동하면서 거울이 펼쳐지게 했다. 사실 발사 전에는 거울이 펼쳐지지 않으면 어쩌나 걱정이 많았다. 지상 망원경이야 고장이 나거나 잘못 만들었음을 나중에 알게 되더라도 산에 올라가서 수리하고 교체하면 된다. 또는 심지어 그것이 우주라 하더라도 허블 우주 망원경처럼 비교적 가까이에 있으면 우주왕복선 같은 우주선을 타고 올라가 우주복을 입고 끈을 매달고 우주 유영을 해서라도 수리할 수 있다. 하지만 지구에서 태양의 반대편으로, 그것도 달보다도 4배나 먼 우주 공간으로 우

주선을 보낼 때는 그런 A/S를 생각할 수 없다. 거울이 안 펼쳐지면 그것으로 끝이고, 태양열을 단계별 줄여 주는, 테니스 코트 크기의 차단막 5개도 펼쳐지지 않으면 '열'을 미세 관측해야 하는 적외선 망원경으로서의 제임스 웹은 사실상 유명무실해진다. 또 중력 평형 점인 제2 라그랑주점으로 가야 하는데 덜 가거나 더 간다면 그 또한 문제이다. 하지만 준비 기간이 오랜 만큼 다행히 그 모든 과정 하나 하나가 문제없이 잘 진행되었다. 완벽해야 살아남는 우주에서 제임스 웹은 정말로 완벽했다!

2021년 대전일보에 "우주의 오아시스 지구"라는 칼럼을 쓴 적이 있다. 어렸을 적 내 꿈이 우주비행사였는데 당시 우리나라에서는 꿈을 이루기 어려워 천문학으로 방향을 틀었었다. 그래도 여전히 우주에 가보고 싶은, 내가 우주선을 조종해서 우주를 날고픈 욕심이 아직도 내 속에 꿈틀거린다. 하지만 우주를 공부하면서 알게 된 사실이 있는데 그것은 우리의 고향 지구는 인류에게 엄마 품처럼 너무나 포근하고 안락한 반면, 우주는 모든 것이 엄혹한 전쟁터라는 것이다. 〈그래비티〉 같은 영화를 보면 실감이 좀 날 수 있는데, 우주는 나와 동료와 자연이 엄청나게 노력해야 겨우 생존이 허락되는 반면, 조금만 실수하거나 어긋나도 쉽게 죽음을 경험하는 곳이다. 지상에서 편안하게 망원경을 통해 또는 컴퓨터나 휴대전화 화면을 통해 우주의 멋진 장관을 볼 때와 내가 직접 현장에 가서 맞닥뜨릴 때는 너무 다르다. 우주에서 죽음은 가깝고 삶은 멀다.

파스칼이 《팡세》에서 "인간은 자연 가운데서 가장 약한 하나의 갈대에 불과하다. 그러나 그것은 생각하는 갈대이다."라고 말한 것처럼 자연 전체를 품에 안고 연구하는 인간은 한편으론 위대하지만 자연 앞에서의 인간은 너무나 약한 존재이다. 우리는 몇 분만 산소 공급을 끊거나 산소를 다른 가스로 교체하거나, 온도를 심하게 올리거나 낮추거나, 음식을 끊어도 생명을 유지할 수 없다. 우리 몸은 무겁거나 뾰족하거나 날카로운 물체를 감당할 수 없고, 물이나 불에서도 적절한 생존이 어렵다. 우주선 연료가 바닥나거나 우주선의 진행 방향이 약간이라도 틀어지거나, 우주를 돌아다니는 돌덩이나 우주선 잔해와 부딪히면 작별을 고해야 한다. 그래서 화성이나 제2의 지구를 찾고 인류가 살만한 곳을 개척하는 일은 분명 계속해서 추진하되 그보다 지구를 되살리고 회복시키는 일에 더 힘을 쏟아야 한다. 설사 달이나 화성에 우주기지가 만들어져 개척자들이 거주를 시도한다 해도 아직은 개척자의 임시 거주 공간일 뿐이지 지구보다 나은 새로운 집이기는 어렵다. 아무리 우주를 동경해도 늘 헬멧을 쓰고 잠수복 비슷한 옷 속에 갇혀 사는 삶은 쾌적하거나 행복하기 어렵다. 지구를 낭비하거나 망쳐서는 안 된다. 보호하고 되살려 내야 한다!

　미국 등 서양에서는 망원경에 유명한 천문학자나 기념할 만한 사람의 이름을 붙이는 전통이 있다. 우리나라도 호랑이는 죽어서 가죽을 남기고 사람은 죽어서 이름을 남긴다고 했는데 서양도 비슷하다. 허블 우주 망원경에는 세 가지 중요한 업적을 남긴, 즉 우리은하 바깥에 외부은하라고 부르는 은하들이 수없이 존재한다는 것(1924년)과 이 은하들의 모양을 소리굽쇠 모양으로 분류할 수 있다는 것(1926년), 그리고 마지막으로 우주가 팽창한다는 것을 '르메트르'와 함께 발견(1929년)한 에드윈 허블을 기념하기 위한 이름이 헌정되었다. 거울을 잘못 만들어 망원경의 초기 3년 정도는 수치와 창피를 무릅썼지만 그 이후에는 이름을 남겼던 사람만큼이나 엄청난 발견과 변혁을 가져옴으로써 5조 원이라는 천문학적인 개발 비용의 값어치를 했다.

반면 2021년에 새로 발사된 제임스 웹 우주 망원경에 이름을 남긴 사람은 천문학자는 아니었다. 거울 수리를 마친 허블 우주 망원경이 얼마나 훌륭한 사진을 보여 줄 수 있는지를 보지 못하고 사망한 '제임스 웹'은 미국 나사(NASA), 즉 미 항공우주국의 국장이었다. 미국의 역대 대통령들을 대상으로 한 평가에서 늘 10위권 안에 드는 존 에프 케네디 대통령이 1961년 의회 양원합동회의에서 미 항공우주국 예산안 관련한 연설을 하면서 60년대가 끝나기 전에 미국은 인간을 달에 착륙시키고 또한 안전하게 지구로 귀환시키겠다고 말했다. 연설에서 케네디는 미 항공우주국의 유인 달 착륙 프로젝트인 '아폴로 계획'을 공식화하면서 의회의 지원을 요청했고, 의회는 그에 적극적인 예산 지원으로 화답했다. 1957년 10월 4일 소련이 '스푸트니크' 1호 인공위성을 세계 최초로 발사하고 1961년 '유리 가가린'이 인류 최초로 우주 비행을 하자, 냉전 중이었던 적국 소련에 뒤처진 미국으로서는 국가적으로 온 힘을 우주 개발에 쏟는 시기였다. 스푸트니크 직후인 1958년에 미 항공우주국이 만들어졌고, 1962년 케네디가 텍사스주 휴스턴시의 라이스대학을 방문해서 했던 유명한 연설에서 그는 인간을 달에 보내기로 한 정책적 선택에 대해 이렇게 말한다. "우리는 달에 갈 것입니다. 그것이 쉽기 때문이 아니라 어렵기 때문입니다. 미국의 힘과 기술을 쏟아부을 가치가 있기 때문이고, 우리가 도전해서 획득할 만한 목표이기 때문입니다."

미 항공우주국에서 그 아폴로 계획을 주도한 이가 바로 제2대 국장 제임스 웹이었다. 웹은 1961년부터 1968년까지 3만 4,000명 직원이 근무하는 미 항공우주국을 책임지는 국장으로 있으면서 35만 건 이상의 계약을 성사시키고 우주선을 75회나 발사하는 등 아폴로 계획의 초반 운영을 주도했다. 1963년 케네디가 저격된 후 좌초될 수도 있었던 아폴로 계획은 웹의 노력 덕택에 계속되었고 성공했다고 할 수 있다. 제미니 9호의 추락 사고로 인한 두 조종사의 사망이나 아폴로 1호의 화재로 인한 우주선 조종사 세 명의 사망 사고 등으로 프로젝트가 취소될 뻔한 위기에서, 온갖 비난을 받아 내면서도 철저하고 투명한 사고 조사와 사고 방지 대책 마련, 미 항공우주국 엔지니어에 대한 격려 등으로 고난을 극복했다. 사고가 왜 일어났는지에 대한 끈질긴 조사는 문제를 바로잡고 후일 프로젝트가 다시 제 궤도에 오르게 하는 데 밑거름이 될 수 있었다. 우주인들이 우주에 올라가기도 전 지상에서 일어난 사망 사고는 오랫동안 웹으로 하여금 청중과 언론 앞에서 곤혹스러운 시간을 거치게 했고, 어찌 보면 그 덕에 미 항공우주국과 대통령 등 중앙정부는 비난에서 살짝 비켜설 수 있었다. 1968년 웹이 국장에서 물러난 이후 아폴로 11호가 달에 사람을 착륙시키는 데 성공했고, 결국 웹의 노력은 미국에 국가적인 영광을 안겨 준 셈이 되었다. 달 착륙 당시의 미 항공우주국 국장이 아니었음에도 나사와 아폴로 계획에 쏟은 웹의 헌신과 리더십을 기념하기 위해 제임스 웹 우주 망원경에 그의 이름이 헌정되었다.

하지만 웹에게도 어둠은 있다. 미 항공우주국 국장 임명 전 관료로 일할 때 국무차관, 우리로 치면 외무부 차관까지 역임했던 그였는데, 국무차관 재직 시 동성애자들에 대해 정신적으로 불안정하다는 이유로 국무부에서 대량 해고했을 뿐만 아니라 미 항공우주국 국장 재직 시인 1963년에도 나사에서 똑같은 일이 있었다. 웹 우주 망원경 발사 즈음부터 여러 단체가 이 사실을 이유로 망원경 이름을 바꿔 달라고 요구했으나 증거가 부족하다는 이유로 받아들여지지 않았다. 시간이 지나도 양측의 주장이 사그라들지 않고 있고 심지어는 논문에 '제임스 웹'이라는 표현 대신 약자로 'JWST'라고만 쓰자는 제안도 등장했다. 저명한 국제학술지 《네이처》가 2022년 말에 선정한 '올해의 인물 10인' 중 첫 번째 인물인 미 항공우주국 연구원 '제인 릭비' 박사는 제임스 웹 우주 망원경의 운영 프로젝트 담당자다. 그는 웹 망원경의 18개 조각 거울의 사이 틈에서 빛이 새어 나오지 않도록 간극을 좁히고 거울을 정렬하는 고난도의 작업을 담당했고, 이 모든 과업을 아주 성공적으로 수행했다. 그에게는 '하늘 사냥꾼'이라는 별명이 붙여졌다. 릭비 박사 역시 위에 언급한 이유 때문에 자신이 담당하는 망원경의 이름을 언급하지 않는다.

 ## 5. 별이 많으면 천문학자는 산으로 간다

어렸을 때 나는 밤하늘의 별을 보면 막연히 좋았다. 사실 당시에는 내 자신이 그걸 좋아하는지도 모르고 그냥 본 것일 테고, 성인이 된 이후 돌이켜보면 어린 시절의 나는 그걸 참 좋아했다고 생각된다. 좋은 것과 예쁜 것은 설명할 수 없고 그냥 끌리고 좋은 것을 어쩌나.

천문학을 공부하겠다고 전공으로 선택하고 대학에 입학해서는 학생으로서 공부하고 관측하기도 했지만, 스스로를 나름 예비 천문학자처럼 여기며 밤하늘을 봤던 것 같다. 대학마다 커리큘럼이 달라 학년마다 배우는 과목이 조금씩 다르고, 또 나는 학과 단위로 입학을 했지만, 요즘에는 단과대학이나 학부제로 입학하면 저학년에서 다양한 전공을 경험하고 학년이 올라가면서 전공을 선택하기도 한다. 나는 천문학과로 입학을 했기에 다른 학문을 경험할 기회가 적었지만 다른 한편으로는 1학년부터 전공을 경험할 기회는 많은 셈이었다. 사신이 무엇을 좋아하는지 잘 모르겠거나, 이것도 재미있고 저것도 재미있으면 먼저 다양한 경험을 해 보는 것도 좋을 것 같다. 반면 나는 대학 입학 당시 다른 분야에는 흥미가 별로 없었고 오로지 천문학을 해 보겠다는 마음만 있었으니 나에겐 학과제가 행운인 셈이었다. 괜히 흥미도 없는 과목 수강하느라 시간 뺏기고 고생하느니 보다 하고 싶은 공부를 더 일찍 시작할 수 있었으니. 물론 다양한 경험이 결코 나쁘지 않고 오히려 오랜 시간이 지나고 보면 더 도움이 되기도 한다.

우리는 1학년 두 학기 동안 일반 천문학 1과 2라는 과목을 통해 천문학의 거의 모든 분야를 개괄적으로 공부했다. 또 수학과와 물리학과의 1학년 과목들, 그리고 여타 교양 수업을 듣는다. 2학년부터는 태양계천문학, 항성천문학, 은하천문학 등을 학기마다 하나씩 듣는다. 2~3학년 수업의 거의 절반 정도가 물리학과 과목들인데 역학, 전자기학, 수리물리, 양자역학, 통계역학, 열역학, 상대론 같은 과목들이다. 2~3학년에서는 천문학 수업의 양도 마구 늘어나는데, 예를 들어 관측천문학 1·2와 천체물리 1·2를 두 학기에 걸쳐 배우고, 현대천문학, 천문학특본 같은 과복늘이 더해지면서 머리가 빠개지는(?) 경험을 한다. 채워야 하는 학점이 어느 정도 차게 되는 4학년 때는 대부분의 학생이 수강 과목에 여유가 생기지만 3학년 때가 가장 바쁘고 가장 많이 공부했던 것 같다. 그중 천문학과 학생만

이 경험하는 특이한 과목이 관측천문학이다. 3학년의 두 학기 동안 교내 천문대에 수없이 올라가서 밤 동안 교내 망원경과 사진기를 이용해 행성이나 성단, 성운 같은 특정한 천체를 촬영하고 사진을 직접 인화하고 분석해서 보고서를 제출해야 한다.

이게 말은 쉽지만 현실은 야간작업 때문에 거의 죽음이다. 3학년 때는 천문학과와 물리학과 수업이 각각 절반 정도씩인데 그 수준이 엄청 높아져 있다. 수업량이 많은 만큼 숙제도 많고 공부해야 할 분량이 엄청난데 우리는 날만 맑으면 오후 늦게부터 천문대에 올라가서 관측 준비를 하고, 해가 지면 캄캄한 야외에서 손전등으로 망원경을 비춰가며 조절해 천체를 관측하고 사진을 찍어야 했다. 아, 모든 분야는 멀리서 봐야 환상이지 가까이 가 보면 모든 것이 고생이다. 가정 형편이 괜찮아서, 아니 아주 좋아서 집에 천체 망원경이 있거나 입학하기 전에 천문 동아리 활동을 좀 해 본 친구 한둘 빼고는 모두 선배와 조교로부터 망원경과 카메라의 사용법부터 배워야 하는데, 모든 분야가 입문해 보면 배울 게 왜 그리 많은지 모른다. 망원경의 구조와 사용법, 삼각대 설치법, 광축 맞추기, 원하는 천체 찾기, 적당한 어댑터를 찾아 카메라 부착하기, 필름 넣기, 노출 주는 법, 1초 이상의 노출을 줄 때는 카메라 릴리스 사용, 성도 보는 법, 다 찍고 나면 암실에 가서 필름 현상하기 그리고 인화하기 등…. 사실 사진이 나오기까지도 몇 달 걸리고 거의 기말고사 직전(?)에야 인화하게 되지만 보고서를 쓰는 것은 또 다른 고난의 시작이다. 우선 천체의 사진을 찍었고 인화라도 했으면 그나마 다행이다. 그런데 내가 찍은 게 뭐지? 아니 사진은 왜 이렇게 찍혔지? 동서남북이 어디더라? 사진은 또 왜 이렇게 흐리지, 노출이 부족했나? 행성이나 성단에 관한 천문학적인 사실을 기술하기 전에 알아야 하고 기록해야 하는 것들이 수도 없다.

그래서 비가 오거나 구름이 끼면 한편 웃음 짓게 된다. 아, '천문학자는, 천문학도는 맑은 날을 기다려야지!' 하는 마음속의 목소리가 당연한 사실이긴 하지만, 그리고 날이 맑아야 관측을 하고 숙제도 하고 연구도 하겠지만 학생 때는 우선 잠이 부족했고 시간도 부족하고 체력도 부친다. 일기예보에서 비를 예보하거나 아예 초저녁부터 비가 오거나 하늘에 구름이 가득하면 집이나 도서관에 가거나 다른 일을 할 수 있다. 하지만 일기예보는 맑다고 했고 초저녁에도 하늘이 맑아 학과 사무실에서 관측일지와 천문대 열쇠를 받아 캠퍼스 꼭대기의 천문대에 올라가서 관측 준비를 했는데 흐려지거나 비가 오기도 한다. 학생이라 차도 없고 버스도 끊길 시간이면 집에 가는 건 포기하고 천문대의 숙소에서 여럿이 올망졸망 밤을 지내게 된다. 때로는 밤을 새면서 공부를 하기도 하지만 20대 초반의 청년들이라 여럿이 밤새 이야기하거나 놀았던 기억도 많다. 대학생 때는 참새 시리즈, 최불암 시리즈, 전두환 시리즈 같은 유머와 농담을 주고받으며 퍽퍽한 인생을 즐겁게 해 주는 윤활유로 삼았던 것 같다. 당시의 시국이 삶을 힘들게 했고 어린아이들만큼 많이 웃지는 않았지만, 천문학자가 되었고 승용차도 있어서 밤에도 아무 때나 자유로이 이동할 수 있는 지금보다 훨씬 웃고 떠들며 살던 시절이었다.

관악캠퍼스는 관악산 자락에 자리를 잡고 있어서 정문 부근의 높이가 가장 낮고 학교 안으로 들어갈수록 높이가 높아진다. 그리고 요즘에는 공간이 부족해서 높은 곳에도 건물들이 꽤 들어서 있고 셔틀버스도 다니지만 내가 공부할 때는 천문대가 학교 내에서 가장 높은 곳이었고 온 캠퍼스를 걸어서 다녀야 했다. 천문대에 올라 해가 질 무렵 미리 망원경을 꺼내 천문대 옥상에 설치하고 해가 지기

전 밝을 때 광축을 맞추기 위해 산꼭대기나 다른 건물의 피뢰침을 찾아 시야의 십자선에 맞춰 본다. 카메라에 필름을 끼워 만반의 준비를 해 놓고, 미리 저녁 식사를 하고 온다. 해가 지고 완전히 어두워지면 본격적인 관측을 시작한다. 요즘에는 대부분의 망원경에 컴퓨터가 내장되어 있어 관측하고자 하는 천체의 좌표를 입력하면 망원경이 자동으로 움직여 목표 지점으로 가기도 한다. 하지만 그렇지 않은 경우에는 삼각대의 가로와 세로 좌표에 해당하는 적경축과 적위축 좌표를 입력해서, 또는 그마저도 이용할 수 없다면 방위각과 고도 수치를 통해 천체를 찾는다. 좌표만으로 천체를 찾는 것이 어려우므로 종종 고개를 들어 눈으로 하늘을 보았다가 접안렌즈(아이피스)로 망원경을 들여다보기를 반복하기도 한다.

한 번은 맑은 날 한밤중에 혼자 관측할 때, 고개를 들어 하늘을 보았는데 그만 고개를 내리지 못하고 계속 하늘을 본 적이 있다. 아! 맑은 날 깨끗한 하늘은 이런 것이구나. 밝기가 각각 다르고 때론 색깔도 달라 흰색, 노란색, 주황색, 빨간색으로 보이는 다양한 별들이 빽빽하게 어두운 공간을 가득 채운 화면! 내 시야에 들어오는 모든 것이 공간과 별뿐이었다. 그 순간 꼿꼿이 서서 고개를 들어 하늘을 보는 나와 광막한 우주, 둘 말고는 아무도 없는 것 같은 심연의 시간이 내 가슴을 가득 채웠다. 그 순간, 퍼뜩 나를 휘감은 것은 생각지도 못한 공포였다. 광막한 공간, 끝이 없는 것 같은 넓디넓은 심연! 그 앞에 선 작은 아이 같은 나! 아… 우주라는 이 공간은 너무도 넓구나. 아… 나는 거인의 어깨에 올려진 조그만 아이에 지나지 않구나. 아름다움과 공포, 둘을 한꺼번에 경험할 수 있는 것이 자연이구나.

그런데 천문학자가 되고 보니 오히려 이젠 그런 경험을 하기 힘들다. 우리나라에서 웬만해서는 도시에서 별이 보이지 않는다. 요즘엔 학생들이 별을 안 보고 천문학과에 입학하기도 한다는데, 다르게 생각하면 오히려 요즘이 별자리 익히기에는 오히려 좋다. 초보자는 큰 별자리 몇 개와 밝은 별 몇 개만 알면 하늘을 접수(!)할 수 있기 때문이다. 도시에서 보이는 십여 개의 밝은 별들만 파악하면 별자리의 기본은 떼는 셈이다.

물론 실전은 조금 다르다. 그렇게 도시에서 별자리의 기본을 파악했다고 하더라도 정말로 별이 많은 곳에 가면 그 밝은 것들을 찾기가 쉽지 않다. 밝기 차이가 크지 않은 별들이 너무나 많이 빽빽하게 공간을 채우기 때문이다. 즉 도시에서는 가장 밝은 1등급 별 십여 개만 보이지만, 시골이나 천문대에 가면 1등급 별들뿐만 아니라 그보다 조금 어둡지만 개수는 좀 더 많은 2등급 별들도 보인다. 또 조금 더 어둡지만 개수가 또 늘어난 3등급 별들도 등장하고 계속해서 4등급, 5등급, 6등급의 별들이 밤하늘을 함께 채우기 때문에 1등급 별들만 찾아내는 것이 쉽지 않고 진정한 실력이 드러난다. 만약 인공적으로 둥근 천정에 별자리를 투영시켜 주는 천체투영관(플라네타리움)에 가서 1등급 별과 6등급 별만 하늘에 보여 줄 수 있으면 밝기 차이가 워낙 크므로 1등급 별들을 쉽게 찾을 수 있을 것이다. 문제는 1등급 별보다 조금 어둡지만 개수가 훨씬 많은 2등급, 3등급 등의 별들이다. 그래도 동서남북을 파악하고 계절과 시각을 염두에 두고 찬찬히 시간을 가지고 음미하면 찾아낼 수 있을 것이고, 또 경험 있는 사람이 힌트만 줘도 금방 익숙한 모양(패턴)들을 찾아낼 수 있게 된다.

'별자리'를 천문학이라고 말하기는 좀 곤란하다. 천문학에 입문하는 데에 조금 도움이 될 수는 있다. 일반 천문학 책들을 보면 북반구와 남반구의 성도와 북쪽 하늘 성도를 보여 주는 경우도 있고, 별자리를 아예 소개하지 않는 경우도 있다. 천문학자들은 주로 좌표를 이용해서 위치를 표시한다. 지구의 경도, 위도와 비슷한 개념의 적경과 적위가 하늘에도 있어 이를 사용하고, 때로는 은하좌표계처럼 필요에 따라 변형하여 사용하기도 한다. 별자리는 지구상의 국가별 영역을 표시한 세계지도와 같다. 지구상의 좌표로 예를 들어 동경 13도, 북위 52도라고 하거나 서경 77도, 북위 39도라고 하면 그곳이 어디인지 금방 알아내기 쉽지 않다. 하지만 독일의 수도 베를린 또는 미국 수도 워싱턴 D.C.라고 하면 대화가 훨씬 쉽다. 지구의 경도는 영국 그리니치 천문대를 기준으로 동쪽으로 180도, 서쪽으로 180도로 재지만, 하늘의 적경은 360도 한 바퀴 전체를 24시간으로 환산하여 시간으로 말한다. 15도이면 1시간, 30도이면 2시간이 된다. 그래서 하늘에서 적경 20시 30분, 적위 +40도보다는 백조자리로, 적경 19시, 적위 -30도보다는 궁수자리라고 하면 금방 이해할 수 있다.

6. 별자리를 알아보자

어린이나 학생들 중 우주에 관심이 있고 별을 좋아하는 경우에도 가끔 착각하는 것은 꼭 망원경이 있어야 별을 볼 수 있다고 생각하는 것이다. 그래서 비싼 천체 망원경을 사달라고 조르기도 하고 큰 맘 먹고 저지르기도 하는데, 막상 사 두면 또 생각만큼 밖으로 잘 나가지도 못한다. 그러면 비싼 걸 왜 구매했는지를 놓고 집안에서 논쟁이 벌어지기도 한다. 하지만 망원경은커녕 쌍안경조차 없어도 맨

눈으로도 얼마든지 천문학과 밤하늘 관측에 입문할 수 있다. 별자리 지도와 손전등 그리고 따뜻한 옷만 있으면 된다.

별자리 지도 또는 '성도'는 인터넷에서 검색해서 내려 받을 (download) 수도 있고 웬만한 별자리 책에도 포함되어 있다. 손전등은 처음에는 휴대전화에 있는 손전등을 사용할 수도 있지만, 초보 티를 벗을 때쯤 또는 한두 시간 이상 야외에서 하늘을 볼 때는 제대로 된 손전등이 필요하다. 그것은 빛을 줄이기 위해서인데 보통 색깔 있는 셀로판지 같은 것으로 손전등 앞을 싸서 빛의 양을 줄인다. 손전등 자체가 빛의 밝기를 조절할 수 있다면 더 좋은데, 그렇더라도 붉은색 셀로판지로 싸면 야간 관측자에게는 큰 도움이 된다.

이렇게 하는 이유는 사람 눈의 '암적응' 때문이다. 우리 눈동자의 가운데 부분엔 빛을 받아들여 사물을 인식하게 해 주는 까만색의 동공이 있는데, 이 동공의 크기는 주변 빛의 양에 따라 커졌다 작아졌다 한다. 낮처럼 밝을 때는 빛을 조금만 받아들여도 인식에 지장이 없으니 동공의 크기가 작아져 있고, 밤처럼 어두울 때는 최대한 많은 빛을 받아들여야 하므로 동공의 크기가 커진다. 하지만 영화가 상영 중인 캄캄한 극장에 갑자기 들어서면 한동안 아무것도 보이지 않는 것처럼, 밝은 곳에서 어두운 곳으로 이동하면 동공이 순식간에 확장되지 못하고 크기가 커지는 데 한참의 시간이 걸린다. 이것을 '암적응'이라 하는데, 야간 천체 관측자들은 이것을 잘 이용한다. 어두운 밤하늘을 볼 수 있을 만큼 눈이 적응되면 동공이 커져 있는 상태인데, 성도를 보려고 밝은 손전등을 켜면 동공은 다시 작아진다. 성도를 통해 필요한 정보를 얻고 나서 다시 고개를 들어 밤하늘을 보면 다시 암적응을 해야 하기 때문에 또 한동안 아무것도 보이지 않는다. 그래서 야간 관측자들은 손전등의 불빛 세기를 최소로 줄이고 또 그 앞에 붉은색 셀로판지까지 붙여 빛의 양을 더 줄인다. 그러면 암적응 된 눈이 큰 어려움 없이 성도를 볼 수 있을 뿐만 아니라 고개를 들어 밤하늘을 볼 때도 오랜 시간을 기다릴 필요가 없다.

나는 이 원리를 운전 중 지하 주차장에 들어갈 때 자주 이용한다. 8월 무더위 한낮 밝은 야외에서 운전하다가 터널이나 지하 주차장에 진입하면 마치 극장이나 밤하늘 볼 때처럼 잠시 아무것도 보이지 않게 된다. 그래서 운전에 큰 지장이 없다면 터널이나 주차장 진입 전에 한쪽 눈을 감는다. 100m 전에만 한 눈을 감아도 어두운 공간에 들어갔을 때 사물을 인지하는 데 큰 도움이 된다. 당연히 극장에 들어갈 때도 그렇다. 극장에 늦게 도착했거나 영화표를 구매했는데 이미 상영이 시작되었다면 이동하면서 한쪽 눈을 감으면 된다.

별자리를 볼 때 또는 밤하늘의 우주를 한 번 익혀 보려 할 때는 미리 동서남북 방위를 알아두는 것이 좋다. 그리고 우리나라처럼 북반구에 위치한 사람은 별자리를 볼 때 늘 북쪽이 기준이다. 또한, 지도처럼 위를 북쪽, 아래를 남쪽으로 두면 지도의 오른쪽이 동쪽, 왼쪽이 서쪽이지만 성도는 땅에 누워서 하늘을 보며 그린 그림이기에 지도와는 다르게 좌우가 바뀐다. 즉 성도의 위를 북쪽, 아래를 남쪽으로 두면 왼쪽이 동, 오른쪽이 서가 된다. 우리나라 지도를 보면 북쪽에 백두산, 남쪽에 제주도, 동쪽에 독도, 왼쪽에 인천이 있다고 말할 수 있다. 상상으로 내 몸이 한반도 정도 크기라 하고 백두산을 베개 삼아 베고 누워 하늘을 본다면 발밑에는 제주도, 왼손에는 독도, 오른손에는 인천이 잡힌다. 그래서 성도는 왼쪽을 동쪽, 오른쪽을 서쪽으로 둔다.

지구를 이해할 때는 [그림 10]처럼 지구를 사과라고 생각하면 좋다. 사과에 꼭지가 있듯이 지구에 젓가락을 하나 꽂았다고 생각하면 젓가락의 위쪽이 북극, 아래쪽이 남극이다. 그리고 젓가락을 축으로 사과를 왼쪽에서 오른쪽으로 돌리면 그게 하루에 한 번 도는 지구의 자전이다. 만약 젓가락의 북극 방향으로 젓가락을 따라 하늘로 쭉 이어 계속 뻗어 올라가면 하늘에 꽂히는 지점이 있을 텐데, 그 점을 하

[그림 10] 지구를 사과라고 생각하고, 사과 꼭지에 젓가락을 꽂으면 지구의 자전축이 된다.

늘의 북극이라는 의미로 '천구 북극'이라고 부른다. 같은 식으로 젓가락의 아래쪽인 남극 방향으로 계속 따라가면(참고로 우주엔 위아래가 없다. 남반구 사람 입장에서는 하늘 높이 계속 올라가는 셈이다) 역시 하늘 어딘가에 꽂히는 점이 있을 테고 그곳은 '천구 남극'이 된다.

천구 북극과 정확히 일치하시는 않지만 각도로 거우 약 1도 정도의 거리에 2등급 밝기의 상당히 밝은 별이 하나 있는데, 이 별을 '북극성'이라고 부른다. 천구 북극과의 거리 차이가 작아서 육안으로는 이 별을 천구의 북극으로 여겨도 된다. 지구상에서도 이 별이 위치한 쪽이 북쪽이다. 우리나라를 비롯하여 대부분의 문명이 시작된 곳이 북반구라 할 수 있는데, 북반구 사람들은 북극성 덕에 방향을 찾기가 수월했다. 반면 남반구에서는 천구 남극은 물론 그 가까운 근방에도 쉽게 찾을 수 있는 별다운 별이 없다. '남극성'으로 사용할 만한 별이 없어서 남쪽에서는 방향을 찾는 것이 북반구보다 복잡하다. 그나마 예쁜 남십자성으로 대략적인 위치를 찾는 편이다. 남십자성은 오스트레일리아나 뉴질랜드 국기에도 그려져 있다. 중앙에는 별이 없지만 십자가의 끝점 위치에 별들이 있어서 머릿속에서

어렵지 않게 십자가(╋) 모양을 그릴 수 있다.

젓가락을 꽂은 사과의 중간 허리쯤에 마치 허리띠를 두르듯 선을 그려볼 수 있는데, 북극과 남극의 딱 중간에 있는 이 선을 '적도'라고 부른다. 같은 방식으로 천구 북극과 천구 남극의 중간에도 큰 원을 하나 그릴 수 있는데, 이것이 '천구 적도'이다. 지구의 적도를 하늘로 멀리멀리 연장하면 바로 천구 적도가 된다. 젓가락을 축으로 사과를 회전시켜 보면 적도의 위쪽 북반구 사람들은 지구가 하루에 한 번 자전하는 동안 천구 적도의 위쪽인 북반구 하늘을 주로 보게 되고, 반대로 적도의 아래쪽 남반구 사람들은 지구 자전 동안 천구 적도의 아래쪽인 남반구 하늘을 주로 본다. 천문학자는 온 우주를 관측해야 하는데 지구의 자전 때문에 한 지역에서는 하늘의 반밖에 볼 수 없으므로 천문대는 두 개, 즉 북반구 천문대와 남반구 천문대가 필요하다. 그래서 천문학이 발전한 미국과 유럽 국가 등 선진국들은 일찍부터 자국에서의 관측 외에 남반구에 천문대를 세워 하늘을 관측하고자 노력했고, 현대에 와서는 북반구와 남반구 양쪽에 아주 좋은 천문대들이 만들어져 활발하게 활약 중이다.

어렸을 때는 성인이 되었을 때보다 논리력은 약한 반면 상상력은 뛰어난 것 같다. 나는 어렸을 때 지구가 공처럼 둥글다는 것을 알게 된 이후 사람이 지구의 안쪽에 사는지 바깥쪽에 사는지가 너무 궁금했다. 성장하면서 어찌어찌 답을 알게 되었는데, 또 하나 궁금했던 것은 '남반구에 사는 사람들은 지도를 거꾸로 걸어 놓을까?'였다. 하지만 오세아니아와 아프리카, 남아메리카 모두 북반구에서 사람들이 이동하여 식민지로 삼거나 새로운 도시와 국가를 형성하면서 자연스레 북반구와 동일한 시스템을 갖게 되었다. 즉 내가 만나 본 남반구 사람들도 북반구의 우리가 사용하는 것과 동일하게 북극을 위에 두는 지도를 사용하고 있다.

천문학자들이 북반구와 남반구에 설치해 사용 중인 현대 대형 천문대들의 이야기는 2장에서 하려고 한다. 오늘밤이나 주말에 날이 맑으면 성도와 손전등, 따뜻한 옷을 챙겨 별을 보러 가보면 좋겠다.

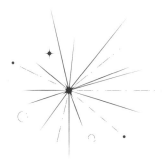

2장

망원경 이야기
- 망원경은 클수록 좋다

 ## 1. 천문학 영토의 확장 - 한반도 바깥에 망원경을 두자

화폐, 특히 고액권 지폐는 국가의 경제와 금융에 필수적이다. 2006년부터 사용된 우리나라 지폐의 도안에는 이황(1천 원권), 이이(5천 원권), 세종대왕(1만 원권), 신사임당(5만 원권)이 앞면에 등장하고 뒷면이나 배경 등에 또 다른 무늬 등이 함께 들어가 있다. 요즘에는 10만 원권이나 3만 원권이 필요하다는 주장도 등장하지만, 2009년에 처음 발행된 5만 원권은 1973년 시작된 1만 원권 이후 고액권으로서는 획기적인 변화였고 최초의 여성 모델 지폐다. 5만 원권 발행 전 최고 액권은 오랜 기간 1만 원권이었다. 1979~2007년의 30년 가까운 기간 동안 사용된 1만 원권의 앞면에는 세종대왕과 자격루, 뒷면에는 경복궁 경회루가 있었다. 이때 사용된 1만 원권 지폐의 색을 따라 '배춧잎' 몇 장이라는 말이 생겼다.

[그림 11] 2007년부터 사용 중인
우리나라 1만 원권 지폐

그러다가 2007년에, 현재 우리가 사용하는 신권 1만 원권이 새 디자인으로 나왔다(그림 11). 크기가 작아졌고 앞면에는 세종대왕과 일월오봉도, 훈민정음으로 쓰인 용비어천가 그리고 뒷면에는 천상열차분야지도를 배경으로 혼천의와 보현산천문대 1.8m 망원경이 있다. 앞면 세종대왕의 왼쪽, 전체적으로 지폐의 중앙을 보면 다섯 개의 봉우리(산)와 두 개의 동그라미가 보이는데 이것이 일월오봉도라는 19세기의 병풍 그림이다. 일월오봉도는 병풍으로 만들어 경복궁 근정전이나 덕수궁 중화전, 창덕궁 인정전의 임금이 앉던 용상(어좌, 御座) 뒤에 펼쳐 놓는다. 두 개의 동그라미는 일월(日月), 즉 해와 달을 의미하는데 이것은 우주를 이루고 지속시키는 하늘의 원리로서의 음과 양을 표현한다. 오봉(五峰), 즉 다섯 개 봉우리의 의미는 다양한데 우리나라의 5개 명산(북악산, 금강산, 묘향산, 지리산, 백두산)을 의미한다고 생각되기도 하고, 수성, 금성, 화성, 목성, 토성의 다섯 행성, 또는 동, 서, 남, 북, 중앙의 다섯 방향을 의미한다고 여겨지기도 한다.

1만 원권 뒷면 왼쪽에는 별의 운행과 위치를 관측하는 데 사용된 혼천의가 있다. 그보다 오른쪽에는 약간 흐릿하게 한반도 최대의 천체 망원경인 보현산천문대 1.8m 망원경이, 그리고 배경에는 돌판에 새긴 천문도 중 우리나라에서 가장 오래되었고 국보로 지정된 '천상열차분야지도'가 보인다. 돌판에 새긴 천문도 중에는 중국 남송시대 (1247년)에 만들어진 순우천문도가 가장 오래되었고, 태조 이성계가 조선 건국(1392년) 직후인 태조 4년(1395년, 양력으로 1396년)에 만든 천문도가 바로 천상열차분야지도다. 천상(天象), 즉 하늘의 모습을 차례로 늘어놓았음(열차)을 말하고, 북극성을 중심으로 28수(宿)로 나누어(분야) 그린 그림(도, 圖)이라는 뜻의 한자다. 고대에는 하늘을 관측하고 기록하는 행위는 보통 사람이 아닌, 하늘의 뜻을 받아 나라를 일으킨 자, 왕만이 할 수 있는 일이었다. 고려를 무너뜨리고 조선을 건국한 태조는 조선의 정통성을 살리는 고민을 하고 있었는데, 본래 평양성에 있다가 전란 때에 강물에 빠져 사라진 고구려(또는 고려) 천문도의 탁본(scan)을 누군가 태조에게 바쳤다. 왕이 천문 관측 기관인 서운관(후의 관상감) 천문학자들에게 전달했고 오차를 보정하고 새로 돌에 새겨 천문도를 만들었는데, 이렇게 해서 탄생한 것이 바로 천상열차분야지도다. 고등과학원 박창범 교수 등이 천상열차분야지도의 1,467개 별 구멍과 현재 하늘에서 볼 수 있는 별들의 위치를 비교하고 세차운동을 계산해 알아낸 바로는 태조 때 만든 천상열차분야지도 중앙과 대부분의 별들은 조선 초기 시점에 한양, 즉 서울의 위도에서 관측한 별들의 위치이고, 원의 가장자리 별들은 1세기 고구려 시기에 관측한 자료라고 알려져 있다. 태조 때 제작된 돌판 원본은 가로 약 1.2m, 높이 약 2m로 사람 키보다 훨씬 크며 국보 제228호로 지정되어 경복궁 국립고궁박물관에 소장되어 있으며, 순우천문도와 달리 별의 밝기에 따라 크기와 깊이를 다르게 하여 돌에 구멍을 팠다. 즉 밝은 별은 크고 깊게, 어두운 별은 작고 얕게 만들어 정밀도를 높였다. 조선 초기이니 사실상 고려 시대에 또는 고구려가 있던 삼국 시대부터 이미 정밀 천체 관측과 천문 지식을 보유하고 있었음을 증명하는 귀한 문화유산이다.

현대에 들어 천상열차분야지도가 처음 발견된 것은 1960년대 창경궁이었다. 일제가 우리 고유의 문화를 말살하고 조선의 흔적을 지우고자 동물원인 '창경원'으로 둔갑시켰던 곳이다. 발견 당시 천상열차분야지도가 새겨져 있던 돌판은 풀밭에 방치되어 있었는데, 소풍 나온 시민들이 돌판 위에서 도시락을 먹기도 했고 아이들은 돌판 모래 위에서 미끄럼을 타기도 했다 한다. 600년가량의 세월을 버틴 천문도의 별 구멍과 돌에 새겨 넣은 글자에 모래가 들어가는 생각을 하면 등골이 오싹해진다.

혼천의, 천상열차분야지도와 함께 1만 원권 뒷면에 들어간 또 하나의 그림은 현재까지 남북한 전체에서 가장 큰 망원경인 경상북도 영천시 보현산천문대의 1.8m 망원경이다. 과거와 현재의 우리나라 과학을 상징하는 1만 원권 뒷면의 그림들은 과학자들, 특히 한국의 과학자들에게 자긍심을 한껏 불어넣어 주는 자랑거리이다. 외국의 학회에 가거나 한국을 방문하는 외국 천문학자들, 과학자들을 만나면 지폐를 보여 주곤 하는데, 전 세계 모든 학자가 부러워하고 칭찬하는 우리나라의 자부심이다. 세상 어떤 나라가 자기네 나라 망원경을 고액권 지폐에 넣었는가?

우리나라가 제대로 성장할 수 없었던 일제강점기, 그리고 바로 뒤이은 한국전쟁은 한국을 가난의 수렁에 빠지게 했고 생존이 삶의 목표인 시기를 지나야 했다. 그런 와중에도 1960년대와 1970년대를 거치며 학문에 관심을 갖는 사람들이 나타나기 시작했다. 1978년 소백산천문대에 61cm 망원경이 만들어지는데 이것이 당시로서는 '단군 이래' 한반도 최대의 망원경이었다. 미국, 유럽, 일본 등 선진국들은 20세기 전반기에 이미 2.5m, 5m 등의 망원경을 보유하고 있었고, 1970년대와 1980년대를 거치며 8~10m 망원경을 준비하던 시절이어서 우리나라와 엄청난 차이가 있었지만 낙담하고 앉아만 있을 수는 없는 일이었다. 우리도 차곡차곡 준비해 한 계단 한 계단 올라가기 시작했고, 마침내 1996년에 보현산천문대를 만들고 1.8m 망원경을 설치하는 데 성공했다.

보현산 정상에 1.8m 망원경이 한창 만들어지던 무렵인 1994년 7월 17일 하늘에서 우주 쇼가 펼쳐졌다. 슈메이커-레비 9라는 이름의 혜성이 목성의 중력으로 여러 조각으로 부서진 후 목성의 중력에 이끌려 차례로 목성으로 끌려들어 가면서 목성과 충돌하는 현상이 발생한 것이다. 천문대가 아직 완공되지 않았지만 망원경의 거울은 갖춰져 있었기에 보현산의 천문학자들은 아직 건설 중인 1.8m 망원경으로 관측을 수행했다. 이런 우주 쇼는 아주 드물게 일어나는 현상이라 언제 또 볼 수 있을지 알 수 없기 때문이다. 7월 18일에 1.8m 망원경으로 드디어 촬영에 성공했고 신문과 방송에 보도했는데, 이것이 이 망원경의 '첫 영상'이 되었다. 망원경이나 관측 기기를 만들어 처음 제대로 된 관측을 수행하여 영상을 얻는 경우 그것을 '첫 빛'(First Light)이라고 부르는데 1.8m의 경우는 그 대상이 바로 슈메이커-레비 9 혜성이었던 것이다.

[그림 12] 슈메이커-레비 9 혜성이 목성의 중력 때문에 21개 조각으로 쪼개진 채 목성 방향으로 줄지어 날아가는 모습. 1994년 5월 17일에 허블 우주 망원경이 찍은 사진이다./사진 출처=나사

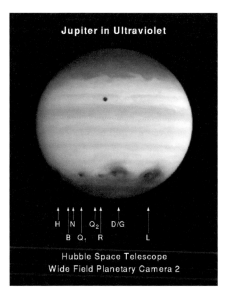

Jupiter in Ultraviolet

H N Q₂ D/G
B Q₁ R L

Hubble Space Telescope
Wide Field Planetary Camera 2

[그림 13] 슈메이커-레비 9 혜성이 목성에 충돌한 후 남은 충돌 흔적들(아래쪽 검은 동그라미들).
허블 우주 망원경이 자외선 파장에서 관측했다. 중앙 약간 위의 검은 점은 목성의 위성 '이오'이다.
/사진 출처=나사

슈메이커-레비 9 혜성은 1993년에 캐롤라인 슈메이커, 유진 슈메이커 부부와 데이빗 레비에 의해 발견되었다. 일반적으로 혜성은 태양의 주위를 도는데, 슈메이커-레비 9 혜성 역시 태양 주위를 돌다가 태양계에서 가장 큰 행성인 목성 근처에서 목성의 중력에 붙잡힌 것으로 여겨진다. 아마도 1992년 7월경에 목성 주변을 가까이 지나다가 목성의 중력 때문에 여러 조각으로 부서진 것으로 보인다 (그림 13). 부서진 조각들은 줄지어 궤도를 따라 목성 주변을 돌다가 마침내 1994년 7월에 목성에 부딪히며 파괴되었다. 인류는 목성이 태양계의 작은 천체들을 파괴하는 현장을 목격할 수 있었고, 계산 결과대로 정확한 시각에 조각들이 목성에 충돌하는 현상을 관측할 수 있었다. 혜성 조각들은 목성의 뒤쪽, 즉 태양계의 바깥쪽으로 향했다가 다시 방향을 바꾸어 목성으로 돌아올 때 충돌했다. 따라서 지구에서는 반대편의 충돌 현장은 볼 수 없었지만 목성이 9시간 51분이라는 짧은 시간에 자전하는 데다 충돌 후 얼마 지나지 않아 바로 우리가 볼 수 있는 지구 방향으로 향했기에 충돌의 잔해를 확인할 수 있었다.

보현산천문대의 1.8m 망원경은 2024년 현재까지도 한반도 최대의 천체 망원경이다. 참고로 태국의 국립천문대는 태국에서 가장 높은 도이 인타논산(2,565m)의 해발 2,457m 높이에 2.4m 망원경을 건설했는데, 망원경 크기를 2.4m로 정한 이유는 '아시아 최대'로 만들기 위해서였다. 하지만 여름의 긴 우기 동안에는 거의 관측을 할 수 없고, 또한 활발한 관측 천문학자와 유용한 관측 기기, 좋은 관측 대상 등이 모두 존재해야 좋은 관측 결과와 논문을 생산할 수 있는데 거기까지는 가지 못한 것 같다. 태국보다 먼저 아시아 최대 망원경을 가질 수 있었던 나라는 사실 일본과 중국이다. 하지만 우리나라나 일본, 중국 등 동아시아는 여름에 장마와 태풍이 있고 천문 관측이 어려운 몬순 기후여서 1년 중 실제로 관측을 수행할 수 있는 날의 수가 적다는 문제가 있다. 보현산천문대는 1년 중 관측 가능한 날의 수가 1/3이 안 되고, 단양의 소백산천문대는 그보다도 더 어려운 편이다. 망원경과 관측 기기의 가격이 엄청 비싸고, 천문대를 건설하고 산꼭대기까지 도로도 만들어야 하는 비용을 생각하면 이런 기후의 위치에는 비싸고 좋은 망원경을 두기 어렵다.

그래서 일본은 일찍부터 해외로 눈을 돌렸다. 일본 본토에는 1960년에 건설된 오카야마 1.88m 망원경이 오랫동안 최대였고, 현재는 교토대학이 오카야마천문대에 건설하여 2019년부터 관측을 시작한 3.8m '세이메이' 망원경이 최대 크기이다. 대신 일본은 1999년에 미국 하와이 마우나케아산에 8.2m '스바루 [2]' 망원경을 건설했는데, 이는 건설 당시부터 현재까지도 세계 최대급 망원경으로 인정받으며 활발히 활약하고 있다. 구경으로는 미국의 10m '켁' 쌍둥이 망원경이 더 크지만 켁은 주경이 모자이크 거울이기에, 구경은 약간 작더라도 단일 통짜 거울을 사용하는 스바루 같은 8m급 망원경이 최대급 망원경으로 취급된다. 또한, 일본의 도쿄대학은 칠레 아따까마사막의 차흐난또르산 5,640m 고도에 6.5m 적외선 망원경 타오(TAO)를 건설 중이다.

우리나라의 날씨도 일본과 많이 다르지 않다. 중국도 마찬가지이다. 중국은 최근 경제 규모가 커지면서 여러 가지 시도를 하는 중이다. 우리나라는 1996년부터 보현산천문대 1.8m 망원경 사용을 시작했다. 보현산천문대가 완공되기 전부터 한국천문연구원에서는 차기 계획을 준비하며, 미국 국립광학천문대(당시 이름 NOAO)와 협력 프로젝트를 논의했다. 두 나라의 희망하는 바가 맞아떨어져 한국과 미국은 공동으로 6m급 망원경을 건설하기로 논의를 진행했고 서명 직전의 단계까지 이르렀는데 갑자기 문제가 발생했다. 1997년 12월 우리나라가 국제통화기금(IMF) 외환위기를 맞으면서 모든 사업이 물거품이 된 것이었다. 더 크고 최신의 새로운 망원경 건설은 불가능했고, 오히려 1.8m 망원경이라도 완성한 것이 다행이었다. 한국천문연구원은 외환위기 여파로 21명의 비연구직 직원이 퇴직해야 했고, 연구원의 정년도 65세에서 61세로 단축되었는데 아직껏 회복되지 않고 있다.

2) 본서에서는 일반적인 외래어 표기법을 따라 '스바루'로 표기하였지만, 천문학자들은 '수바루(Subaru)'로 읽고 표기한다.

요즘은 우리나라도 학문을 이어나갈 후학 양성이 중요하다는 인식이 퍼져 학부(대학교)를 졸업하고 대학원에 진학해서 계속 공부를 이어나가는 경우 경제적인 지원이 많아진 편이다. 하지만 내가 대학원에 다닐 때에는 지금보다 지원이 적어 아르바이트로 과외 등 경제 활동을 해야 했다. 석사학위를 취득하고 박사과정에 진학해서 2~3년 정도 수업을 들으면 수료를 하게 되고 그 이후에는 연구에만 집중하게 되는데, 많은 선배가 수료 후 연구생 제도 등을 통해 한국천문연구원에서 일할 기회를 얻을 수 있었다. 처음에는 인턴 연구원처럼 일이나 연구를 도우면서 배우다가 몇 년 후에는 정규직 연구원이 되는 경우가 많았다. 하지만 내가 박사과정을 수료한 1997년부터는 외환위기 여파로 한국천문연구원이 더 이상 인턴 등의 제도를 운영할 수 없었고, 오히려 정규직 직원을 해고해야 하는 상황이었다. 나는 계속 대학원에 몸담고 있으면서 당시 대한민국의 어려운 경제 상황을 몸소 체험했다.

　새로운 밀레니엄 시대가 되면서 우리나라는 서서히 외환위기로부터 벗어났고, 2002년에는 아주 오랜만에 한국천문연구원이 직원 공개채용 공고를 냈다. 나는 이 직원 공채에 지원했고 미국의 9·11 테러 1주년이 되는 날인 2002년 9월 11일에 직원이 될 수 있었다. 이 즈음 우리나라는 다시 차세대 망원경을 꿈꾸기 시작했다. 선진국들은 4m급 망원경을 이용해 연구하다가 다음으로 8~10m 망원경을 운용하고 있었고, 그다음 단계로 20~30m 망원경을 세울 궁리를 하고 있었다. 우리로서는 선택이 쉽지 않은 상황이었다. 선진국들이 했던 것처럼 1~2m를 먼저 사용하고, 다음에 4m, 8m, 그리고 25m를 사용하는 것이 학문의 발전 단계로 보나 기술의 발전과 축적 면에서나 바람직했다. 그러나 우리가 21세기에야 4m 망원경을 추구하자니 뒤처져도 너무 뒤처지는 상황이었다. 또 우리나라는 미국처럼 기업체의 기증에 의한 천문대 건설을 기대하기 어려워 정부 투자에 의존해야 하는데, 남들 뒤꽁무니만 좇아가겠다고 해서는 예산을 받기도 쉽지 않았다. 이왕 거대한 예산을 투자하려면 첨단을 추구해야 정부도 국민도 체면이 서지 않겠는가.

미국은 부호나 재벌들이 순수 학문과 공동체에 기부하는 문화가 있고 학문이나 시설 면에서도 그런 점들이 많이 반영되어 있다. 또 이런 기관들 사이의 건전한 경쟁이 학문 발전의 원동력이 되기도 한다. 강철왕 앤드류 카네기가 기금을 내어 설립한 '카네기과학연구소'는 천문학에 과감히 투자하고 뛰어난 천문학자를 종신 고용해 막대한 지원을 해 주는 것으로 유명한데, 카네기과학연구소는 차세대 망원경으로 25m '거대 마젤란 망원경'(Giant Magellan Telescope, GMT) 계획을 주도하고 있었다. 카네기과학연구소는 캘리포니아주 패서디나에 있는데 여기서 버스로 닿을 만한 거리에 미국 최우수 사립대학 중 하나인 '캘리포니아 공과대학'(칼텍)이 있다. 캘리포니아 공과대학은 캘리포니아 주립대학들과 함께 30m 망원경(TMT)을 추진하고 있었다. 구경만으로는 30m 망원경이 25m 망원경보다 크지만 설계 개념이 달라 장단점이 있다. 거대 마젤란 망원경은 현존 최대의 원형 단일 통짜 거울인 8.4m 거울을 중심에 하나, 가장자리에 6개를 6각형 모양으로 늘어놓아 전체 지름이 약 25m가 된다. 완전한 통짜 거울 하나를 사용할 때만큼은 아니지만 영상이 TMT보다는 상대적으로 선명할 것으로 기대하고 있다. 반면 30m TMT 망원경은 한 모서리부터 옆 모서리까지의 길이가 1.44m인 6각형 거울 492개를 켁 망원경처럼 이어 붙여 전체적으로 지름이 30m가 되게 하려 계획하고 있다. 거대 마젤란 망원경과 30m 망원경 모두 거울 뒷면에 조정 장치를 부착해서 거울의 면을 미세 조정해, 하늘에서 내려다보았을 때 거울 면이 매끄러운 오목거울이 되게 한다. 거대 마젤란 망원경은 거울 7개만 조정하면 되는 반면 30m 망원경은 492개 거울을 모두 따로 따로 조정해야 한다.

2000년대 들어 한국이 외환위기로부터 서서히 벗어나면서 한국 경제는 성장하기 시작했고 한국의 천문학계는 4m, 8m, 25m 등 다양한 크기의 망원경 계획 중 선택해야 했다. 여러 크기의 망원경을 모두 가질 수 있으면 더할 나위 없이 좋겠지만 예산 문제를 생각하면 하나만 성공해도 좋았다. 여러 가지 가능성을 모색하던 중 천문학자들 사이의 인맥을 통해 그리고 여러 통로로 카네기과학연구소 등이 거대 마젤란 망원경 프로젝트에 참여할 것을 제안했다. 한국 천문연구원은 한국을 대표해서 고민하고 정부와 논의를 거쳐 참여를 결정했으며, 거대 마젤란 망원경 프로젝트 쪽으로부터의 환영 그리고 오랜 노력을 거쳐 마침내 한국 정부로부터 예산을 지원받을 수 있었다.

[그림 14] 한국과 미국의 카네기과학연구소 등이 건설 중인 거대 마젤란 망원경의 상상도. 8.4m 거울 7개를 늘어놓아 약 25m의 지름을 만든다. (사진 제공: GMTO Corporation)

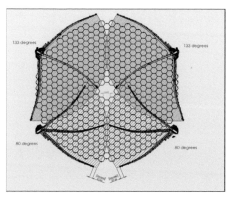

[그림 15] 캘리포니아 공과대학과 캘리포니아 주립대학이 함께 건설을 계획 중인
30m 망원경의 주경 개념도. 1.44m 6각형 거울 492개를 이어 붙일 계획이다.
(Courtesy TMT International Observatory)

보현산천문대의 1.8m 망원경이나 25m 거대 마젤란 망원경 등
은 '범용'이다. 사실 망원경은 멀거나 어두운 천체의 빛을 모아 주는
역할만 하고 실제로 천문학자들은 그 빛을 관측 기기에 넣고 분석
해서 연구한다. 그래서 천문대 건설 및 망원경 제작과 동시에 여러
관측 기기를 함께 설계하고 제작한다. 완공 시점에는 천문대와 망
원경, 1세대 관측 기기를 함께 시작한다. 시간이 지나면서 또 다른
예산을 확보해 2세대 관측 기기를 제작하면 천문대와 망원경은 또
다른 종류의 관측을 시작할 수 있게 되면서 새로운 생명을 살게 된
다. 이런 범용 망원경 외에 특정 목적을 위해서만 사용되는 특수 망
원경들이 가끔 존재하는데 대표적인 예가 탐사(survey) 전용 장비인
'외계행성 탐색 시스템'(KMTNet) 망원경이다. 천문학자들은 보통
영어 약자인 '케이엠티넷'이라고 부르는데, 이 망원경은 특별한 목
적, 즉 미시 중력 렌즈 방법을 이용해 외계행성을 찾고 연구하기 위
해 만든 특수 목적 망원경이다.

2. 세계 최대 망원경 - 켁, VLT, 스바루

한국이 참여하는 미래의 거대 마젤란 망원경을 보기 전에 현재 활동하는 세계 최대 망원경들을 살펴보자. 1990년부터 2000년까지의 1990년대는 8m 망원경들과 10m 망원경들이 속속 건설되어 활약한 관측 천문학의 황금기였다. 천문학자들의 꿈의 망원경으로, 천문학계에 엄청난 기여를 한 천문대는 네 종류를 꼽을 수 있고, 망원경의 개수로 세면 9대였다. 그 시작은 1993년에 공식적으로 등장한 미국의 10m 켁(Keck) 망원경이었고, 1996년에 쌍둥이 망원경인 켁2가 기존 망원경으로부터 85m 떨어진 거리에 만들어지면서 원래 망원경을 켁1이라고 이름 붙였다(그림 16). 켁 망원경은 캘리포니아 공과대학에서 설계했는데 1.8m 크기의 6각형 거울 36개를 벌집 모양으로 이어 붙여서(그림 17) 전체적으로 10m 크기의 주경이 되게 했다. 그리고 모든 조각 거울의 뒷면에 거울의 각 부분을 밀거나 당길 수 있는 장치를 부착하고 컴퓨터로 36개 거울의 상을 조절해서 전체적으로 완벽한 오목거울이 되도록 끊임없이 조정한다. 1996년에 번역된(옮긴이 김혜원) 배리 파커 교수의 책《별에게로 가는 계단-세계 최대의 천문대 탐방》(전파과학사)을 보면 하와이 마우나케아 천문대의 건설 초기와 여러 망원경들, 특히 켁 망원경의 개발 과정이 자세히 서술되어 있어 역사적인 사실로서뿐만 아니라 천문학, 천문대, 망원경 관련 기술을 알아보는 데 유용하다.

[그림 16] 미국 하와이 마우나케아산에 설치된 10m 켁 쌍둥이 망원경의 돔 모습

[그림 17] 미국 켁 10m 망원경의 주경. 6각형 모양의 조각 거울 36개를 이어 붙여 만들었다.

미국은 50개 주로 이루어진 연방 국가인데 영토나 경제 규모, 인구 등의 면에서 웬만한 주 하나가 국가 하나와 비슷한 정도이다. 특히 캘리포니아주의 경우 면적만 한반도의 2배 정도이다. 오랫동안 선진국이었고 세계의 주도권을 쥐었던 유럽의 여러 나라가 20세기에 들어서면서 미국에 뒤지기 시작하자 유럽 국가들 또한 마치 미국처럼 국가들의 힘을 합쳐야겠다는 생각을 하게 됐다. 그래서 '유럽연합'을 만들자는 제안이 나왔고, 비슷한 맥락에서 유럽의 천문학자들도 힘을 합쳐 움직이기 시작했다. 그러면서 미국에 뒤졌던 유럽 천문학이 다시 미국을 이겨 보려고 이를 악물고 천문대 건설을 시작했는데, 그 이름이 '매우 큰 망원경'(Very Large Telescope)이다. 동양 사람들은, 특히 한국 사람들은 생각해 내기 힘든 이름이다. 이름을 이렇게 지어서 결재 요청했다가는 '장난하냐'고 퇴짜 맞기 십상이다. 우리나라는 이름이 거창하거나 색다르고, 특이하거나 어려운 용어가 포함되어야 한다는 생각이 많다.

이름은 거창하지 않지만 영어 약자를 따 '브이엘티'(VLT)라고 부르는 이 망원경에 유럽 국가들은 혼을 담아 총력을 다했다. 켁 망원경처럼 조각 거울을 사용하면 예쁜 영상은 얻기 어렵더라도 주경을 크게 만들 수는 있다. 하지만 단일 통째 거울을 사용하려면 최대 크기가 8m 정도였다. 그래서 유럽은 8.2m 거울을 사용한 망원경을 4대 만들어 한 곳에 두는 계획을 세웠다. 4대의 망원경이 각각 독립된 망원경처럼 사용될 수도 있고, 만약 4대가 동시에 같은 천체를 관측한다면 지름 8.2m 거울 4개의 면적만큼 큰, 즉 지름 16m 망원경 한 대가 관측하는 것과 같은 효과를 낸다. 미국을 이겨 보려는 유럽의 뚝심이었다.

흐리고 우중충한 날이 많은 유럽 지역은 천문 관측에 불리하기에 유럽은 일찌감치 남반구로 눈을 돌렸다. 유럽 천문학자들이 공동으로 운영하는 천문대 이름조차도 '유럽 남반구 천문대'(ESO)인데 약자를 따 보통 '이소'라고 부른다. 유럽 남반구 천문대는 VLT를 남반구에서

천문 관측에 가장 좋은 곳인 칠레에 건설했다. 칠레 영토는 남북 길이
가 약 4,300km나 될 정도로 긴데, 칠레와 동쪽 아르헨티나 사이 국경
지역의 안데스산맥 곳곳에는 천문 관측에 좋은 부지가 많다. 유럽은
천문대를 건설할 만한 여러 후보 중 칠레 북쪽의 '아따까마사막', '안
토파가스타' 도시의 남쪽 120km에 있는 '빠라날'(Paranal) 지역에
VLT를 세웠다. VLT 망원경 4대는 1호기부터 4호기까지 1998년부터
2001년까지 해마다 한 대씩 차례로 만들어졌고, 각각의 이름을 칠레
원주민인 '마뿌체족' 언어로 안투(태양), 쿠에옌(달), 멜리팔(남십자성)
그리고 예뿐(저녁별)이라고 지었다. 각각의 뜻도 의미심장하지만 영어
알파벳으로 순서대로 지어 기억하기 좋게 했다.

[그림 18] 유럽연합이 칠레에 건설한 빠라날(Paranal) 천문대의 모습.
8.2m '매우 큰 망원경'(Very Large Telescope, VLT) 4대의 돔들이 왼쪽 산 정상에 보인다.

나는 2002년부터 한국천문연구원에서 근무했는데, 2005년부터
2012년까지는 대형망원경사업본부에서 일했다. 이 부서의 이름은
몇 번 바뀌기도 했지만 '대형 망원경'이라는 핵심 단어는 늘 유지했
고, 지금도 '대형망원경사업단'이다. 그곳에 근무할 당시 나는 세계

최대급 망원경들을 늘 관찰했고, 우리도 저런 망원경을 사용하게 될 날을 염원했고, 직접 건설하고 운영할 원대한 꿈을 품고 있었다. 자연스럽게 나는 차세대 망원경과 천문대 같은 새로운 대형 시설이 만들어지면 얼마나 잘 이용될지, 얼마나 훌륭한 논문들이 생산될 것인지 궁금했다. 나뿐만 아니라 팀원들이나 소속된 기관, 예산을 지원하는 정부 등 많은 사람이 같은 궁금증을 가지고 있었다. 미래를 예측하기 가장 좋은 방법은 예측을 자신이 이뤄내는 것이라는 말이 있는데, 그건 미래가 현실로 닥쳤을 때 이야기이고 지금은 뭐라도 예측치 자료를 만들어 봐야 할 단계였다. 미래를 살짝 엿보는 한 가지 방법은 기존의 세계 최대 망원경들이 얼마나 잘 이용되고 있고, 좋은 논문을 얼마나 많이 생산해 내는지를 통해 미래를 추측해 보는 것이다.

나는 2011년에, 세계 최대급 망원경들이 가동된 2000년부터 2009년까지 10년간 생산된 논문 수를 비교하는 논문[3]을 쓰면서 이러한 '추측' 자료를 만들어 봤다. 8~10m 크기 망원경들의 완공된 연도를 비슷하게 가정하고 망원경 1대당 논문 수를 비교하면 대동소이한데, 그중 근소하게나마 VLT가 앞서는 경향을 보인다. 천문학자들은 대형 망원경을 어두운 별빛을 모으는 데 사용하고 실질적인 연구는 망원경에 부착한 관측 기기들로 수행하는데, 빠라날 천문대의 VLT 4대는 초기부터 훌륭한 관측 기기들을 갖추었고 또 이들을 아주 잘 운영한다. VLT는 또한 시간이 지나면 또 다른 첨단 관측 기기를 제작하고 확충한다는 점에서 전 세계 천문학자들 사이에서 칭찬을 받는데, 나는 이런 관측 기기의 우수성이 근소하나마 연구 성과에서 앞설 수 있었던 원인이 아닌가 싶다.

3) Kim, S. C. 2011, *Publications of the Astronomical Society of Australia*, Vol. 28, pp. 249-260 (https://arxiv.org/abs/1107.0353)

하지만 다른 망원경들의 연구 업적 역시 VLT와 비슷한 정도인데, 10m 켁 쌍둥이 망원경 2대, 8.1m 제미니 망원경 2대, 일본의 8.2m 스바루 망원경 역시 비슷한 연구 결과들을 생산한다. 물론 켁 2대, 제미니 2대, VLT 4대의 망원경 중 1대씩 떼어 놓고 봤을 때 그렇다는 것이고, 딱 1대뿐인 스바루와 달리 켁이나 제미니처럼 2대인 경우 2배, VLT처럼 4대인 경우는 4배의 결과를 보였다. 그런 면에서 보면 한꺼번에 4대의 망원경을 설치한 유럽의 저력을 엿볼 수 있다. 또 유럽은 관측 기기의 중요성을 잘 알기에 망원경 설치에 만족하지 않고 꾸준히 망원경과 관측 기기가 최신, 최고의 성능을 유지하게 한다. 또한, 시간이 지나 관측 기기가 노화되거나 새로운 기기의 필요성이 대두되면 예산을 들여 새로운 기기를 만들고 확충하는 점은 진정한 학문하는 자세라고 할 수 있겠다.

내가 대학원을 다니며 한창 천문학을 공부하던 1990년대에 일본은 광학천문학보다는 전파천문학이 더 발전했고 활발했다. 당시 일본의 전파천문학과 광학천문학은 장비부터 확연히 비교되는데, 전파 분야는 노베야마 45m 전파 망원경을 가지고 있었던 반면 광학천문학은 오카야마 천문대의 1.88m 광학 망원경이 가장 컸다. 오카야마 1.88m는 사실상 1m 이상 크기의 유일한 대형 장비였다. 전파 망원경과 광학 망원경의 크기는 일대일로 바로 비교할 수는 없다. 현재 우리나라의 경우 광학천문학과 전파천문학은 대략 비슷한 규모의 장비를 보유한다고 볼 수 있다. 광학의 경우 보현산천문대 1.8m 망원경, 케이엠티넷(KMTNet) 1.6m 망원경 3대, 국제 공동으로 운영하는 제미니(Gemini) 8.1m 2대 등을 사용한다. 전파천문학에서 사용하는 망원경으로는 대전의 한국천문연구원 본원에 설치된 14m 대덕 전파 망원경, 한국우주전파관측망(KVN) 21m 망원경

3대(최근 1대가 더 평창에 설치되었다)와 국제 공동 운영 중인 '알마'(ALMA) 천문대가 있다. 전파 망원경은 다루는 파장이 길고 빛을 모으기 위해 거울 대신 금속판을 쓰기에 광학 망원경보다 크게 만들기가 쉽다. 그런 점을 고려하더라도 1990년대 일본의 45m 전파 망원경에 비해 오카야마 1.88m 광학 망원경은 너무 작았다. 이와 같은 장비 현황만큼이나 관련 분야 학자의 수도 비슷했던 것 같다. 전파천문학자의 수에 비해 광학천문학자의 수가 훨씬 적었고, 그러다 보니 학문의 수준도 그에 비례했다.

그랬던 일본의 광학천문학이 급속히 발전하는 계기가 바로 1999년에 완공된 8.2m 스바루 망원경이었다. 일본은 오카야마 천문대의 1.88m 망원경을 1960년에 완공했다. 사실 이것만으로도 동양에서는 최초이고 최대였다. 우리나라 소백산천문대 61cm 망원경은 1978년에, 보현산천문대 1.8m 망원경은 1996년에 완공되었고 중국의 상황도 우리와 별반 다르지 않으며, 인도나 그 외 다른 아시아 국가들은 더 뒤져 있었으니 말이다. 하지만 일본은 오카야마에 만족하지 않고 다음 세대 망원경을 만들기 위해 1980년대 초반부터 준비를 시작했다. 1985년에는 '일본 국립대형망원경'이라는 이름으로 일본 천문학 분야의 최고 우선순위 프로젝트로 추진했고, 1986년에는 망원경을 건설할 부지를 확보하기 위해 하와이대학과 협정을 맺었다. 1988년에는 도쿄대학 소속의 도쿄천문대를 주축으로 미즈사와 국제위도천문대와 나고야대학 소속의 공전학연구소까지 통합해 일본국립천문대(NAOJ)를 만들고 일본의 대형 망원경 프로젝트를 추진케 했다. 한국천문연구원과 같은 성격의 이 기관은 현재 스바루천문대, 알마천문대 등을 운영하면서 전 세계 1순위(top) 천문연구기관으로 꼽힌다.

마침내 1991년에 일본 정부가 예산 지원을 결정하고 건설이 시작되었다. 망원경의 이름을 공모했는데 플레이아데스성단(그림 19)을 뜻하는 일본어 '스바루'가 선정되었다. 자동차 로고 중 왼쪽에 큰 별하나, 오른쪽에 작은 별 5개가 두 줄로 대각선으로 늘어선 스바루자동차가 있는데, 관련은 없지만 같은 이름이고 망원경 이름과 자동차 이름 모두 플레이아데스성단을 의미한다. 우리 조상들은 좀생이 성단이라 불렀고 메시에 번호로 M45인 이 성단은 겨울에 맨눈으로성단임을 알아볼 수 있는 아주 예쁜 산개성단이다. 늦가을부터 추운겨울, 그리고 이듬해 이른 봄까지 황소자리 오른쪽 위에서 맨눈에대략 6개의 별이 예쁘게 모여 있는 모습을 찾아보시길 바란다.

[그림 19] 플레이아데스 산개성단. 겨울철 황소자리에서 맨눈으로도 위치를 확인할 수 있다.

1998년에 공사가 완공되고, 준비 과정을 거쳐 1999년 마침내 스바루 망원경은 첫 천체 사진을 찍으면서 본격적인 천체 관측을 시작한다(그림 20). 스바루 망원경은 전액 일본 정부가 낸 예산으로 건설되었다. 따라서 100% 일본 것이다. 다만 부지 문제가 있다. 일본 땅에 지은 것이 아니라 미국 땅에 지었다. 부지 문제에 있어 천문학계의 전통은 땅을 빌리는 대신 시설을 10% 사용할 수 있는 권리를 주는 것이다. 하와이주를 대신해 하와이대학이 일본국립천문대와 계약을 맺었기에 하와이대학이 스바루 망원경의 시간을 매년 10% 사용할 수 있다. 망원경과 천문대의 주인인 일본은 90%를 사용한다. 이런 경우 한국 같은 제3국의 천문학자는 공식적으로 일본의 망원경을 사용할 수 없다. 망원경마다 크기도 설치된 위치도 다르고 특히 관측 기기가 달라 독특한 특징과 장단점들이 있는데, 스바루 망원경은 부지가 좋아 하늘이 청명하고 시상이 좋다는 점과 관측 기기가 다양하다는 장점이 있다. 특히 망원경의 크기가 커지면 시야가 좁아질 수밖에 없는데도 불구하고 광시야 관측을 할 수 있다는 점이 최대 장점이다. 요즘에는 정말 탁월하고 우수한 아이디어가 있으면 자국 망원경이 아니어도 시간을 요청해 볼 수 있긴 하다. 하지만 그렇게 우수한 제안은 드물다. 보통은 스바루 같은 다른 나라 망원경을 쓰고 싶으면 좋은 연구 아이디어를 그 나라 연구자에게 제시해서 함께 연구하자고 한다. 또는 뛰어난 연구 능력이나 자료 처리 기술을 보유하거나 특정 연구 분야의 대가라면 오히려 함께 연구해 보자고 연락이 오기도 한다.

[그림 20] 일본이 하와이 마우나케아산 정상 4,139m 높이에 설치한
8.2m 스바루 망원경의 돔. 뒤에 구름바다가 보인다.

[그림 21] 마우나케아 천문대 산 정상에서 본 해질 무렵의 모습. 왼쪽부터 스바루 천문대,
켁 쌍둥이 망원경 2기, 그리고 가장 오른쪽은 미 항공우주국이 운영하는 2.5m 망원경이다.
켁 망원경 하나가 돔을 열고 관측 준비를 먼저 시작했고, 돔들 뒤로 구름바다가 보인다.

2010년 5월에 나는 일본인 학자와 공동 연구를 하고 있는 나의
한국인 공동 연구자와 동행해 스바루 망원경을 이용한 관측을 수행

할 기회가 있었다. 요즘에는, 특히 코로나-19 이후에는 원격 관측 시설을 구축해서 산 아래 본부에서 관측하거나 또는 관측할 내용을 컴퓨터에 입력하면 전문 관측자가 대신 관측해 주기도 하는데, 당시에는 4,200m 높이의 산에 직접 올라가서 관측했다. 당시 나는 스바루 천문대 관측은 처음이었지만 같은 마우나케아산의 캐나다-프랑스-하와이 망원경(CFHT)을 이용하기 위해 세 차례 산꼭대기에서 관측한 경험이 있었다. 이번에도 비슷한 경험이겠지 하는 생각으로, 다만 지난번에는 3.6m 망원경이었는데 이번에는 세계 최대 크기의 망원경을 사용하는 것이었기에 살짝 들뜬 마음으로 인천공항에서 비행기에 올랐다. 헌데 이번에는 산에서 일이 생겼다. 문제는 내 무좀이었다. 나는 군대에서 전투화를 신으면서 생긴 무좀을 쉽게 치료하지 못하고 있었는데 발가락과 발바닥의 무좀균이 발톱까지 퍼진 상태였다. 2010년 초에 피부과에 가서 하소연을 하니 의사 선생님 말씀이 과거에는 바르는 무좀약을 사용했는데 요즘엔 먹는 약을 쓴다고 하셨다. 다만 간에 손상이 갈 수 있으므로 먼저 간이 건강한지를 확인하기 위해 피를 뽑아야 한다고 하셨다. 혈액을 채취하고 며칠 후에 다시 방문하니 간은 괜찮으니 약을 먹으라고 하여서 무좀약을 먹기 시작했다.

몇 달 후 스바루 천문대로 떠날 때 그리고 산에서 관측할 때도 나는 열심히 무좀약을 먹었다. 남한에서 가장 높다는 한라산의 높이가 1,950m이고 백두산의 높이가 2,744m인데 하와이 마우나케아산은 4,200m이다. 이 정도 높이에서는 공기가 지상의 60% 정도밖에 되지 않아 몸에 산소 공급이 잘 되지 않는다. 다시 말해 고산 증상이 나타나는데 숨쉬기가 힘들어 뛰기는커녕 걷기도 힘들고 뇌에 공급되는 산소가 부족하니 머리도 아픈 등 다양한 증상이 나타난다. 그리고 사람마다 증상이 다르고 갈 때마다 다르다. 나는 앞서 세 번의 경험에서 머리는 아프지만 그럭저럭 관측을 수행했던 경험이 있어 이번에도 무난히 넘어가겠지 하는 마음으로 산에 올랐다.

우리 팀이 받은 관측 일수는 2일이었는데(상당히 많은 편이다. 대형 망원경 시간은 0.5일만 받아도 행복해한다) 관측 첫날 자정쯤부터 문제가 발생했다. 내가 속도 좋지 않고 머리가 아파 똑바로 앉아 있지 못하고 해롱대기 시작한 것이다. 마우나케아산에서 근무하는 근무자나 방문하는 관측자들은 이런 상황에 대비해 건물 여기저기에 산소를 흡입할 수 있는 장치가 있고, 항상 2인 1조로 행동하게 되어 있다. 만약한 사람의 몸 상태가 좋지 않으면 동료는 모든 일을 멈추고 아픈 사람을 차에 싣고 해발 2,800m에 있는 숙소 '할레 포하쿠'로 달려 내려가야 한다. 뇌에 산소 공급이 되지 않으면 몇 분만에도 자칫 뇌사에 빠질 수 있기 때문이다. 나에게 괜찮냐고 묻고 상태를 확인하던 동료들은 잠시 내 상태를 살피다가 안 되겠다고 판단하고, 팀원 중 일본인 직원 한 명이 나를 차에 태우고 바로 산 아래로 운전을 시작했다. 그런데 산에서는 그토록 고통스러웠는데, 2,800m 높이의 할레 포하쿠에 도착하니 언제 아팠냐는 듯 멀쩡해진다. 물론 지상만큼의 건강 상태로 돌아오는 건 아니지만, 산에 있을 때와 너무 다르게 아프거나 고통스러운 증상이 말끔히 사라졌다. 오히려 관측도, 업무도 포기하고 나를 위해 운전해 준 동료에게 미안한 마음이 들 정도이다.

그래도 나는 그 밤에는 다시 산으로 가지 못한다. 나는 잠시 쉬다가 숙소에 가서 잠을 잤고, 나를 태워 준 고마운 동료는 다시 산으로 올라갔다. 천문대에서는 야간에 관측을 수행하기 때문에 자동차 전조등을 켜지 못한다. 특히 마우나케아처럼 천문대 10여 기가 모여 있고, 하나하나가 세계 최대급의 비싸고 첨단인 대형 망원경들일 때는 더하다. 하지만 내 경우처럼 안전 문제에서는 예외다. 또 마우나케아산이 제주도 한라산처럼 거북이 등 모양의 순상화산(楯狀火山, 방패를 엎어 놓은 모양의 화산)이어서 멀리서 보면 경사면이 완만하다고는 해도 네 바퀴 모두에 동력을 전달하는 사륜구동차로 30분이나 야간 비포장도로를 달리는 산길은 결코 안전하지 않다. 언제든 자칫하면 산 아래로 구를 수 있는 길을 속도를 내서 아래로 달리므로 사실은 비정상, 난폭, '익스트림' 운전에 해당한다. 그날 스바루천문대에는 관측자였던 내 한국인 동료와 일본인 동료 천문학자 외에 일본인 기기 담당자 두 명, 천문대 직원과 망원경 구동을 책임지는 미국인 등 7~8명이나 되는 많은 인원이 있었고, 그중에 관측에 큰 지장을 주지 않도록 일본인 천문대 직원이 나를 태워 주었다. 일본인 직원들은 늘 언제나 친절하고 상냥한데 특히 아픈 나를 세심하게 챙겨 준 그 직원에게 너무 고마웠다. 사람이 아플 때처럼 약자일 때는 상대방의 태도를 통해 진심을 볼 수 있기 때문이다.

나중에야 그날 내 몸 상태가 이상했던 것이 무좀약 때문이겠거니 생각했지만, 그날 밤 나에겐 충격이었다. 아, 나는 더 이상 '관측'을 못 하게 되는 것인가? 관측천문학을 하는 사람이 관측을 못 한다는 것은 치명적인 것이니 말이다. 그다음 날 나는 우리의 이틀 관측일 중 두 번째 날에 산에 올라가겠다고 했다. 다행히 잠을 푹 자고 일어났을 때는 몸 상태가 나쁘지 않았다. 직원들과 동료들은 해가 질 때까지 몸 상태를 보고 판단하자고 했다. 식당에서 저녁을 먹은 직후 모두 함께 산에 올라가는데, 저녁 먹을 때까지 다행히 내 상태는 계속 좋았고 산에 올라갈 수 있었다. 그리고 아마도 푹 쉬었던 덕인지 또는 그 하루 사이에 약 기운이 누그러들었는지 다행히 둘째 날 관측은 무사히 마칠 수 있었고, 밤새도록 아무 사고 없이 지나갈 수 있었다. 아, 다행이다. 먹고 살 수단이 날아가진 않았구나.

관측 출장에서 돌아온 후 나는 무엇이 원인인지, 내 몸에서 뭐가 문제였을지 궁금했다. 종합병원에 가서 흉부 엑스(X)선 사진을 찍고 가장 경험과 권위가 있을 것 같은 흉부외과 과장님께 특신을 신청했다. 그런데 그 노(老) 교수님은 엑스선 사진을 보면서 "어! 폐가 커질 대로 커져 있네!" 라고 하였다. 마치 문제는 없고 재미있다는 듯 껄껄 웃기만 하더니 치료나 약 처방 없이 귀가하게 하였다. 내 궁금증은 해결되지 않았는데… 과거에 갔었던 대전의 '토끼와 거북이 한의원'이 생각났다. 인터넷을 뒤져 보니 그 한의원은 없어지고 한의사 선생님이 서울로 옮겼기에 주소를 들고 한의원을 찾아갔다. 내 경우 몸에 문제가 있으면 간이 가장 먼저 영향을 받고, 다음에 폐가 영향을 받는다고 하였다. 아마 약 때문에 간에 영향이 있었던 것 같고, 산에서 몸이 피곤할 때 폐도 힘들었던 모양이다. 침을 맞고 돌아온 이후 점차 회복했다. 시간이 지나면서 폐의 크기도 다시 제자리로 돌아온 모양이다. 덕분에 큰 우주도 관측하고 소우주인 내 몸도 열심히 관측했다.

3. 북반구 최고의 천문대 - 하와이 이야기

 태평양 한가운데 있으면서 50번째로 미국의 주가 된 하와이는 8개 정도의 큰 섬이 일렬로 줄지어 있는데(그림 22), 중간에 있는 오아후섬의 '호놀룰루'가 주도이다. 8개 섬 중 가장 남쪽에 있는 섬이 가장 큰데, 제주도보다 5배 이상 큰 이 섬의 이름이 하와이섬이어서 전체적으로 하와이제도라고 불린다. 주 이름과 혼동을 피하기 위해 요즘은 이 섬을 주로 '빅아일랜드'라고 부르기도 한다. 빅아일랜드 남동쪽에는 '하와이 화산 국립공원'이 있는데 지금도 용암이 흘러나오는 것을 볼 수 있고 종종 폭발을 일으킨다. 여기서 흘러나오는 용암이 바다로 들어가면서 식고 새로운 땅을 만드는 것을 볼 수 있다. 지질학에서는 지구 표면의 지각이 여러 개의 '판'으로 이루어져 있다고 본다. 지각 아래의 뜨거운 마그마가 판과 판 사이 경계로 솟아오르는 에너지 분출이 '화산 폭발'이다. 가끔은 지각의 복판에 구멍이 있으면 그 구멍을 통해서도 화산이 폭발하기도 하는데 마치 굴뚝과 같은 이런 곳을 '열점'(hotspot)이라 한다. 빅아일랜드를 통해 열점이라는 개념이 처음 등장했다. 태평양판의 한가운데 있는 하와이에는 4개의 활화산이 존재하고, 2개는 잠자고 있는 상태이며, 123개가 과거에 활동했었다. 열점에서 화산이 폭발하고 용암이 흘러나와 식으면서 땅이 만들어지는데 그 와중에 태평양판이 조금씩 이동한다. 그래서 하와이주의 8개 섬은 이런 방식으로 차례차례 만들어지고 이동함에 따라 지금과 같은 섬들이 형성되었다고 여겨진다. 따라서 죽 늘어선 8개 섬 중 북서쪽의 섬이 가장 먼저 만들어져 가장 나이 많은 섬이고, 남동쪽 끄트머리의 빅아일랜드가 가장 최근에 생긴, 가장 어린 섬이다.

[그림 22] 하와이주의 8개 섬. 왼쪽에서 세 번째 섬이 호놀룰루가 있는 오아후섬.
아래의 가장 큰 섬이 천문대들이 있는 빅아일랜드섬이다.

수면 위로 드러나 있지는 않지만 바다 밑을 보면 8개 섬의 북서
쪽에도 섬 같은 형태들이 줄지어 있는 모습이 보인다(그림 23). 하와
이 '엠페러' 해산(海山)이라고 불리는 이 줄은 중간에 니은(ㄴ) 자처
럼 한 번 크게 휜 후 '알류샨 열도'가 끝나는 러시아의 캄차카반도까
지 이어진다. 엠페러 해산이 방향을 바꾼 것을 통해 우리는 태평양
판이 이동 방향을 바꾸었음을 알 수 있다.

[그림 23] 하와이주의 8개 섬을 만든 열점의 화산 활동이 과거에도 있었음을 보여 주는
하와이 '엠페러' 수중산맥. 마그마 분출로 섬이 만들어진 후 태평양판이 조금씩 이동했고
한 번은 크게 방향을 틀면서 이렇게 바다 밑에 'ㄴ' 자 모양 섬들의 줄이 생겼다.

빅아일랜드섬에는 [그림 24]처럼 5개의 순상화산이 있다. 이들은 코할라-마우나케아-후알랄라이-마우나로아-킬라우에아 순서로 하나가 폭발하고 나서 다음 것이 폭발했다. 코할라는 이제 활동하지 않지만 마우나케아는 잠든 상태여서 언제 또 폭발할지 알 수 없고, 나중의 세 개는 지금도 활동하고 있다. 또 이들의 활동 때문에 빅아일랜드섬은 지금도 면적이 계속 늘어나고 있다. 마우나로아는 1984년에 폭발했고, 38년만인 2022년에 또 분출했다. 1984년 폭발 때는 건너편 산인 마우나케아의 천문대에서 관측하던 관측자들에게도 보였고 천체 망원경 관측 자료에도 영향을 끼쳤다. 마우나로아는 1843년 이래 34번이나 폭발했다.

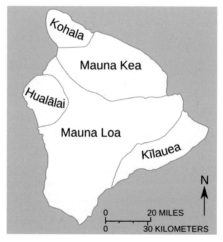

[그림 24] 하와이 빅아일랜드섬을 이루는 5개 화산의 분포.
천문대들은 마우나케아(Mauna Kea)산 정상에 놓여 있다.

빅아일랜드섬에서 가장 높은 산은 마우나케아(4207.2m)이고, 마우나로아산은 4,169m이며, 두 산이 가장 높다. 그래서 섬의 동쪽과 서쪽을 연결하는 도로가 두 산의 사이에 나 있는데, 이 도로 좌우의 끝은 바닷가이다 보니 해발 고도가 낮다. 그래서 이 도로는 달리는 방향으로는 위가 불룩하고 도로의 좌우는 아래가 불룩해서 마치 말안장과 같이 생겼다고 해서 '말안장 도로'(새들 로드)라고 부른다. 말안장 도로의 동쪽 끝은 섬에서 가장 큰 도시인 '힐로'이고, 서쪽 끝은 커피 산지로도 유명한 '카일루아-코나'이다. 마우나케아 천문대의 입구라 할 수 있는 '할레포하쿠'로 가려면 말안장 도로를 달려야 한다. 요즘에는 꽤 곧은 새 길이 나 있지만, 2000년대 초반에 내가 관측하러 갈 때는 좌우와 위아래로 흔들리는 도로를 신나게 달려야 했다. 평소의 나였다면 신났겠지만 10시간가량 비행기를 타고, 또 오아후섬의 호놀룰루에서 빅아일랜드까지 국내선을 1시간 정도 타고 나면 시차 적응도 안 되고 몸 상태가 말이 아니다. 또 만약 한국이 추운 계절이라면 마치 초여름 같은 하와이 날씨에 금방 적응이 안 된 채 비몽사몽 헤매기 일쑤이다. 처음에는 나도 손에 겨울 잠바를 들고 졸린 채 걸어 다녔던 것 같다. 그래도 '안녕하세요'라는 뜻의 '알로하(aloha)'나 '고맙습니다'라는 뜻의 '마할로(mahalo)' 같은 하와이 원주민 말을 듣고, 우쿨렐레 같은 악기로 연주하는 하와이 음악을 들으며 초원을 지나오는 산들바람과 따스한 햇볕을 받고 있으면 그야말로 천국에 온 느낌이었다. 나는 '이스라엘 카마카위우올레' 같은 가수가 부르는 또는 조지 클루니가 등장한 영화 〈디센던트〉에 나오는 하와이 음악이 좋아서 자주 듣는다. 폴리네시아 원주민과 황인종의 유사성도 영향을 주었을까?

4. 미래를 위한 한국 천문학계의 노력 - CFHT와 한국, 멕시코 망원경 프로젝트

보현산천문대 1.8m 망원경을 건설한 이후 우리나라는 또 다른 도약을 위해 방안을 모색했다. 1997년 IMF 외환위기로 어려움을 겪었지만 새로운 밀레니엄 세대를 맞이하며 한국천문연구원은 중장기 발전 계획을 세우기 시작했다. 미래의 대형 망원경을 향한 징검다리 역할 그리고 국내 천문학자들의 관측 역량을 키우기 위해 캐나다-프랑스-하와이 망원경(CFHT, Canada-France-Hawaii Telescope)과 협약을 맺고 2000년부터 약 5년간 CFHT 망원경을 사용할 수 있게 되었다.

캐나다와 프랑스는 1979년, 당시로서는 대형이었던 3.6m 망원경을 마우나케아산에 건설하고 하와이대학과 함께 세 기관(나라)이 공동 운영을 시작하면서 캐나다-프랑스-하와이 망원경(CFHT, 그림 25)이라 이름 붙였다. 이 돔은 요즘의 8m 크기 망원경도 들어갈 수 있을 만큼 거대했다. 기술력이 뛰어나 망원경도 돔도 아주 튼튼했고, 좋은 부지와 좋은 관측 기기를 보유하고 운영하자 천문학자들이 너도나도 쓰고 싶어 하는 뛰어난 시설이 되었다. 한국천문연구원이 '깊은 하늘 21'(딥스카이21)이라는 제목의 과제를 통해 CFHT에 발을 들여 놓음으로써 우리나라는 1.8m 구경과 한반도에 한정되었던 시절을 끝내고 그야말로 도약을 시작했다. 동아시아 날씨와는 비교할 수 없는 지구 최고의 천문 관측 장소 그리고 최정상급 망원경을 사용한 연구가 비로소 가능해진 것이었다. 물론 1990년대에 켁 망원경 두 대가 사용되기 시작했고, 스바루나 VLT가 20세기 말부터 활동을 시작했지만 8~10m 망원경들은 아직 본격적인 활동을 시작하기 전이었다. 우리나라는 그야말로 천군만마와 같은 기회를 잡은 것이었다.

[그림 25] 하와이 마우나케아산 정상의 캐나다-프랑스-하와이 망원경(CFHT) 돔. 돔 앞의 차와 비교하면 돔의 크기를 짐작할 수 있다.

나는 2000년대 초반 CFHT 망원경을 사용하기 위해 세 번 하와이로 관측 출장을 갔다. 어느 곳이든 처음에는 설레고 흥분되지만 여러 번 가면 조금씩 익숙해지면서 설렘이 줄어든다. 또 비슷한 경험들이 중첩되면서 어느 것이 첫 번째의 기억인지 불분명해지면서 기억들이 혼합된다. 첫 관측, 첫 여행, 첫 출장이 가장 설레고 흥분되며 한편으로는 떨리는 두려움이 있다. 2002년 내 인생의 첫 하와이 출장, 첫 마우나케아 천문대 등반, 첫 CFHT 사용…. 잊히지 않는 기억들이다. 또 하나 나에게는 2002년 첫 출장의 아픈 기억이 함께 겹쳐진다. 천문학자에게 가장 일반적인 국외 출장은 학회 참석이다. 그리고 '관측'을 전공하는 관측천문학자에게는 관측 출장이 추가적으로 있다. 학회 참석이건 관측 출장이건 출발 전은 늘 고역이다. 학회를 갈 때는 발표 준비를 하느라 툭하면 밤을 새워 일하고, 관측을 살 때는 더 많은 밤을 새며 관측 준비를 한다. 밤은 짧다. 겨울에는 밤을 새면 그나마 10시간가량 별을 볼 수 있지만, 여름에는 훨씬 짧은 시간 동안만 관측이 가능하다. 내 손에 망원경이 있어도 하늘이 도와주지 않으면 자료를 얻을 수 없다. 해가 떠도 관측을 수행할 수 없고 비가 오거나 구름이 끼거나 습도가 높아도 안 된다. 나에게 주어진 망원경과 어두운 밤, 그 시간을 1초라도 허비하지 않기 위해서는 출발하기 전에 관측 준비가 완벽해야 한다. 준비를 하고 또 하고 모든 자료를 검토하고 또 검토한다. 3.6m CFHT라는 세계 최정상의 망원경을, 그것도 하와이 마우나케아에서 사용한다는 설렘과 뿌듯함을 가슴에 품고 관측 준비를 마쳤다. 드디어 인천공항에서 비행기에 오르는 날이다.

한 해 전인 2001년 이야기를 잠시 해야겠다. 당시 나는 서울대에서 대학원 박사과정 학생이었는데 매년 교내 보건진료소에서 건강검진을 해 주었다. 간단한 신체 측정과 혈액 검사, 흉부 엑스선 촬영 등을 했는데 2001년 초 건강검진 후 상담이 필요하다며 방문해 달라는 연락을 받았다. 전공의 선생님 말씀이 '엑스선 사진에서 폐에 1cm 크기의 덩어리가 보이는데 이 사진만으로는 뭔지 확실히 모르겠다. 큰 병원을 방문해 보라'고 하였다. 이후 몇 군데 병원을 다녀보았지만 새로운 건 없었다. 직접 자료를 다루고 현장에서 일하는 대학원생이나 전공의가 사실 가장 세밀한 부분까지 안다. 큰 병원 선생님들 말씀도 보건진료소 전공의 선생님과 다르지 않았다. '덩어리가 있는데 뭔지 모르겠다. 결핵균일 수도 있고 모르는 사이에 결핵이 지나간 흔적일 수도 있다. 방법은 결핵약을 먹어 보면서 매달 변화를 관찰하는 것밖에 없다'고 하였다. 그래서 결핵약을 먹기 시작했고, 환자 아닌 환자가 되었다. 결핵약은 양이 많다. 그리고 약을 먹다가 중단하면 내성이 생겨 안 되고, 몸이 약 기운을 이겨내야 하니 음식도 잘 먹어야 한다. 매일 약을 먹고 매달 흉부 엑스선 사진을 찍었으나 변화가 없었다. 그래도 약을 끊을 수 없으니 1년은 먹어 보자는 말씀들이었다.

그러던 와중에 꿈에 그리던 CFHT, 마우나케아 관측 출장을 가게 되었다. 관측을 가기 위해 인천공항에서 비행기에 올랐을 때 시계를 보니 약을 먹을 시간이었다. 나는 자리에 앉자마자 승무원께 물을 좀 달라고 해서 결핵약을 먹었다. 그리고 7시간여의 비행. 동행하는 동료 교수님과 관측 내용에 관해 토론도 하고 이런저런 이야기 속에 친밀감도 오르고, 기내식을 먹으며 옆자리에서 혼자 여행 중인 남자 중학생하고도 친해졌다. 날씬해 보였던 평범한 중학생이었는데 비빔밥을 다 먹더니 한 그릇 더 먹어도 되냐고 우리에게 묻는다. 우리는 당연히 더 달라고 해 보라고 권했고 승무원이 가져다준 두 번째 그릇도 깨끗이 비운다. 어렸을 때 하와이 빅아일랜드에서 살다가 지금은 한국에 살고 있다는 그 학생은 어린 시절 친구들이 보고 싶어 부모님 허락을 받고 우리와 같은 목적지인 빅아일랜드 코나(Kona)까지 간다고 했다. 나중에 코나 공항에서 얼핏 보니 자전거로 마중 나온 친구들이 여분의 자전거를 한 대 더 가져왔고, 모두 함께 신나게 달려가는 모습을 보았다.

비행 내내 정상이었던 내 속이 착륙 1시간 정도를 남기고 흔들리기 시작했다. 속이 뒤틀리고 멀미가 올라왔다. 급히 화장실로 가서 먹은 것을 다 게워 냈다. 비행기의 흔들림은 고스란히 내 내장의 뒤틀림으로 전달되었고, 나는 계속 나를 비워 갔다. 시간이 지나도 속은 진정되지 않았고 꺼낼 것 없는 속을 계속 비우는 작업은 참으로 고통스러웠다. 옆자리에서 동행하던 손영종 교수님이 내 저려 오는 손을 주물러 주면서 비행기가 착륙한 후에야 속이 조금씩 진정되기 시작했다. 근 한 시간여의 고생이었고, 나는 손 교수님께 박사학위 취득 후 외국에 포닥(박사후연구원)을 가려면 비행기를 타야 할 텐데 나는 포닥을 안 가겠다고 하소연할 만큼 힘든 시간을 보냈다. 아⋯ 그 후 시간은 온통 창피함뿐이다. 아, 저 친구. 그 비행기에서 멀미 하던⋯, 하지만 그럼에도 진정되는 속이 나는 너무 감사했고 그제 야 따스한 하와이의 날씨가 느껴지기 시작했다.

관측 준비를 한답시고 여행 준비는 별로 못한 채, 하와이라는 곳에 대한 사전 지식도 별로 없이 비행기에 올랐던 2월 중순, 나는 겨울 잠바를 입은 채 늘 여름인 상하(常夏)의 나라에 도착했다. 잠바를 벗어 손에 들고 가방을 끌고 낑낑대면서 일행이 준비해 온 렌터카에 올랐다. 마우나케아 입구의 '할레포하쿠'까지 가는 '말안장 도로'를 달리기 위해서. 그런데 아, 이 무슨 운명의 장난인가. 말안장 도로는 또 다른 바이킹호였다. 길이 위아래와 좌우로 굽이치는데 뒷자리에 앉은 내겐 청룡열차가 따로 없었다. 겨우 안정시켰던 내 속은 다시 흔들리기 시작했는데, 그래도 이번에는 게워 내지는 않고 다행히 버틸 만은 했다.

내 멀미가 단순한 비행기 멀미가 아니었다는 건 나중에야 알았다. 천문학을 공부한답시고 한 곳만 너무 팠던 나머지 약이나 의학 상식이 너무 없었던 것. 누구에게 묻지도 않고 당연하다는 듯 시간이 되었으니 약을 먹었던 순진함이, 아니 무지함이 가져온 인고의 시간이었다. 시간이 많이 지나고 나서, 그 후에도 비행기를 여러 번 타고 나서야 이제는 그래도 추억처럼 이야기할 정도로 고통이 멀어졌다. 관측 후 한국에 돌아와서는 또 아무 일 없었던 듯 열심히 결핵약을 먹었고, 매달 열심히 엑스선 사진을 찍으며 관찰했다. 나 역시 천체 사진을 찍어서 구상성단이나 어두운 천체 찾는 일을 하던 때라 의사 선생님이 보시는 흉부 사진도 내가 평소에 보던 사진들과 비슷했다.

약을 먹은 지 10~11개월쯤 되었을 때 담당 선생님과 나는 폐의 덩어리에 아무 변화가 없다는 것에 동의했다. 아니 선생님이 그렇게 말씀하셨고, 함께 사진을 보는 나도 (속으로) 동의했다. 약을 먹기 시작하던 때와 지금 그 덩어리가 똑같다는 말은 결핵균이 아니라는 말이고, 여전히 무엇인지 단정적으로 말하기는 어렵지만 나도 모르게 지나간 결핵의 흔적일 수도 있겠다는 추측 정도만 가능했다. 확실히 말할 수 있는 것은 결핵약을 먹어서 없어지지 않는 것을 보아 나에게 결핵균이 없다는 정도였다. 해방! 거의 1년간 매일 먹던 약을 드디어 끊을 수 있었고, 불안을 떨칠 수 있었다. 한편으로는 억울했다. 결핵 환자도 아닌데 1년간 약을 먹어야 했던 것, 불안 속에 살아야 했던 것. 하지만 그렇게 해서라도 확인했고 이겨낸 셈이어서 다 끝난 지금은 감사하게 여긴다.

내가 CFHT를 이용한 관측을 수행하러 마우나케아산 정상에 올랐던 당시에도 이미 산에 오르지 않고 산 아래에서 원격 관측을 하거나 또는 전문 관측자를 통한 대리 관측을 시도하는 천문대들이 있었다. 하지만 당시 CFHT는 아직 고전적인 관측 방법을 유지하고 있었고, 우리는 매일 저녁 식사를 일찍 끝내고 석양이 지기 전에 차를 타고 2,800m 높이의 할레포하쿠를 떠나 4,200m의 돔에 올라갔다. 당시 우리는 '다천체분광기'라는 기기를 이용한 관측을 수행했는데, 지금도 그렇지만 당시로서는 최첨단 기기였다. 천체의 사진을 찍는 것을 '영상 관측'이라 하고 햇빛이나 별빛을 프리즘에 통과시켜 스펙트럼을 얻는 관측을 '분광(分光) 관측'이라고 한다. 별을 관측할 때는 프리즘 대신 '그레이팅'이라는 조금 다른 빛 분산 장치를 사용한다. 또 일반적으로는 망원경이 모아 준 별빛을 긴 홈(slit)을 통과시킨 후 그레이팅에 보내 스펙트럼을 만드는데, 이런 경우는 별 하나를 관측해서 스펙트럼 하나를 얻는다. 그런데 다천체분광기는 망원경으로 볼 수 있는 영역 내 별들의 위치마다 길이가 조금 짧은 홈들을 놓고 여기에서 나오는 빛을 각각 그레이팅에 통과시킴으로써 여러 스펙트럼을 한꺼번에 얻는 기기이다. 마치 과거에는 총을 쏠 때 한 번에 총알 한 방씩 쏘았다면, 이제는 조선 시대의 신기전(神機箭)같이 여러 개의 총알을 한꺼번에 쏠 수 있는 기술이었다(물론 신기전은 순차적으로 쏘는 연발이긴 하다). 당시 CFHT는 20~30개의 슬릿(홈)을 만들고 그 수만큼의 별 스펙트럼을 한꺼번에 동시에 얻을 수 있었다. 이것은 일반적인 망원경과 분광기에서라면 20~30배의 관측 시간과 노동을 들여야 얻을 수 있는 자료였기에 관측에 있어 혁신적인 도약이었다. 30일 걸릴 관측을 1일 만에 끝낸다!

여러 천체를 동시에 분광 관측하기 위해 CFHT는 다중(multi) 슬릿을 만들어 사용했고, 3.5m '윈'(WIYN) 망원경은 화이버(fiber)를 사용했다. 각각의 장단점이 있는데, 다중 슬릿을 사용하는 CFHT는 당시 얇은 필름에 기계로 다중 슬릿을 그린 다음 레이저로 깎아 사용했다. 문제는 이 모든 작업이 밤에 산 정상의 돔 내에서 이루어진다는 점이었다. 내가 관측하고자 하는 천체들의 다중 슬릿 판(mask)을 만들기 위해서는 가장 먼저 CFHT 망원경으로 하늘의 해당 지역을 찍은 영상을 얻어야 한다. 영상을 얻고 나서 우리의 경우 외부은하의 구상성단을 관측하는 것이 목적이므로 구상성단을 잘 보이게 하기 위해 영상에서 외부은하를 제거해 줘야 하는데, 이게 시간이 조금 걸린다. 다행히 우리의 경우 외부은하가 타원 은하였기에 컴퓨터에 설치한 천문학 소프트웨어로 우리 타원 은하의 빛 분포를 재현해 주는 모델을 만들었고, 관측 영상에서 모델 영상을 뺐다. 그러면 타원 은하의 매끄러운 빛 분포는 사라지고 타원 은하의 빛 위에 추가로 얹혀 있는 밝은 별이나 구상성단들만 두드러지게 잘 보이게 되는데 이들 중 우리가 미리 준비해 온 구상성단 목록에 슬릿위치를 표시한다. 그리고 천문대에 준비된 필름판을 레이저 깎기기계에 넣고 스위치를 켜면 내가 원하는 천체의 위치에 슬릿, 즉 긴구멍들이 만들어진다. 이 필름판을 망원경 운영자(operator)에게 주어 망원경과 분광기 사이에 꽂아 달라고 한 후 분광 관측을 수행하면 된다.

망원경을 세워 둬야 하는 비효율적 작업이다. 그래서 관측을 하지 못하는 이러한 시간 낭비(dead time)를 줄이기 위해 정신없이 작업이 이루어진다. 그리고 그때가 가장 머리가 아픈 시간이기도 하다. 머리를 많이 쓰는 만큼 머리에 산소 공급이 필요한데, 4,200m 고도에서 지상 대비 60%뿐인 산소만 마셔 가며 고난도의 작업을 수행해야 하기 때문이다. 다행히 두통 없이 작업을 수행할 때는 참 감사하지만 어떤 때는 두통약을 먹어 가며 작업하는 수밖에 없다.

CFHT 이후의 우리나라 망원경 프로젝트를 살펴보자. 새로운 밀레니엄, 2000년대가 되면서 한국천문연구원에서는 차기 대형 망원경 프로젝트에 대한 구상을 본격화했다. 비전21이라는 이름으로 한국천문연구원 중장기 발전 계획을 만들고, 과학과 기술을 아울러 어떻게 미래를 그려 나갈 것인지 로드맵을 그리면서 4~8m급의 중형 또는 대형 망원경 건설 방법을 모색했다. 당시 한국과 멕시코의 일부 천문학자들이 교류하는 워크숍이 매년 진행되고 있었는데, 논의 중에 두 나라가 함께 6.5m 망원경 두 대를 건설하자는 제안이 나왔다. 2004년에 기획 연구를 하고 2005년에 사전조사 연구를 수행하면서 계획은 점점 구체화되었고 두 나라의 천문학계는 협력을 위한 양해각서를 체결했다. 나는 당시 서너 명에 불과했던 대형 망원경 사업 기획팀의 일원이었고, 사업 책임자 박병곤 박사님과 예산 확보를 위해 밤을 새우기도 하면서 동분서주 뛰어다녔다. 당시 500여 쪽에 걸쳐 작성한 기획보고서는 그 이후에도 사업 진행에 훌륭한 지침서가 되었다.

지금은 총사업비가 500억 원이 넘는 국가사업들은 '예비타당성조사'라는 절차를 거쳐야 하지만 당시는 그런 절차가 생기기 전이었다. 2004년 국회 예산정책처의 권고에 따라 '사전타당성조사'라는 이름으로 우리 사업이 총 8개의 시범 사업에 포함되었다. 2005~2006년 한국과학기술기획평가원(KISTEP) 주관으로 한국 정부가 800억 원, 멕시코 등 외국 기관이 800억 원을 부담해 6.5m 망원경 2대를 멕시코 '산 페드로 마티르'(SPM)에 건설하는 프로젝트의 사전타당성조사가 시행되었다. 기술적 타당성, 경제적 타당성, 정책적 타당성, 계획의 완성도, 과학기술적 파급 효과, 기술적 성공 가능성, 기존 사업과 중복되지는 않는지, 만들어질 망원경 두 대가 경쟁력 있는 연구 성과를 창출할 수 있을지, 한국이 50%의 예산을 부담해 50%의 지분을 가지는 것이 적정한지 등을 조사했다. 경제적 타당성 중 한국이 부담하는 50% 예산 지분은 적정한 것으로 분석되었는데, 경제성 즉 비용 편익 분석은 난감했다. 순수과학을 위한 시설 구축 프로젝트여서 이윤을 바라는 기업이 아닌 국가가 투자하는 분야인데도 비용 대비 편익은 예외 없이 조사해야 했다. 조사에 참여한 전문가들이 사회과학적인 아이디어를 제시했고, 시민들을 대상으로 '이러이러한 천체망원경에 지급 의사가 있는지'를 묻는 설문조사를 통해 지급 의사 금액을 추정했는데, 2006년 가치로 총 1,731억 원을 투자하겠다는 결과가 도출되었다. 한국 지분이 50%일 때 비용보다 편익이 1.08배 많게 나온 것이다.

사전타당성조사의 최종 결과는 '타당'으로 나왔다. 한국에서는 계속 진행할 수 있음을 의미했다. 문제는 멕시코의 예산이었다. 멕시코는 우리보다 경제적으로 나은 상황이 아니어서 멕시코 천문학자들은 우리보다 정부 예산 확보에 훨씬 어려움을 겪었다. 한국도 멕시코도 제3의 추가 파트너를 물색했고, 미국의 프린스턴대학 등 여러 곳이 사업에 참여하겠다는 연락을 해왔다. 2007년에는 사전타당성조사에서 권고했던 부분들을 보완하고 국제 컨소시엄을 만들기 위해 노력하는 중이었지만 예산 전체를 확보하는 것이 쉽지 않았고, 멕시코와 해외 파트너들은 열정을 쏟아부었지만 예산은 뒤따라오지 않았다. 국내에서는 천문학자들 사이에 출구 마련을 위한 논의가 활발했고, 외국 학자들과의 다양한 토의가 이루어졌다.

그 와중에 한국에는 새로운 초청장이 날아들었다. 바로 25m 거대 마젤란 망원경(GMT) 사업이었다. 25m 구경의 GMT는 6.5m보다도 예산 규모가 월등히 컸고, 미국의 GMT 개발팀은 개념 설계를 마치고 파트너를 모색하던 중 한국천문연구원에 참여를 제안했다. 한국은 1990년대부터 이미 국제 무대에서 활발히 활동하고 있었기에 GMT 입장에서 한국은 아주 좋은 파트너 후보였다. 망원경도 크기 면에서 25m 차세대 프로젝트의 장점이 훨씬 컸다. 국내 학계, 우리나라 정부, 국제 동향과 외국 천문학자 등과의 오랜 논의 끝에 한국은 GMT 참여를 결정한다. 사전타당성조사 제도가 '예비타당성조사'(예타)로 이름이 바뀌었는데 우리 사업은 이미 '타당' 결정을 받았기에 사업 계획이 변경된 부분에 대해서만 '간이 예타'를 받았고, 2008년 중반 33개 사업 중 선정된 9개에 포함되었다. 미국과 칠레 등은 이미 2000년대 중반 GMT 사업을 시작하고 있었고, 한국은 마침내 2008년에 과학기술부와 기획재정부 그리고 최종적으로 국회 심의를 통과하면서 GMT 10% 지분 참여를 확정했다. 한국천문연구원이 GMT 사업으로 정부에서 받는 예산은 연구원 설립 이후 단일 사업으로서는 최대의 예산이었다. 2009년 2월 6일 조인식을 통해 한국은 GMT에 공식 참가하게 되었다. 예산 보충을 위해 GMT에 새로운 파트너가 계속 유입되는 변화무쌍한 흐름 속에서도 한국은 여전히 10% 지분을 잘 유지하고 있다. 다만 2024년 국가의 연구 개발 예산이 줄어들어 갑자기 미래가 불확실해졌지만, 희망을 놓지는 않으려 한다.

5. 한국도 참여하는 미래의 세계 최대 망원경 - 거대 마젤란 망원경(GMT)

천문학은 물리학과 비슷하다. 해방 이후 행정가들에 의해 잠시 기상학(현재의 대기과학)과 묶이기도 했지만 학문적으로는 물리학과 가깝다. 미국이나 유럽의 천문학과는 단독으로 존재하거나 또는 물리학과와 함께 묶여 있다. 천문학 역시 물리학과 비슷한 방법으로 우주를 연구하기 때문이다. 한편, 천문학이 물리학과 조금 다른 점은 천문학은 현상학이라는 점이다. 즉 우주의 천체나 현상을 먼저 보고 그다음에 설명하는 방식으로 학문이 발전해 왔다고 할 수 있다. 다른 자연과학처럼 실험실에서 별을 만들어 보거나 블랙홀을 찔러 보거나 할 수 없고, 오로지 보는 것만이 유일한 연구 방법이다. 그런 면에서 우주를 보는, '관측하는' 도구인 망원경은 천문학과 우주 연구에 없어서는 안 되는 필수 요소이다.

한국의 GMT 참여는 그야말로 한국천문학계의 숙원이었다. 천문학자들 사이에서 농담처럼 하는 말 중에 "가장 뛰어난 시설을 보유하면 가장 멍청한 천문학자도 중간 정도의 논문을 쓸 수 있다"는 말이 있다. 즉 우주를 관측하는 것이 기본인 천문학에서 보는 것, 관측하는 것이 얼마나 중요한지를 설명해 주는 말인데, 25m GMT 같은 세계 최대, 최첨단 망원경이라면 우리나라가 진정 천문학의 맨 윗계단으로 도약할 수 있는 발판이 되어 줄 것이다.

2024년 현재 GMT 컨소시엄에 참여하는 기관은 한국천문연구원, 미국의 카네기과학연구소, 하버드대학, 스미소니언 연구소, 시카고대학, 애리조나대학, 애리조나 주립대학, 텍사스대학, 텍사스

A&M 대학, 오스트레일리아 주립대학, 오스트레일리아 천문재단, 브라질 상파울로연구재단, 이스라엘 와이즈만연구소, 대만 등 14기관이다. 국가로는 천문대 부지 제공을 하는 칠레 포함 7개국이다. 한국천문연구원은 한국을 대표해 참여하고 있기에 GMT 관측이 시작되면 한국 기관에 근무하는 천문학자는 누구나 GMT를 이용한 관측을 신청할 수 있다. 한국이 처음 참여할 즈음에는 2019년경 완성 예정이었지만, 추가 파트너 영입이 어려워지고 세계 경제의 영향, 참여 기관들의 경제 상황 등의 문제로 예산 조달이 충분히 이루어지지 못하면서 완공이 지연되었다. 기존 파트너는 미국 기관들과 미국 외 다른 나라들이었는데 코로나-19를 지나면서 미국 정부도 예산을 지원할 가능성이 생겼다. 하지만 일정이 지연되면서 물가가 올랐고 총소요 예산도 증가했다. 최첨단이자 최대의 망원경을 제작하면서 맞닥뜨리게 되는 문제는 지속적으로 등장하기 마련이다. 2010년대 초반 GMT 프로젝트의 추정 예산은 7억 달러(약 9,000억 원)였으나 지금은 총예산을 약 20억 달러(약 2.5조 원)로 예상한다. 여전히 예산은 부족해 새로운 파트너 기관을 찾고 있는 지금은 2035년쯤 완공을 목표로 한다. 우리나라 교육에서는 중도 탈락 제도가 없지만 미국이나 유럽에서는 흔하다. 그래서 입학보다 어려운 것이 졸업이라는 말이 있다. 망원경 건설 프로젝트, 특히 최첨단이고 과거에 없던 가장 큰 망원경을 만드는 과제는 시작보다 완성이 더 어렵다. 그래도 인류는 발전할 것이고 우리는 GMT의 완공을 보고야 말 것이다.

켁 망원경은 미국 켁 재단의 예산으로, 스바루 망원경은 일본 정부의 예산으로 만들어졌고, VLT는 유럽연합의 재정으로 건설되었다. 제미니 망원경은 미국이 주도했지만 캐나다, 영국, 오스트레일리아, 칠레, 브라질, 아르헨티나 등의 나라가 참여했다. 이렇듯 기존의 8~10m 구경의 망원경은 여러 나라가 힘을 합치기도 하고, 어떤 한 나라가 독자적으로 건설하기도 했다. 그러나 25m GMT를 비롯한 차세대 망원경은 이제 규모와 예산이 너무 커서 한 나라가 독자적으로 만들기 힘들어졌다. 이제는 여러 나라의 국제 공동 협력이 필수적인 시대가 되었고, 그만큼 지구가 좁아지고 모두가 협력해야 히는 시기가 된 것 같다.

[그림 26] 칠레 '라스 깜빠나스' 천문대에 25m 크기 GMT가 건설된 후의 산을 내려다본 상상도. 원통 모양의 가장 큰 건물이 GMT 돔이고, 맨 왼쪽에 2.5m, GMT와 2.5m 사이 중간쯤에 6.5m 마젤란 쌍둥이 망원경 돔들이 보인다.

현존하는 가장 큰 망원경은 지름 10m의 켁 망원경이지만, 이는 6각형의 작은 조각 거울들을 모아 놓은 모자이크 거울을 사용한다. 인류가 만들 수 있는 단일 통짜 거울은 8m급이 최대이다. 인류는 이보다 큰 거울을 만들어 본 경험이 없다. 아마 시도는 해 볼 수 있을 것이다. 하지만 그러려면, 예를 들어, 10m나 15m 또는 20m 지름의 단일 통짜 거울을 사용하겠다고 누군가 결심을 해야 하고, 8m

거울 제조 능력이 있는 몇 안 되는 기관에 제작이 가능한지를 물어야 한다. 그러면 거울을 제조하는 곳은 심각하게 고민을 시작할 것이다. 과연 우리가 만들 수 있을 것인가? 일반적으로 망원경의 거울을 만들려면 주조틀부터 만들어야 하고, 대량의 유리를 녹여 거울 몸체를 만들고 나서 거울 면을 정밀 가공한다. 가공 후에는 거울을 세워 놓고 거울이 제대로 가공이 되었는지 정밀 측정과 재가공을 반복해야 한다. 애리조나대학은 대학의 풋볼 경기장 동쪽 의자 아래에 이 공간을 마련해 실험실을 운영한다.

[그림 27] 애리조나대학에서 GMT 주경 하나를 만드는 과정 중 거울을 수직으로 세우고 있다. 지름이 8.4m이므로 대략 2층 높이로, 기린보다 키가 크다.

이제는 8m 거울을 만들 때보다 훨씬 큰 공간을 확보해야 하고, 새로운 주조 틀, 가공 틀, 측정 장비를 갖추어야 한다. 거울을 만들어 달라고 요구한 쪽에서 이러한 공간과 장비까지 제공해 주면 좋겠지만, 훨씬 큰 예산이 소요될 터이니 그럴 리 없고 결국 제조하는

쪽이 자체 예산을 들여 설비를 갖추어야 주문을 받을 수 있다. 그런데 만약 이번 주문을 받아 대형 거울을 만들고 나서 향후 10년이나 20년 동안 8m보다 큰 거울 주문이 안 들어온다면? 그럼 이 엄청난 자산 투자는 모두 일회성이 되고 말 것이고, 투자보다 얻는 효용이 형편없게 된다. 또한, 새로운 시도 과정에는 새로운 도전과 연구 개발이 필요하고, 과거에 경험하지 못한 새로운 문제들을 만날 수 있다. 그러면 제조를 멈추고 문제를 먼저 해결해야 하고 그러다 보면 몇 달, 때로는 몇 년의 시간이 흘러갈 수도 있다.

과거에 8m 거울을 만들었던 곳은 대부분 유럽이나 미국이었고 이런 기관들은 문제가 생겨 작업이 중단되면 건물과 장비 그리고 그보다 훨씬 큰 비용이 소요되는 인력 유지에 막대한 예산을 쏟아부어야 한다. 쉽게 뛰어들기 어려운 도전이다. 단 한 번의 도전으로 엄청난 성과를 기대할 수 있거나, 그 도전으로부터 새로운 깨달음이나 기술적인 도약이 생기지 않으면, 그리고 제2, 제3의 주문 가능성이 크지 않다면 웬만해서는 주문을 받아들이기 어려울 것이다. 그래서 10m보다 큰 크기의 망원경을 만들 때는 두 가지 방법을 생각해 볼 수 있다. 하나는 8m 거울들을 최대한 늘어놓는 것이고, 또 하나는 켁 망원경처럼 작은 6각형 거울을 더 많이 배열하는 것이다. 여기저기서 다양한 망원경 아이디어들이 등장했고, 이곳저곳에서 독립적인 추진이 시작됐다. 시간이 지나면서 3개 정도의 프로젝트가 살아남았는데 그 첫 번째가 바로 거대 마젤란 망원경, GMT이다.

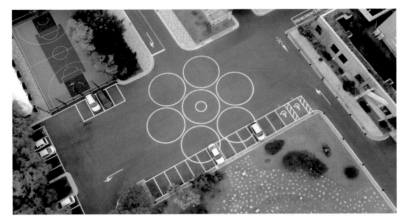

[그림 28] 그림의 왼쪽 위에 있는, 대전 한국천문연구원 정문을 들어서면 주차장 바닥에
25m GMT 주경의 실제 크기를 경험해 볼 수 있게 그림으로 그려 놓았다.
도로나 자동차의 크기와 비교해 볼 수 있다.

GMT는 지름 8.4m의 거울 7개를 동그랗게 늘어놓아 이쪽 끝에서 저쪽 끝까지의 실제 지름이 25.4m이다. 거울 사이의 빈 틈을 고려해 실제 빛을 받아들이는 면적만 계산하면 지름 24.5m의 거울 하나에 해당한다. 이 거울의 능력을 설명하자면 이렇다. 만약 160km 거리, 대략 서울과 대전 사이에 산이나 높은 건물이 없다면 서울에서 GMT 망원경으로 대전에 있는 10원짜리 동전을 관찰할 수 있다. 참고로 보통 사람의 맨눈은 1.5 km 거리에서 신발 하나 정도를 구별해 볼 수 있다.

🎇 6. GMT 거울 만들기

일반적인 천문 연구용 광학 망원경은 주경이 하나의 거울로 이루어져 있고 가운데에 구멍을 뚫어 놓는다(그림 29). 경통 안 하늘 쪽에는 부경이 있고, 주경의 구멍 뒤 땅 쪽에는 관측 기기가 부착된다. 별빛이 들어와 주경에서 반사되고 부경에서 다시 반사된 후, 주경 가운데의 구멍을 통해 뒤쪽의 관측 기기로 들어온다. GMT는 가운데에 하나, 가장자리에 6개의 거울을 배치해 전체 7개 거울 면을 컴퓨터로 조정해 마치 지름이 약 25m인 하나의 포물면 거울인 것처럼 사용한다. 따라서 가장자리의 6개 거울에는 구멍을 뚫을 필요가 없고 가운데 거울의 중앙에만 구멍을 뚫으면 된다. 빛은 가운데 거울의 중심부를 지나므로 가운데 거울의 중심축과 빛의 방향(광축)은 평행하다.

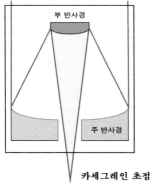

[그림 29] 일반적인 광학 천체 망원경의 구조. 위 하늘 쪽에서 붉은색 선을 따라 빛이 들어온다. 마지막에 아래쪽 초점에 관측 기기를 둔다.
(출처: 김영수/한국천문학회)

반면 가장자리의 거울은 가운데 거울 중심부를 지나는 빛을 받아야 하므로 빛과 평행하지 않고 어떤 각도를 이루게 되고, 거울의 안쪽보다 바깥쪽이 두껍게 된다. 그래서 가장자리 거울 6개를 비축(off-axis) 거울이라고 부른다. 8.4m 크기의 비축 거울은 GMT용이 처음 만들어진 거울이었다. 그만큼 거울 제작자들에게는 어려운 과제이면서 새로운 도전이었고, 연구를 하면서 제작해야 하는 연구개발(R&D) 프로젝트였다. 일반적인 8m 규모 거울은 제작에 약 4년 정도 소요된다. GMT의 7개 거울 중 더 어려운 거울, 즉 비축 거울의 제작을 2005년부터 가장 먼저 시도했는데 첫 비축 거울 제작에만 약 7년이 소요되어 다른 거울보다 두 배 정도의 시간이 걸렸다.

8.4m 지름의 거울 하나를 만드는 데 왜 4년이나 걸릴까? 거울 설계를 마친 후 가장 먼저 해야 하는 일은 약 20톤의 보로실리케이트 유리 재료를 구매하는 것이다. 양이 많아서 이것만도 시간이 꽤 걸린다. 다음에 정제한, 즉 불순물을 제거한 보로실리케이트 유리를 용광로에 넣고 가열해 온도를 올린다. 온도가 충분히 올라가면 액체 유리가 주조 틀 모양이 될 때까지 용광로를 1분당 6번씩 약 5시간 동안 회전시킨다(그림 30). 온도가 섭씨 1,165℃까지 올라가면 그 이후 약 3달 동안 용광로를 서서히 식힌다. 이후 한 달 동안 용광로는 계속해서 도는데 이 과정을 통해 유리는 강도가 세진다. 그리고는 다시 1.5개월 동안 실온에서 식힌다. 케이크 모양의 유리 덩어리를 만드는 과정에서 용광로를 회전시키는 이유는 거울의 표면을 오목하게 들어간 포물면으로 만들기 위해서이다.

[그림 30] 8.4m 지름의 GMT 거울 하나를 만들기 위해 용광로를 회전시키고 있는 모습.
(GMTO Corporation)

거울이 다 식으면 표면 가공을 시작하는데 꼬박 2년 정도 걸린다. 이 '가공'은 그야말로 매우 정밀하다. 거울의 표면을 울퉁불퉁하지 않고 매끄럽게 만든다는 의미인데, 표면 정밀도가 25나노미터(nm)보다 정밀해야 한다. 이것이 어느 정도인가 하면, 사람 머리카락 굵기의 1,000분의 1보다 정밀하고, 눈에 보이지 않는 코로나 바이러스의 5분의 1보다 정밀하다. 이렇게 설명하는 것이 더 실감 날 수 있겠다 - 8.4m 거울 하나를 미국 대륙이라 가정하면, 미국 대륙에 1cm보다 높은 산이 없다고! 표면 가공에 2년이나 걸리는 이유는 미국 대륙 전체를 돌아다니며 높은 산부터 깎아 나가면서 정밀도를 높여 나가기 때문이다. 먼저 가장 높은 산을 깎고 나서 전체를 측정한다. 이제 남은 것 중 다시 가장 높은 산을 깎고…, 이렇게 큰 산들을 찾아 차례로 제거하고 다시 표면 지도를 만든다. 이제 산이라 할 만한 것들이 사라진 후에는 높은 언덕들을 차례로 제거한다. 그리고는 또 지도를 만들고 또 언덕들을 제거하고…, 그렇게 반복하다가 남게 되는 가장 높은 둔덕이 1cm보다 높지 않게 되면 비로소 거울이 완성되는 것이다. 처음에 가장 높은 산들을 제거하는 것보다 후반부에 높이가 낮은 언덕들을 찾고 제거하는 것이 훨씬 어려워 후반부에 더 많은 시간이 소요된다. 이렇게 만들어진 거울 하나의 최종 무게는 17톤 정도이고, 각각의 거울을 붙잡고 지탱해 주는 금속 틀 하나는 약 31톤이다. 이 틀을 이용해 거울을 하늘의 여러 방향으로 움직이기도 하고, 7개 거울 모두가 하나의 포물면을 이루도록 기울을 미세 조정하기도 한다.

가장자리의 6개 거울과 달리 중앙 거울은 가운데에 구멍이 뚫리고 거울의 축과 별빛의 축(광축)이 평행하다. 중앙 거울과 가장자리 거울은 만드는 과정도 용도도 다르다. 가장자리 거울 6개는 각각의 제작 과정은 같지만 망원경에 부착할 때는 방향을 맞춰야 한다. 두께가 얇은 쪽이 중앙 거울에 가깝도록 안쪽에 위치해야 하고, 6개 거울이 전체적으로 대칭을 이뤄야 한다. 관측할 때 거울들은 외부에 노출되어 있기에 먼지가 쌓이면 빛을 반사하는 성능이 저하된다. 시간이 지날수록 먼지가 쌓이면서 어두운 별들을 볼 수 있는 능력이 감퇴된다. 그래서 천문대에는 거울을 떼어 내 세척하고 다시 반사 물질을 코팅하는 설비가 갖추어져 있고, 모든 거울을 대략 1년 또는 2년마다 떼어 내 세척하고 반사 물질을 재코팅한 후 망원경에 부착해 사용한다. GMT의 경우 가장자리 거울의 세척 및 코팅 시기에 관측이 중단 없이 지속될 수 있게 여분의 거울, 즉 8번째 예비 거울을 준비한다. 이 예비 거울이 있으면 중단 없이 망원경을 사용할 수 있다. 단 중앙 거울은 여분이 없다. 따라서 1~2년마다 중앙 거울의 세척 및 코팅 시기에는 1~2주 관측을 중단하게 된다.

7. GMT를 품은 건물, 돔

GMT 망원경을 품고 있는 건물인 돔의 높이는 65m인데 이것은 약 22층 건물의 높이에 해당한다(그림 31). 고래 중 몸집이 가장 큰 대왕고래(흰긴수염고래)의 몸길이가 30m 정도이다. 미국 우주왕복선의 전체 길이가 37m인 것과 비교하면 거대한 높이임을 짐작할 수 있다. 돔이 이렇게 거대하면서도 단 3분 만에 한 바퀴 회전할 수 있다.

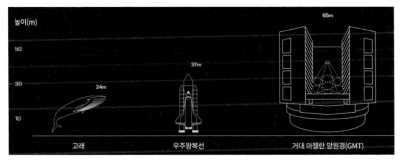
[그림 31] 고래와 우주왕복선 그리고 거대 마젤란 망원경(GMT)의 크기 비교

일반적으로 천체 망원경의 돔은 구 모양이나 원통(실린더) 모양, 사각형 상자 모양 등 다양한데, GMT의 돔은 원통형에 가깝다. 돔은 낮에는 밀폐되어 망원경을 보호하고 밤에는 망원경이 하늘을 볼 수 있도록 좌우로 열린다. 작은 망원경을 품은 돔의 경우, 가운데 부분의 슬릿(slit)을 뒤로 밀어 하늘을 열기도 한다. 슬릿이 열릴 때 밖에서 보면, 우리나라에서 흔히 '바리깡'이라고 부르는 이발기가 최초로 머리를 시원하게 밀 때와 비슷한 모습이다. 밤에는 여러 개의 창을 열어 바람이 통하게 함으로써 실내와 바깥의 온도 차를 줄여 돔 내에 난류가 생기지 않게 한다. 만약 온도 차로 인해 난류가 생기

면 망원경으로 별을 볼 때 아지랑이 같은 게 피어오른다. 지구의 자전과 같은 속도로, 단 자전과 반대 방향으로 망원경과 돔을 회전시켜 밤새 원하는 천체를 지속 관측할 수 있게 한다. 돔은 사막 기후의 날씨와 바람 그리고 심지어는 칠레의 지진도 견딜 수 있도록 만들어진다.

[그림 32] 한국, 미국, 호주 등이 공동으로 건설 중인 25m 거대 마젤란 망원경(GMT) 돔의 상상도. 밤에 망원경이 하늘을 볼 수 있게 돔의 좌우를 열어 놓았다. (GMTO Corporation)

돔의 안정도 중요하지만 망원경의 안정은 특히 더 중요하다. 망원경 아래에는 돔과 분리된 받침대가 땅속 깊이 박혀 망원경을 지지하고 있는데 이 망원경 받침대를 피어(pier)라고 부른다. GMT의 경우 지름이 22m나 되는 이 피어 덕분에 돔이 흔들려도 망원경은 돔 흔들림의 영향을 받지 않고 안정한 상태를 유지하며 천체를 계속 관측할 수 있고, 혹 지진이 일어나 돔이 손상되더라도 망원경이 다치지 않게 지탱해 준다.

8. 어떤 연구를 해 볼까 - 관측 기기의 선택

관측 기기는 망원경을 망원경 되게 하는 마술이다. 1609년에 망원경으로 처음 밤하늘을 본 갈릴레이야 맨눈으로 봤지만, 현대 과학에서 조사하고 연구하는 직업은 망원경과 눈만으로는 수행할 수 없다. 과거에는 망원경에 필름 카메라를 부착해 사진을 찍어 연구했고, 이제는 전하결합소자라 부르는 씨씨디(CCD) 카메라를 붙여 사용한다. CCD는 필름보다 더 희미한 빛까지 잡아낼 수 있고, 컴퓨터에 직접 연결할 수 있어서 자료가 바로 컴퓨터에 저장된다.

관측 기기에는 크게 세 종류가 있다. 가장 많이 사용하는 두 가지는 측광 관측 기기와 분광 관측 기기이고, 관측이 어렵지만 유용한 것으로 편광 관측 기기가 있다.

측광 관측은 망원경에 CCD 카메라를 부착해 별이나 은하의 사진을 찍는 것이고, 조금 더 정확히 말하면 그 사진에서 별이나 은하의 빛의 양을 잰다는 뜻이다. 여기서 주목할 만한 천문 사진의 특징은 관측할 때 망원경과 CCD 사이에 필터를 넣어 찍는다는 점이다. 사람 눈은 보라색부터 빨간색까지 모든 파장의 빛을 한꺼번에 다 받아들인다. 반면 필터는 특정 색깔, 즉 특정 파장의 빛만을 받는다. 파란색 필터를 넣으면 파란색 빛만 통과시키고 나머지 파장의 빛은 모두 막는다. 마찬가지로 빨간색 필터를 넣으면 빨간색 빛만 통과시키고 나머지 파장의 빛은 모두 통과하지 못한다. 이렇게 하면 밝기가 같은 별이라 하더라도 파란색 파장에서 더 밝은, 즉 더 많은 빛을 내는 파란색 별과 빨간색 파장에서 더 많은 빛을 내는 빨간색 별을 구별할 수 있다. 별의 색깔은 별의 표면온도를 알려준다. 파란색 별은 표면 온도가 1만 도가 넘는 뜨거운 별이고, 빨간색 별은 온도가 3,000도 정도로 낮은 차가운 별이다. 어떤 파장의 빛을 받고 싶은가에 따라 사용할 수 있는 여러 종류의 필터가 있고, 이런 필터들의 조합을 '측광계'라 부른다. 가장 대표적이면서 천문학계에서 오랜 기간 사용된 측광계가 유-비-브이-알-아이(UBVRI) 측광계인데, 가시광 중 자외선(ultraviolet)에 가까운 빛('U'), 파란색 빛(blue, B) 가시광 빛(visual, V), 빨간색 빛(red, R), 가시광 중 적외선(infrared, I)에 가까운 빛을 의미하는 영어 단어의 첫 글자를 따 만들었다.

분광 관측 기기는 망원경과 CCD 사이에 필터 대신 프리즘같이 빛을 분산시킬 수 있는, 즉 빛을 나눌 수 있는 장치를 넣어 스펙트럼을 관측하는 것을 말한다. 햇빛이 프리즘을 통과하면 무지개색 스펙트럼이 나타나는 것처럼 망원경으로 별빛을 모아 프리즘을 통과하게 하는 셈이다. 스펙트럼은 CCD에 기록되고 컴퓨터에 저장된다. 햇빛과 같은 '백색광'은 모든 파장의 빛이 합쳐져 흰색으로 보인다. 하지만 파장에 따라 빛을 나누면, 즉 분광(分光)하면 무지개처럼 각 파장의 빛이 나누어져 보인다. 좋은 프리즘이나 천문 관측에 사용하는 그리즘 등의 분광 장치로 관측한 스펙트럼을 보면 [그림 33]처럼 여러 개의 검은 선이 세로로 나타난다. 이 선들은 별 표면의 수소, 칼슘, 헬륨, 철, 규소, 마그네슘 등의 원소들이 만든다. 별 표면의 이러한 원소들이 별 중심에서부터 나오는 빛, 즉 에너지의 일부를 흡수하다 보니 별 바깥으로 특정 파장의 빛이 나오지 못해 검게 보이게 된다. 그래서 이런 검은 선들을 '흡수선'이라고 부른다. 이 흡수선들의 파장과 세기를 분석하면 별의 표면 온도와 별을 구성하는 원소들, 별의 광도와 중력 등을 알아낼 수 있다. 아주 먼 거리에 있는 은하의 스펙트럼을 관측하면 은하가 지구로부터 멀어지는 속도를 측정할 수도 있고 이를 통해 은하의 대략적인 거리도 알 수 있다.

[그림 33] 별빛의 스펙트럼. 검정 세로 선들은 별 표면의 수소나 칼슘 등 원소들이
내부에서부터 밖으로 나오는 빛의 일부를 흡수하기 때문에 생긴다.
그래서 이 검은 선들을 흡수선이라고 한다. (wikipedia)

편광 관측 기기는 별과 별 사이의 성간 물질을 연구할 때 등 특별한 경우에 사용된다. 다누리호의 폴캠과 같은 편광 관측 기기는 달을 연구하기 위해 특수 목적으로 만들었다. 편광 관측 기기는 전자기파의 일종인 빛이 자기장이 존재하는 환경에서 특정한 방향으로 진동하며 이동하는 것을 검출할 수 있다. 측광 관측에 사용하는 필터는 백색광 전체가 아닌 특정한 파장의 빛만 통과시키지만 파란색이나 빨간색 파장 영역처럼 그래도 나름 꽤 넓은 파장 영역의 빛을 받아들인다. 하지만 분광 관측은 측광 관측보다 더 세밀하게 빛을 나누기 때문에 일단 기기로 들어오는 빛의 양이 충분해야 한다. 태양과 달리 별들은 모두 멀리 있고 그래서 어둡기 때문에 망원경으로 먼저 빛을 모으고 프리즘이나 그리즘 등의 분광 장치로 보내 '분광'하여 스펙트럼을 본다. 편광 관측은 한 단계 더 나아가 특정한 방향으로 진동하는 빛만을 골라내야 하는데 그 양이 보통 수십~수백분의 1 정도로 적다. 그래서 사실상 대부분의 빛은 버리고 원하는 편광 방향의 빛만을 골라 사용해야 하기 때문에 망원경이 아주 커서 별빛을 잘 모아 줄 수 있어야 관측이 가능하다. 다누리호의 폴캠같이 밝은 달을 대상으로 하는 경우는 별보다 행복한 경우이다. 태양이나 달을 관측할 때는 태양이 너무나 가깝기 때문에 빛이 충분히 많아서 망원경을 사용하지 않더라도 분석에 사용할 수 있는 빛의 양 때문에 고민할 필요는 없으니 말이다.

 ## 9. GMT의 관측 기기

GMT의 경우에도 당연히 관측 기기가 있어야 망원경이 모은 별빛을 연구에 사용할 수 있고 우주의 비밀을 찾는 데 이용할 수 있다. GMT가 크고 거대한 만큼 GMT에 부착되는 관측 기기도 크기가 크고 비용이 막대하며 제작 기간이 길다. GMT에는 10개 정도의 관측 기기를 부착할 공간이 있지만, 관측 기기 하나하나가 크고 비싸며 제작이 어려워 기기를 하나씩 차례로 만든다. GMT 완공과 함께 처음 사용될 1세대 관측 기기는 지구형 행성 탐색기, 다천체 분광기, 3차원 분광기, 근적외선 분광기 등 4개이다. 그리고 관측 기기는 아니지만 망원경의 시야에 보이는 별들의 빛을 각각 따로 관측 기기로 전달해 주는 '탐침 분배기'가 함께 만들어진다. 이러한 관측 기기들은 다양한 천체를 관측하는 데 사용될 수 있어 다양한 연구에 이용된다. 그중에서도 특히 강조하고 기대하는 것은 우주의 가장 먼 곳, 즉 우주가 처음 만들어졌을 때의 모습을 보는 것과 외계행성의 대기를 분석해 생명체의 흔적을 찾는 일이다. 원하는 천체를 제대로 찾고 필요한 정보를 얻을 수만 있게 된다면 우주의 역사를 새로 쓰는 큰 작업이 될 것이다. 마지막 항목의 '탐침 분배기'는 망원경의 초점면에서 별이 있는 위치의 빛을 '파이버'(fiber)라고 부르는 연결선을 통해 이동시켜 관측 기기에 넣어 주는 연결 장치이다. 이 장치가 있어야 시야에 들어오는 모든 별을 빼놓지 않고 다 관측할 수 있을 뿐만 아니라 별빛이 제대로 관측 기기에 들어갈 수 있게 해 주기에 없으면 안 될 장치인데, 관측 기기만큼이나 덩치도 있고 예산도 필요해서 마치 관측 기기인 양 하나의 항목을 차지한다.

GMT의 1세대 관측 기기 4개 중 가장 먼저 만들어지고 있는 것은 'GMT 컨소시엄 대형 지구 탐색기'(Large Earth Finder)라는 뜻을 가지는 가시광 고분산 분광기인 '지구형 행성 탐색기'(쥐클레프, G-CLEF)인데, 여기에는 한국천문연구원도 개발에 참여하고 있다. GMT의 구경이 큰 만큼 별이 어둡더라도 많은 빛을 모을 수 있다는 장점을 이용해 빛을 고 분산시킨다. 즉 빛을 최대한 많이 분광시킴으로써 아주 세밀한 파장 범위까지 볼 수 있다. 그러면 별빛의 스펙트럼을 기존 기기와는 비교할 수 없을 만큼 자세하게 볼 수 있고, 초당 50cm 정도의 느린 속도로 움직이는 행성까지 검출해 낼 수 있게 된다. 별 중 가장 나이가 많은 별들이 내는 희미한 흡수선도 검출해 낼 수 있다. 또한, 현재까지는 지구 정도 질량의 행성을 찾아낸 적이 있지만 이제는 화성 정도, 즉 지구보다 질량이 더 작은 행성까지 찾아낼 수 있게 된다. 어쩌면 이들 암석형 행성 중 대기에 산소를 가진 행성도 여럿 발견할 수 있을 것이다. 거리가 아주 먼 천체들의 빛을 분석하면 이들의 거리를 구할 수도 있다.

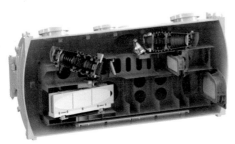

[그림 34] 지구형 행성 탐색기(쥐클레프, G-CLEF)의 상상도

'지구형 행성 탐색기' 개발은 미국 하버드-스미소니언 연구소가 주도하고 애리조나대학, 카네기과학연구소, 칠레 카톨릭대학, 시카고대학, 한국천문연구원, 매사추세츠공과대학(MIT), 산타크루즈 캘리포니아대학, 브라질 상파울로대학, 이스라엘 와이즈만연구소가 참여하고 있다. 덩치가 크고 가격도 비싸고 최첨단인 만큼 참여 기관이 많다. 지구형 행성 탐색기는 한 번에 하나의 천체만 관측할 수 있다. 크고 비싼 망원경, 또 거기에 크고 비싼 관측 기기를 부착해서 관측하는 데 천체를 하나만 관측하는 것이 어찌 보면 좀 아깝게 느껴진다. 망원경 시야에 별이 많으니 이왕이면 하나가 아닌 여러 천체를 한꺼번에 관측할 수 있으면 더 효율적일 것이다. 그래서 만든 것이 바로 관측 기기에 여러 천체의 빛을 전달해 넣어 주는 '탐침 분배기'(가시광 자동 탐침 분배기, 매니페스트, MANIFEST)이다. 파이버라고 부르는 탐침을 시야의 여러 별에 자동으로 맞추고 각 천체의 빛을 받아다 관측 기기에 넣어 준다. 그래서 탐침 분배기는 하나를 여럿으로 늘려 주는, 일종의 뻥튀기 기계와 같은 역할을 한다. 일석이조(一石二鳥)는 돌 하나로 새 두 마리를 잡는다는 말이지만 그보다 좋다. 즉 돌 하나를 던져서(일석, 一石) 여러 마리의 새(다조, 多鳥)를 잡을 수 있게 해 주는 장치인 셈이다.

관측 기기는 망원경과 함께 천문학 연구에 꼭 필요하고 천문학자들이 애용한다. 그래서 천문학자들은 관측 기기를 만들 때 좋은 이름을 붙이려고 노력하는데, 보통 영어 약자로 기기를 부르기 때문에 특히 영어 약자를 잘 만들려고 노력한다. 지구형 행성 탐색기의 경우에도 약자를 재미있게 조합해서 악보의 솔(G) 음을 기준으로 나타내는 높은음자리표의 영어 이름 '쥐클레프'(G-CLEF)로 명명했다. 과거에 어떤 미국의 기기 제작자는 기기들의 영어 약자가 너무 많다는 생각에, 그리고 귀찮았는지 본인이 만든 기기에 '약자 없음'이라는 뜻의 '엔-에이치-에이'(NHA, Not Has Acronym)라는 이름을 붙인 적도 있다. 뭔가 이름을 붙이긴 해야 하고, 적절한 이름이 없었거나 또는 정말로 작명이 귀찮았을지도 모르겠지만, 사람들의 재미있고 독특한 면면을 보게 되는 것 같다.

GMT 1세대 관측 기기 중 두 번째 설치되는 기기는 다천체 분광기(쥐맥스, GMACS)이다. 미국이나 한국, 또는 세계적으로도 천문학자의 숫자로만 보면 쥐클레프보다 사용자가 더 많은 기기이다. 사용하고자 하는 사람이 많은 만큼 활용도도 높다. 지구형 행성 탐색기는 딱 하나의 천체로부터 오는 빛을 모아 분산을 엄청나게 시키는 반면, 다천체 분광기는 분광기라는 점에서는 같지만 분산을 시키는 정도는 낮고 대신 여러 천체의 빛을 동시에 관측하는 그야말로 '다천체' 분광기이다. 천체가 오밀조밀 모여 있는 경우, 예를 들어 별이 모여 있는 성단이나 은하가 모여 있는 은하단 같은 경우가 아주 좋은 관측 대상이며, 또 망원경 시야에 들어오는 먼 거리의 은하들 하나하나를 관측할 수도 있다. 이 기기는 '탐침 분배기'가 제 역할을 톡톡히 할 수 있는 경우에 해당한다.

다천체 분광기는 별과 행성이 어떻게 만들어지고 어떻게 죽어가는지, 은하가 어떻게 진화하는지, 그리고 우주가 어떻게 만들어졌고 미래에는 어떻게 진화할 것인지까지 작은 규모에서부터 가장 큰 규모까지의 연구를 수행할 수 있게 해 준다. [그림 35]는 다천체 분광기의 크기를 사람과 비교해서 보여 준다. 이 기기의 초기 디자인은 텍사스 에이앤엠(A&M)대학이 만들었고, 하버드대학 천체물리센터, 브라질 상파울로의 스타이너 연구소가 함께 기기를 제작하고 있다.

[그림 35] 다천체 분광기(쥐맥스, GMACS)의 상상도. (Credit: Antonio Braulio Neto)

GMT 1세대 관측 기기 중 세 번째 기기는 '근적외선 적응광학 3차원 분광기 및 카메라'인데, 간단히 '3차원 분광기'(쥐엠티프스, GMTIFS)라고 할 수 있다. 망원경 시야를 바둑판처럼 줄을 긋고 각 '점'마다 스펙트럼을 얻는 최신 기법을 천문학자들은 '집합 필드' 분광이라는 용어로 부르는데, 한편으로는 '3차원 분광기'라고 부르는 게 더 친숙할 것 같다.

근적외선은 가시광에서 온도가 낮은 쪽의 바로 바깥에 있어, 가시광보다 파장이 조금 긴 영역이다. 근적외선이나 적외선 기기들은 일종의 '열' 감지기라고 볼 수 있다. 천체들이 내는 '빛'이 아닌 '열'을 관측하는 것이다. 가시광보다 파장이 긴 적외선에서는 적응광학 기술을 이용해 아주 좁은 영역을 굉장히 선명하게 볼 수 있어서 기기의 긴 이름에 적응광학이라는 용어가 들어간다. 좁은 지역을 아주 세밀하게 관측할 수 있다는 점 외에 3차원 분광기의 가장 대표적인 특징은 모든 픽셀(화소) 하나하나마다의 스펙트럼을 얻는다는 점이다. 관측하는 영역은 좁지만 대신 관측 영역의 모든 점마다 스펙트럼을 얻을 수 있어서 관측의 시작은 2차원이지만 최종적으로는 3차원의 입체적인 관측 자료를 얻게 된다(그림 36). 그래서 3차원 분광기는 GMT의 적응광학 능력을 발휘할 수 있는 최초의 관측 기기가 될 것이다. 3차원 분광기는 GMT 개발 기관 중 하나인 오스트레일리아(호주)의 호주국립대학이 제작하고 있다.

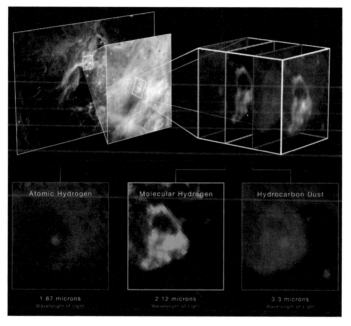

[그림 36] 3차원 분광기(또는 집합필드 분광기)의 원리. 영상을 찍으면서 동시에 영상의 각 점의 스펙트럼을 얻게 되므로 결과적으로 3차원 관측을 수행한다. (출처: NASA, ESA, CSA, and STScI)

3차원 분광기는 은하의 중심핵과 같이 흥미로운 영역들, 은하들의 집단, 별을 만드는 성간 분자운들의 다양한 모습과 별과 행성이 함께 만들어지는 현장, 블랙홀, 우주 초기의 재이온화와 처음 만들어진 은하, 감마선 폭발체 등을 관측할 예정인데 시야가 좁으므로 반대로 오랫동안 관측할 수 있는 영역이 무궁무진하다.

GMT 1세대 관측 기기의 네 번째이자·마지막은 '근적외선 적응 광학 고분산 분광기'이다. 간단히 근적외선 분광기(GMTNIRS) 또는 영어 약자인 '쥐엠티널스'라고 부르기도 한다. 이 기기는 '지구형 행성 탐색기'를 근적외선으로 확장한 셈이다. 근적외선 분광기는 행성이 어떻게 만들어지는지, 행성이 만들어질 때 별 주변의 물질들이 어떻게 원반을 형성하는지, 질량이 작은 별이나 행성 중 목성 정도로 비교적 큰 행성들, 그리고 우주의 아주 먼 거리에 있어 적외선으로 봐야 하는 천체 등이 주 연구 대상이다.

'근적외선 분광기'의 개발에는 한국천문연구원도 깊숙이 참여하고 있다. 한국천문연구원은 8.1m 제미니 망원경에 부착하기도 한 작은 규모의 '근적외선 분광기' 아이그린스(IGRINS)와 그를 좀 더 개량한 아이그린스-투(IGRINS-2)라는 관측 기기를 텍사스 오스틴대학과 공동으로 개발한 경험이 있다. 여기서 한 걸음 더 개량된 것이 바로 GMT용 '근적외선 분광기'이다. 기기 개발은 텍사스 오스틴대학이 주도하고 한국천문연구원과 경희대학교가 함께 참여하고 있다. 기기를 이미 제작하고 있고 망원경보다 기기가 먼저 만들어질 것이기에 기기가 완성되면 남반구의 6.5m 마젤란 망원경에 부착해 사용하다가 GMT가 완성된 후 GMT로 옮겨 사용할 예정이다.

GMT 망원경이 완성되는 때를 맞춰 이들 1세대 관측 기기들이 함께 완성될 예정이다. 1세대 관측 기기 중에도 위에 설명한 것처럼 순차적으로 하나씩 천문대로 옮겨져 망원경에 부착된다. 그러면 각 기기를 필요로 하는 천문학자들이 자신이 하고자 하는 연구를 위해 망원경과 기기의 조합을 사용해 관측 자료를 얻고 분석을 시작할 것이다. 사실상 망원경은 중립적이다. 특정한 파장이나 측광이나 분광 같은 관측 방법, 또는 별이나 은하, 성간 물질 등 관측 대상의 종류나 거리에 아무런 제한도 없고 모든 것이 가능하다. 관측 방법이나 관측 대상에 따른 차이, 어떤 연구를 수행할 것인지에 따른 차이는 오로지 관측 기기에 의해서 결정된다. 망원경은 빛을 모아 관측 기기에 보내 주는 역할만 할 뿐이고 천문학자들이 수행하고자 하는 연구는 순전히 관측 기기에 의해 이루어진다. 관측 기기를 망원경에 직접 부착해야 하는 경우에는 관측 기기 교체 시간과 전문가의 수고가 필요하지만, GMT의 경우에는 망원경이 설치된 돔의 바닥 둘레에 기기들을 둥글게 배치하고 망원경에서 나오는 빛을 (탐침 분배기 등을 이용해) 필요한 기기로 넣어 주기만 하면 되어 기기 교체를 고민하지 않아도 된다. 현존하는 망원경들처럼 GMT 완공 후 시간이 지나면 기기마다 어떤 새로운 발견을 이뤄냈는지 같은 영광스런 명예가 따라붙을 것이고 천문학자들이 얼마나 많이 사용하는지 통계도 만들어질 것이다.

10여 년 전 GMT의 1세대 관측 기기를 선정할 무렵 나는 GMT 과학자문위원회에 한국 대표로 참석하고 있었다. 당시 우리나라는 GMT 프로젝트에 막 참여를 시작한 무렵이었고, 지금과 달리 관측 기기 분야에서 초보적 수준이었기에 한국이 독자적으로 새로운 관측 기기를 제안하지는 않았다. 이미 쟁쟁한 전문가들이 1세대 관측 기기 후보를 제안했고 치열한 경쟁이 벌어지고 있었다. 한국이 경쟁에 뛰어든 게 아니었기에 나는 비교적 편안한 마음으로 미국과 호주 천문학자들이 어떻게 1세대 관측 기기를 결정하는지를 지켜볼 수 있었다. 그 과정에서 시간이 걸리더라도 생각할 수 있는 모든 점을 충분히 고려하는 모습, 그리고 대단한 인내심과 토론 문화를 경험해 볼 수 있었다.

1970년대와 1980년대, 박정희, 전두환 정권 아래에서 교육받은 나는 대개 답이 정해진 내용을 학습하도록 훈련받았기에 답이 없는 문제에 여럿이 덤벼들어 토론해 본 경험이 거의 없었고, 그런 걸 구경해 본 기억도 없었다. 당시 GMT 프로젝트에 1세대 기기를 만들어 보겠다고 제안한 사람들은 모두 쟁쟁한 미국-호주의 천문학자들과 관측 기기 개발자 팀들이었고, 제안한 관측 기기 아이디어도 모두 세계 최고 수준이었다. 예산만 있으면 그 모든 걸 만들고 싶은 마음이었는데, 나만 그런 마음은 아니었을 게다. 하지만 현실은 늘 제한된 예산으로 목표하는 바를 이루어야 하므로 어떻게든 선정이 필요했고, 당연하게도 일부 제안은 탈락해야 했다. 제안 팀들은 사실 목이 바짝바짝 말랐다. 미국이나 호주 같은 사회의 구조상 제안 과제가 탈락하면 당장 입에 풀칠할 다른 일자리를 찾기 시작해야 하는 이들이 대부분이었기 때문이다. 또 금방금방 결정되지도 않고 선정 과정이 여러 해에 걸치는 만큼 에너지를 많이 쏟게 된다. 야구 경기에서 무승부가 되어 연장전까지 하고 12회 말에 지는 경우나, 축구에서 연장전까지 해도 승부가 안 나 승부차기까지 해서 지는 경우처럼 힘은 힘대로 다 빼고 탈락하는 경우가 당사자들에게는 참 힘들었을 것이다.

과학자문위원회는 몇 년에 걸쳐 수차례 토론을 거듭했고 급하게 서두르지 않았다. 때로는 정해 놓은 시간 없이 필요한 만큼 토론을 하기도 했고, 하루에 결론이 나지 않으면 생각할 시간 여유를 가진 뒤 또 날을 잡고 다시 모여 토론했다. 우리나라에서는 토론 중에 감정싸움이 되거나 "너, 몇 살이야?" 하는 말 또는 욕이 나오거나 심하면 멱살을 잡는 경우도 많이 보았건만, 과학자문위원회에서는 그런 적은 한 번도 없다. 때로는 상대의 말이 말 같지 않으면 은근히 그런 뉘앙스를 담아 말을 하더라도 꼭 유머를 섞는다. 듣는 사람들이 적어도 피식하는 웃음이라도 웃게 해 주면서 자기가 하고 싶은 말을 한다. 그리고 '참 대단한 인내심이다' 싶을 만큼 감정은 드러내지 않으면서도 논리적으로 설득하려고 노력하고, 또 노력하고 또 노력한다. 참 많은 책을 읽었구나 싶고 참 많은 생각을 하며 살았구나 싶을 만큼 다양한 이야기, 과학자들임에도 때로는 철학적인 그리고 때로는 인생 이야기도 하면서 토론이 이루어진다. 이 정도 되면 과학만 주로 공부했던 나는 영어가 딸리기 시작한다. 그래도 같은 방에서 대화하는 사람들의 얼굴에서 진지함과 열정, 그리고 때로는 자기 프로젝트를 살리고 싶어 하는 마음, 그러면서도 한편으로는 GMT라는 공동의 배를 잘 띄우고 싶은 마음들이 보인다. 한편에서는 유치원이나 초등학교에서부터 저렇게 토론하며 커 왔겠구나 싶은 생각에 부러움이 인다. 우리나라에서 지금 자라는 유치원생들과 초등학생들도 머리에 지식을 구겨 넣기만 하기보다는 저런 토론과 질문, 대화의 훈련을 하며 자라길 바라본다.

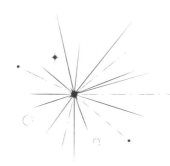

3장

칠레 이야기
- 남반구 하늘을 열다

 1. GMT의 설치 장소

GMT는 남반구 칠레의 아따까마사막, 해발고도 약 2,514m 높이에 있는 라스 깜빠나스 천문대(Las Campanas Observatory)에 설치될 예정이다. 왜 한국이 아닐까? 한국, 중국, 일본이 있는 동아시아는 몬순 기후 지대여서 여름에 장마와 소나기, 집중 호우가 발생할 뿐만 아니라 1년 중 맑은 날의 수가 많지 않다. 이런 기후는 맑고 안정된 대기가 필요한 천문 관측에 바람직하지 않다. 물론 동아시아보다 남쪽의 열대성 기후라고 해서 유리한 것도 아니다. 우리보다 먼저 경제를 발전시켰던 일본이 1990년대 초반에 세계 최대급인 8m 스바루 망원경을 건설할 때, 일본도 이 부분을 고민했고 과감히 일본 본토를 포기하고 외국의 최적 관측지를 물색했다. 북반구에서 가장 좋은 천문 관측지는 그때나 지금이나 미국 하와이였고, 일본은 당연히 하와이를 선택했다.

그렇다면 GMT는 왜 하와이가 아닌 남반구일까? 지구는 자전축을 중심으로 서에서 동으로 매일 한 번 자전하는데, 적도를 경계로 북반구 사람들은 늘 북반구 하늘만 보게 되고 남반구 사람들은 늘 남반구 하늘만 보게 된다. 따라서 온 하늘을 빠지지 않고 관측하려면 반드시 2개의 천문대가 필요하다 - 하나는 북반구에, 하나는 남반구에! 망원경이 하나뿐이라면 북반구에 둘지 남반구에 둘지 선택을 해야 한다. 이런 경우엔 고려해야 할 요소가 여러 가지다. 가장 우선적인 것은 지구상에서 어디가 가장 좋은가이다. 또 다른 요소로는 그곳에 새로운 망원경을 설치할 장소가 있고 설치하는 데 문제가 없는지, 건축·제작자들 그리고 완공 후 운영자와 관측자가 접근하기에 괜찮은지, 주변에 불빛을 많이 내는 도시나 관광단지 등은 없는지, 가까운 시기 내에 개발될 가능성은 없는지(개발이 된다면 불빛이 많이 나올 터이므로) 등 다양한 내용이 있다. 가장 먼저 고민하는 '좋은 천문대 부지'로는 당연히 맑은 날의 수가 많아야 하고, 몬순 기후대처럼 장마철이 없어야 하고, 하층 및 상층 대기에 바람이 적어 대기가 안정되어야 하고, 습도가 낮아야 한다. 습도는 거울과 장비에 치명적일 뿐만 아니라 근적외선 관측에 심각한 방해 요소이다.

이런 요소들을 고려하면 북반구에서는 하와이, 남반구에서는 칠레가 손꼽히고, 칠레에는 다행히 여러 후보 장소가 존재한다. 칠레라는 나라가 남북으로 길고 천문대를 건설하기에 좋은 지역도 여럿인 것과 달리 하와이는 마우나케아산의 꼭대기에만 천문대를 건설할 수 있으므로 사실상 산봉우리 하나다. 그래도 다행인 것은 마우나케아산은 꼭대기가 뾰족하지 않고 비교적 넓으며 비슷한 높이의 봉우리가 여럿 있어서 망원경을 설치할 장소가 여럿 존재한다는 점이다. 그래도 산은 산이라 현재 최첨단 대형 망원경 10여 기가 설치되어 있는데 이제 더 이상은 장소가 별로 없다. 또 현재 하와이는 원주민들이 신성시하는 산의 정체성과 천문대의 현실이 갈등을 빚고 있는 지경이다.

하와이의 단점과 달리 칠레는 천문대를 짓기에 최적일 뿐만 아니라 땅도 넓고 법적인 문제나 문화적인 문제도 없다. 칠레 정부도 환영한다. 또한, GMT 프로젝트를 처음 고안하고 추진하기 시작한 카네기과학연구소는 이미 1969년부터 칠레에 라스 깜빠나스 천문대를 건설해서 아주 잘 운영하고 있었다. 라스 깜빠나스 근처는 산악지역이라 새로운 천문대를 건설할 장소가 엄청 넉넉한 데다 모두 특급 수준이고, 이미 도로, 숙소, 식당, 정비를 위한 건물과 장비 등 인프라가 다 갖춰져 있다. GMT 프로젝트 입장에서는 준비된 장소나 마찬가지인 셈이다.

이미 존재하는 대형 망원경들과 GMT 등 가까운 미래의 초대형 망원경들이 어디에 건설되는지를 따져보면 남반구의 선택은 또다시 강화된다. 현재 구경이 8m보다 크고 북반구에 있는 망원경은 10m 켁 2기, 8.2m 스바루, 8.1m 제미니 북반구 망원경, 스페인의 10.4m 거대 카나리아 망원경(GTC), 미국 애리조나의 거대 쌍안경(LBT, 8.4m 2기), 미국 텍사스의 9.8m 하비-에벌리 망원경(HET)까지 6종류 7기이고(LBT를 하나로 가정), 남반구에는 칠레의 8.2m 매우 큰 망원경(VLT) 4기, 8.1m 제미니 남반구 망원경, 남아공 9.2m 남아공 망원경(SALT)의 3종류 6기이다. 남반구 쪽으로 가는 것이 새로운 연구를 하기에 더 좋을 뿐만 아니라 북반구와 다른 남반구만의 장점으로는 우리은하의 중심부와 대마젤란은하, 소마젤란은하를 관측하기에 용이하다는 점이다. 이들은 모두 흥미로운 천체인데 북반구에서는 우리은하 중심부를 한여름에만 잠깐 볼 수 있을 뿐이며, 우리은하의 위성은하 중 가장 클 뿐만 아니라 아주 가까이에 있어 외부은하를 연구하기에 최적 관측 대상인 대·소 마젤란은하는 아예 볼 수가 없다. GMT와 비슷한 시기에 건설을 추진하고 있는 나머지 두 망원경 중 하나(유럽)는 남반구 칠레에, 나머지 하나(TMT)는 미국 하와이 또는 스페인 라팔마섬에 만들어질 것이다. 함께 남반구에 설치될 유럽 망원경은 경쟁 상대가 될 수 있지만, GMT가 먼저 만들어진다면 중요한 연구를 선점할 수 있고, 관측 기기의 차이로 직접적인 경쟁을 피할 수 있을 것이다.

다시 칠레의 라스 깜빠나스 천문대 이야기로 돌아가 보자. 이곳은 북반구 하와이의 마우나케아산과 함께 세계에서 천문 관측에 가장 뛰어난 장소이다. 우리나라에서는 천문 관측을 할 만한 맑은 날이 1년 중 100일을 넘지 않는데 반해 이곳 라스 깜빠나스 천문대 등 칠레의 여러 지역은 1년 중 맑은 날의 수가 300일을 넘는다. 비싼 장비의 활용도를 높이는 데 최고다. 이 부지의 장점은 하늘이 맑다는 것 외에도 공기의 흐름이 안정적이어서 별의 상이 아주 선명하다는 점, 안데스산맥 인근의 광야 지역이어서 주변의 빛 공해가 적고 습도가 낮아 건조하다는 점 등이 있다. 남반구에서 머리 위에 있어 아주 잘 보이는 우리은하 중심부에는 태양보다 약 400만 배 질량의 초거대 질량 블랙홀이 존재하는 것으로 알려져 있다. 이를 밝혀내는 데 기여한 독일의 라인하르트 겐젤과 미국의 안드레아 게즈는 2020년에 그 업적으로 노벨물리학상을 수상했다. 안드레아 게즈는 노벨물리학상을 받은 역대 4번째 여성이다.

[그림 37] 라스 깜빠나스 천문대의 주력 망원경인 마젤란 망원경. 언덕 위에 6.5m 돔 2기가 나란히 보이고, 아래에 천문대 건물들이 보인다. (사진: 김상철)

[그림 38] 멀리 언덕 위에 마젤란 돔 2기가 보인다. 9월 초에 찍은 사진인데도 배경의 높은 산 위에 눈이 보인다. 천문대답게 하늘이 참 파랗다! (사진: 김상철)

[그림 39] 라스 깜빠나스 천문대의 두 번째 주력 망원경인 2.5m 듀퐁 망원경 돔이 오른쪽에 보인다. (사진: 김상철)

[그림 40] 라스 깜빠나스 천문대의 건물과 주변에서 볼 수 있는 식물들. 광야이지만 선인장과 일부 식물들이 자란다. (사진: 김상철)

[그림 41] 라스 깜빠나스 천문대에서 본 안데스산맥. 척박한 광야가 끝없이 펼쳐져 있다. (사진: 김상철)

[그림 42]와 [그림 43]은 칠레 천문대에서 찍은 공구 보관 장소의 모습이다. 나는 관측 기기를 직접 제작하거나 보수하는 엔지니어는 아니지만 천문대에서 장비를 다루다 보면 공구를 필요로 할 때가 많다. 보통은 바쁘다 보니, 특히 밤에는 해 뜨기 전의 어두운 밤 시간을 조금이라도 낭비하지 않으려다 보니 공구를 가져와 사용하고는 그냥 돔을 떠나는 경우가 있다. 그러면 다른 사람이 공구를 사용할 수 없고, 때로는 정작 본인도 그 공구를 어디에 두었는지 기억하지 못하는 경우가 있다. 그래서 내가 배운 바로, 천문대에서는 공구를 사용하고 나면 바로 제자리에 가져다 두는 습관을 들일 필요가 있다. 그리고 사진에서 보는 것처럼 모든 공구에는 자기 자리가 있다. 나는 가정에서도 이 습관을 가지는 것이 생활에 유용하다고 생각한다. '가위가 어디 있지? 어디 뒀더라?' 하고 찾기 전에 그 물건의 자리를 정해 두고, 사용 후에는 바로 제 자리에 가져다 두는 것. 엔지니어들에게서 배운 삶의 지혜다.

[그림 42] 라스 깜빠나스 천문대 내부 공구 보관 장소의 모습. 모든 공구에는 제 자리가 있다. (사진: 김상철)

[그림 43] 라스 깜빠나스 천문대 내부, 드라이버 등 공구 보관 장소 (사진: 김상철)

스페인어를 사용하는 나라 칠레의 지명을 우리말로 어떻게 표기하면 좋을까? 종(bells)을 의미하는 라스 깜빠나스(Las Campanas)를 보통의 미국인이라면 라스 캄파나스로 발음하고 그렇게 적을 수도 있겠지만, 현지 사람들의 실제 발음을 들어 보면 경음으로 적는 게 더 원어에 가깝다. 마치 '키리키리'보다는 '끼리끼리'가 더 제대로 된 발음인 것처럼 말이다. 영어에 격음은 많은데 경음이 별로 없어서인지 미국 사람들은 경음도 격음처럼 센 발음으로 말하는 경우가 많지만, 격음도 경음도 자유자재로 발음할 수 있는 한국인이 경음 발음을 하면 훨씬 원어에 가깝다. 그래서 발음으로만 경쟁하면 한국인이 미국인보다 훨씬 원어 발음에 가깝다.

나는 언어의 묘미는 소통이라고 여긴다. 그 언어를 사용하는 사람과의 소통이 중요하다고 생각한다. 퀴즈를 하나 내 보자. 프랑스와 포르투갈 사이에 있는 나라의 이름은? '스페인'이다. 그런데 이 이름은 미국 사람들이 부르는 이름이고 현지 사람들은 자기 나라의 이름을 '에스빠냐'라고 부른다. 우리는 에스빠냐 사람들과의 대화보다는 미국 사람들과의 대화에 초점이 맞춰진 교육을 받은 셈이다. 마치 '마오쩌둥'을 '모택동'(毛澤東)이라고 발음하면 한국 사람들끼리는 소통이 되겠지만 중국의 원어민과 전혀 공감할 수 없는 것과 비슷할 것이다. 한국천문연구원이 칠레에 설치해서 운영하는 외계 행성 탐색 시스템(KMTNet) 망원경은 '쎄로 똘롤로'(Cerro Tololo)에 있다. '쎄로'는 언덕이나 산을 의미하고 '똘롤로'는 지명이다. 이것 역시 영미식으로 '세로 톨롤로'로 적고 발음하면 너무 다르다.

2. 30m 망원경 TMT - 거대 마젤란 망원경 (GMT)의 형제이자 경쟁자

남반구 칠레 이야기로 넘어가기 전에 GMT와 협력도 하고 경쟁도 하는 TMT 망원경 이야기를 해 보자. 차세대 망원경이면서 주도하는 기관 역시 미국 내에 있는 30m 망원경이 있는데 이 영어 이름도 재미있다. 영어로 'Thirty Meter Telescope' 그야말로 '30m 망원경'이어서 약자가 TMT이다. TMT는 켁 망원경처럼 6각형 거울을 492개 늘어놓아 전체 크기를 30m로 만들고자 한다. 전체적으로 6각형 모양을 만들려다 보니 거울의 개수가 정확히 500장이 아닌 492장으로 결정되었다. 프로젝트의 초반에는 몇 개의 거울을 사용할지, 즉 전체 크기를 얼마로 할지 의견이 분분한 때가 있었다. 모든 결정은 예산에 의해 좌지우지되므로 30m로 최종 발표하기까지 시간이 걸렸는데, TMT에 참여하지 않은 천문학자들 사이에서 약자 때문에 농담이 오갔다. "TMT 쟤네는 10m로 결정해도 'Ten Meter Telescope'이고, 12m로 해도 'Twelve Meter Telescope'이고, 20m(Twenty)로 하나 30m로 하나 모두 TMT라고! 그러니 돈이 모자라도 TMT를 만들 수는 있을 거야"라고.

[그림 44] 캘리포니아공과대학 주도로 만들고자 추진 중인 30m TMT 망원경의 주경 상상도

TMT 프로젝트는 미국의 캘리포니아공과대학(칼텍, Caltech)이 주도하고, 캘리포니아 주립대학교, 캐나다, 인도, 일본, 중국 등이 참여한다. 카네기연구소가 주축이 된 GMT는 일찌감치 남반구 칠레의 라스 깜빠나스 천문대를 부지로 결정했다. 반면 TMT는 지구상의 여러 장소를 고려하고 조사한 끝에 2008년에 두 개의 최종 후보를 골랐는데, 하나는 북반구 하와이의 마우나케아였고 다른 하나는 남반구 칠레의 '쩨로 아마조네스'라는 지역이었다. 그리고 2009년 7월 TMT는 최종적으로 북반구의 하와이를 선택했다. 칠레로 결정하면 GMT와의 피나는 경쟁이 불 보듯 뻔했고, 그것이 주된 이유는 아니었더라도 고려의 대상이기는 했을 것이다. 그런데 그 후에 문제가 발생했다. 마우나케아산은 우리나라의 백두산같이 하와이 원주민들이 신성시하는 산이다. 비록 법적 절차를 준수했고 법원도 TMT 건설에 법적인 하자가 없다고 말해 줬지만 원주민들이 몸으로 막아섰다.

여기에는 누적된 역사가 있다. 1960년 하와이 '빅아일랜드'의 최대 도시 '힐로'는 광포한 쓰나미의 피해를 입었고 도시가 황폐화되었다. 하와이대학 힐로캠퍼스는 섬에 천문대 건설을 허용함으로써 예산, 인력 등을 유치하고 도시를 재건하여 힐로를 새로 태어나게 할 수 있으리라 여겼다. 그리하여 처음으로 마우나케아에 천문대 건설이 허가되었고 토지 대여료는 연 1달러였다. 이것은 사실상 무상 대여인 셈이고 1달러는 계약서를 작성하기 위한 상징적인 수치일 뿐이었다. 이후 시간이 지나면서 마우나케아는 전 세계 거의 모든 천문학자로부터 북반구 최고의 천문대 부지로 인정받게 되었다. 결국 천문대의 수는 계속 늘어 현재 13대의 망원경이 정상 부근에 건설되어 운영 중이다. 하지만 원주민들과 하와이 사람들에게는 기대했던 만큼의 경제적인 효과가 나타나지 않았다. 망원경과 천문대들이 하와이주의 경제 상황 개선에 큰 도움을 주지 못했고, 심지어 천문대의 직원도 하와이 사람들에게 많이 개방되지 않았다. 그런데 이제 TMT라는 훨씬 큰 망원경을 하나 더 짓겠다고 하니 하와이 원주민들의 분노가 폭발했다.

자신들이 그토록 신성하게 여기는 산꼭대기에 건물을 지은 데다 1960년대보다 물가가 훨씬 비싸진 지금도 천문대 하나당 연 1달러만 내고 있는 현실, 그런데다 훨씬 큰 규모의 천문대를 하나 더 짓겠다는 상황에 원주민들은 화가 치솟았고 공사를 막았다. TMT는 당황했고 원주민을 설득하기 시작했다. 50년 임대를 허락해 주면 임대료로 매년 1백만 달러(약 13억 원)를 내고 원주민들을 대거 직원으로 고용할 것이며, 1억 5,000만 달러(약 2,000억 원)의 기부금을 내겠다고 제안했다. 하지만 하와이 사람들의 분노는 가라앉지 않았고 산으로 향하는 공사 차량을 막아섰다(그림 45). '우리의 신성한 제단을 짓밟지 말라'는 목소리를 외치는 원주민들을 아무도 밀어낼 수 없었다.

한쪽에서는 시위대라고 불렀지만 정작 본인들은 스스로를 '신령한 산의 수호자'라고 여겼다. TMT 관계자들이 시위 현장에 왔을 때 관계자 가운데의 일본인에게 "당신들도 당신들 조상의 영혼이 깃들어 있는 마음의 고향, 후지산이 훼손되면 가만히 있겠느냐?"라고 말한다. 원주민들이 천문학 자체를 반대하는 것은 아니었으나 그들 공동체에 깊이 새겨진 상처가 문제였다. 그리고 어쩌면 그 상처는 폴리네시안 선조들이 세웠던 왕국이 1898년 힘을 앞세운 미국에 의해 강제 합병되다시피 했던 먼 과거의 아픔부터가 시작이었는지도 모른다. 그리고 어쩌면 원주민들은 TMT 역시 또 다른 의미의, 식민주의자들에 의한 침략으로 여기는지도 모른다. 그래서 이제 와 상대가 내미는 돈봉투가 반갑지 않은 것일 수 있다.

[그림 45] 2014년 10월 하와이 원주민들이 자신들의 신성한 산 마우나케아(Mauna Kea)에 TMT를 건설하는 것을 막기 위해 도로를 봉쇄하는 시위를 하고 있다.

TMT는 법적인 절차를 다 지켰지만 공사를 진행할 수 없었고, 하와이주 당국도 강제로 원주민을 밀어낼 수 없었다. 이렇게 몇 년이 흘렀고 그 사이 코로나-19도 겪었다. 원주민과의 합의는 이루어지지 않았고 결국 TMT는 차선책(plan B), 즉 다음 우선순위를 고려할 수밖에 없게 되었다. 북반구에 짓기로 결정한 상황에서 자연스럽게 다음 순위로 스페인령 카나리제도의 '라팔마섬'이 결정되었다. 스페인 본토에서 남쪽으로 달려, 대서양과 지중해를 연결하는 지브로올터 해협을 건너면 아프리카 모로코 땅이다. 모로코 남단에서 배를 타고 대서양으로 100km 정도 서쪽으로 가면 대략 7개의 큰 섬들이 나타나는 데 여기가 북위 28°에 위치한 카나리제도이다.

카나리제도의 7개 섬 중 왼쪽에서 두 번째, 가장 북서쪽에 있는 섬이 바로 '라팔마섬'이다. 면적이 제주도의 1/3 정도인 이 섬에는 스페인뿐만 아니라 영국, 이탈리아, 북유럽 등 본토보다 더 좋은 날씨의 땅을 찾는 유럽의 여러 나라가 천문대를 운영하고 있다. 또 스페인이 공을 들여 세계 최대 망원경인 켁 망원경을 본떠 자체 망원경을 만들면서 크기를 조금 키운 10.4m의 '진짜' 세계 최대 망원경 쥐티씨(GTC, 그림 46)를 가지고 있는 곳이기도 하다. 스페인은 자국 땅에 TMT가 들어오기를 바랐고 열심히 유치전을 펼쳤다. TMT로서는 하와이를 포기하기 어렵지만 그렇다고 언제까지 기다릴 수만도 없어 차선책을 받아들였다.

하지만 천문학자들 사이에서 끊임없이 불만이 흘러나왔다. 라팔라섬은 높이가 약 2,300m밖에 되지 않아 수증기와 구름이 많고 하와이보다 날씨나 청명함에서 떨어진다. TMT는 여전히 둘 사이에 양다리를 걸치고 고민 중이다. '눈'은 누가 봐도 1순위인 하와이로, '몸'은 라팔마로 향하는 중이다. 그 와중에 터진 코로나-19 팬데믹이 시간 끄는 데 오히려 도움을 주었는지도 모른다. 부지 선정과 그

에 따른 현지 공사는 최대한 미루고 그 사이 TMT는 망원경과 돔의
설계, 거울을 만들고 연마하기 같은 다른 일들에 집중하고 있다.

[그림 46] 스페인이 해발고도 2,267m 라팔마섬에 건설한 10.4m GTC 망원경의 돔.
'세계 최대'가 되게 하기 위해 켁 10m 망원경보다 조금 더 크게 만들었다.

3. 한국도 참여 중인 세계 최대 망원경 - 제미니 쌍둥이 망원경

　현재 세계에서 제일 큰 망원경이 뭐냐고 묻는다면 수치만으로는
스페인의 10.4m 거대 카나리아 망원경(GTC) 그리고 두 번째인 미
국의 10m 켁 망원경 2기를 꼽을 수 있겠다. 하지만 조금 더 자세히
들여다보면 이들은 6각형 조각 거울을 벌집 모양으로 이어 붙인 거
울이라 거울 한 장으로 만든 망원경과는 다르다. 원래 하나였던 거
울이 만들어 내는 영상과 6각형의 작은 거울을 조각조각 이어 붙인
모자이크 거울의 영상이 같을 수는 없다. 그래서 이들 조각 거울을
사용하는 망원경들은 영상, 즉 사진을 찍는 데 사용하기보다는 분

광 관측을 통해 스펙트럼을 얻는 데 주로 사용한다. 반면 여러 나라가 단일 통짜 거울로 최대 크기의 망원경을 만드는 데 도전했고 그 결과 8m급 망원경들이 여럿 존재한다. 그래서 천문학자들은 가장 큰 망원경을 물으면 8~10m급 망원경, 즉 클래스(class)를 말한다. 8~10m급 망원경들이 현존 최대의 망원경들인 것이다.

한국도 8m급 망원경 중 하나인 8.1m 제미니 망원경을 사용하고 있다. '제미니'(Gemini)는 겨울철 별자리인 쌍둥이자리의 영어 이름이기도 하다. 겨울철 별자리 중 가장 유명하다고 할 수 있는 오리온 자리의 북동쪽 그러니까 왼쪽 윗부분에 있다(그림 47). 오리온자리는 가운데의 삼태성을, 위아래로 길쭉한 사각형의 네 별이 둘러싸고 있는 모양이다. 하늘의 별자리 중에 1등성의 밝은 별을 가지는 별자리가 많지 않은데, 오리온자리는 유일하게 1등성을 두 개나 가지고 있고, 이들은 사각형의 왼쪽 위와 오른쪽 아래에 있다. 오른쪽 아래 파란색 1등성인 '리겔'에서 왼쪽 위 빨간색 1등성인 '베텔지우스'를 지나 계속 뻗어 가면 쌍둥이자리를 만날 수 있다.

쌍둥이자리는 그리스 신화의 제우스 신과 스파르타의 레다 사이에서 태어난 쌍둥이 형제 '카스토르'와 '폴룩스'를 의미한다. 또 쌍둥이자리에서 가장 밝은 두 별에는 카스토르와 폴룩스라는 이름이 붙어 있다. 형 카스토르는 말을 잘 탔고 동생 폴룩스는 권투와 무기 다루는 것에 능했다고 한다. 폴룩스는 불사신의 몸을 가지고 있었는데, 형 카스토르가 죽자 슬픔을 이기지 못하고 자살하고자 했으나 불사의 몸이라 마음대로 죽을 수 없어 아버지인 제우스 신에게 죽음을 부탁했고, 이들의 우애에 감동한 제우스가 둘을 별로 만들었다는 이야기가 전해진다. 하늘에서는 형 카스토르가 오른쪽 위에, 동생 폴룩스가 왼쪽 아래에 놓여 있고, 이 두 별을 두 사람의 머리로 해서 형제가 나란히 서 있는 모습이 별자리의 형상이다. 별자리에 이름을 붙일 당시에는 오른쪽 별이 더 밝았던 모양이지만 지금은 왼쪽, 즉 동생 폴룩스 별이 더 밝다.

밝기가 약 6등급이어서 맨눈으로는 겨우 볼 수 있는 정도이고 망원경을 사용해야 제대로 볼 수 있을 만큼 어두운 행성, 천왕성이 1781년 '윌리엄 허셜'에 의해 쌍둥이자리에서 발견되었다. 또 지금은 왜소행성으로 분류가 바뀐 명왕성도 1930년 미국의 '클라이드 톰보오'에 의해 쌍둥이자리에서 발견되었다.

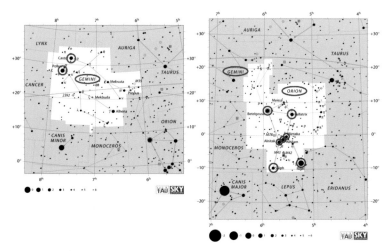

[그림 47] 쌍둥이자리(왼쪽)와 겨울철 대표적인 별자리인 오리온자리(오른쪽)
오리온자리의 오른쪽 아래 파란색 별 '리겔'에서 가운데의 삼태성을 지나고
왼쪽 위의 빨간색 별 '베텔지우스'를 지나 계속 올라가면 쌍둥이자리를 찾을 수 있다.

지구를 사과라고 생각하고 중간쯤에 허리띠를 두르면 그게 적도이다. 적도의 위쪽은 북반구, 남쪽은 남반구인데, 지구가 사과 꼭지에 해당하는 자전축을 따라 회전하므로 북반구 사람들은 늘 북반구 하늘만, 남반구 사람들은 늘 남반구 하늘만 보게 된다. 따라서 하늘 전체, 우주 전체를 관측하려면 북반구와 남반구에 하나씩, 천문대가 최소 두 개 필요하다. 그래서 제미니 천문대는 똑같은 쌍둥이 망원경 두 기를 만들어 하나는 북반구인 미국 하와이 마우나케아산 정상에, 또 하나는 남반구 칠레 '쎄로 빠촌'에 설치했다. 따라서 제미니 천문대 회원국은 북반구와 남반구 양쪽의 온 하늘을 관측할 수 있다. 망원경이 하나뿐인 일본의 스바루 천문대나, 2기가 있지만 모두 하와이에 있는 켁 천문대, 그리고 4기나 있지만 모두 칠레에 있는 유럽의 '매우 큰 망원경' VLT(Very Large Telescope)와 달리 하늘 전체를 관측할 수 있는 것은 제미니 천문대만의 강점이다. 다른 천문대는 어느 한쪽에 집중하고 나머지는 포기하는 셈인데, 새로운 천체가 발견되거나 폭발하는 별을 관측할 때 등의 경우에는 남·북반구를 모두 관측할 수 있는 능력이 더 크게 다가온다.

제미니 천문대는 국제 공동으로 운영된다. 미국, 캐나다, 칠레, 브라질, 아르헨티나 그리고 한국이 회원국이다. 미국이 70% 정도의 예산을 부담하기에 가장 크고 주요한 회원국이다. 두 망원경을 모두 완공하고 천문대 운영을 처음 시작한 2000년대 초기에는 영국과 오스트레일리아도 회원국이었으나 예산 등의 이유로 빠져나갔고, 한국은 2018년에 정식 회원국이 되었다. 미국 하와이 힐로시에 가면 제미니 천문대 본부가 있는데, 그 앞마당에는 회원국들의 국기가 게양되어 있다. 2018년 이후에는 태극기가 자랑스럽게 걸려 있고, 이곳을 방문하는 모든 한국인들에게 자랑이 되고 있다(그림 48). 한국은 2014년 10월부터 제미니에 임시 회원국으로 들어가기로 결정했고, 2015년부터 2018년까지 4년 동안 준회원국으로 참여하면서 연습 기간을 거쳤다. 그 사이에 한국의 천문학자들이 최첨단 제미니 망원경을 사용해 보면서 대형 망원경을 이용한 연구를 수행해 보기도 하고, 회원국들이 어떻게 국제 공동 운영을 하는지 살펴보면서 연구와 운영을 연습했다. 한국 입장에서는 최첨단 망원경이 필요했고, 제미니 천문대 입장에서도 영국과 오스트레일리아가 빠져나간 자리를 메워 줄 새로운 파트너가 필요했기에 양쪽 모두에게 이득이 되는 만남이었다.

[그림 48] 미국 하와이 힐로에 있는 제미니 천문대 본부 앞마당의 회원국 국기 게양대. 태극기가 선명하게 보인다.

제미니 천문대 참여 이전까지 한국 입장에서는 망원경 보유의 순서가 뒤틀린 상황이었다. 1996년에 보현산천문대 1.8m 망원경을 완공한 다음, 바로 25m 거대 마젤란 망원경에 참여했으니 말이다. 선진국들은 1~2m 망원경을 만들어 사용하고, 그 후 4~5m 망원경을 사용하다가 현재의 8~10m 망원경을 확보했고, 다음 순서로 25~30m 망원경을 만들려고 노력하는 중이다. 하지만 한국의 천문학은 1997년 IMF 외환위기 사태를 겪으면서 정체기를 겪었고, 2000년대 들어 새로이 뭔가를 해 보려 했을 때 선진국들과 보조를 맞추려다 보니 25m급 초대형 망원경 건설 프로젝트에 참여하는 것

외에 선택지가 없었다. 어차피 예산을 신청하고 설계하고 건설하면 최소 5~10년이 지나는데, 원칙과 순서에 맞춰 5~10m 망원경을 만들다 보면 너무 뒤처질 것이기 때문이다. 그때쯤이면 우리가 보유하게 되는 5~10m 망원경으로 해 볼 만한 연구는 이미 상당히 진행되었을 것이고, 선진국들은 25m급의 최첨단 망원경으로 관측한 연구 결과들을 쏟아낼 것이다. 그러면 애써 고생한 10년이 무의미해질 수 있기에 이왕 하는 도전, 선진국들과 발을 맞춰 우리 역시 최첨단의 최신 망원경에 도전하기로 한 것이다.

다만 그렇게 함으로써 우리에게는 빈틈이 생겼다. 1.8m와 25m는 있는데 중간에 공백이 생긴 것이다. 마치 집에 자전거와 페라리는 있는데 일상적으로 사용할 수 있는, 평상시에 타고 다닐 만한 차가 없는 셈이었다. 그래서 4m급의 캐나다-프랑스-하와이 망원경(CFHT)을 사용해 보기도 했고, 여러 가지 조사와 토론을 거쳐 최종적으로 선택한 것이 8.1m 쌍둥이 제미니 천문대였다. 현존하는 8~10m급의 최첨단 망원경이면서 스바루처럼 북반구에만 1기가 있는 것이 아닌 남·북반구 천문대이고, 미국과 캐나다 등 총 6개국 국제 공동 운영 제도를 통해 국제 공동 운영에도 참여할 수 있는 기회였다. 한국도 제미니의 기존 회원국들도 모두 만족한 운영이 이루어지고 있다.

4. 한국이 만든 최첨단 망원경 외계행성 탐색 시스템(KMTNet) - 외계행성을 어떻게 찾나?

한반도를 비롯한 동아시아 지역은 몬순 기후이고, 여름에 장마와 태풍 등 비가 많이 오며, 1년 중 맑은 날 수가 적은 등의 이유 때문에 천문 관측에는 적합하지 않다. 우리나라에서 가장 큰 망원경을 설치한 보현산천문대를 보면 1년 중 맑은 날의 수가 약 100일 정도이다. 맑은 날이 별로 없다고 알려진 유럽 국가들과 우리보다 먼저 선진국 대열에 들어선 일본도 이 고민을 했다. 엄청난 비용을 들여서 천문대를 건설해 놓고 날씨가 나빠 놀게 할 수는 없는 일! 아니 애초부터 날씨가 안 좋다고 알려진 장소에 비싼 망원경을 설치하는 일부터 하지 않아야 했다. 일본도 본토에는 1.88m 망원경이 최대이고, 8.2m 스바루 망원경을 지을 때 일본 밖의 전 세계에서 좋은 부지를 조사했다. 날씨가 맑고 대기가 안정되어 있어야 하며, 습도가 적고 시야가 확보된 곳. 주변 불빛이 적어야 하며 도시 개발이나 관광지 개발 가능성이 크지 않아야 하면서도 이동이 그리 어렵지 않은 접근성을 가지는 곳. 도로, 건물, 전기 등의 기반 시설이 이미 있거나 조달이 가능한 곳. 그때나 지금이나 가장 좋은 부지는 북반구에서는 미국의 하와이, 남반구에서는 칠레다. 일본은 둘 중 가까운 하와이를 선택했고 스바루 천문대는 하와이에 소재한 첨단 망원경 중 하나가 된다.

우리나라는 보현산천문대의 1.8m 망원경 이후 우여곡절 끝에 25m 거대 마젤란 망원경 프로젝트에 참여했고, 그 사이의 중간 크기에 해당하면서 현존 최대 망원경의 목마름을 채울 수 있는 제미니 천문대에 참여했다. 이러한 망원경들은 모두 범용(multi-purpose) 망원경이다. 천문대 시설을 짓고, 망원경이 들어갈 건물과 돔을 올리고 지진을 견딜 수 있는 '피어'를 박고 그 위에 망원경을 설치한다. 그리고 망원경 뒤쪽에 측광이나 분광 관측 등을 위한 다양한 관측 기기를 만들어 부착한다. 이러한 관측 기기는 얼마든지 추가 제작이 가능하고 개선할 수도 있고 수리해서 사용할 수도 있으며, 언제든지 다른 기기로 교체해서 사용할 수 있다.

이런 범용 망원경이 대부분이지만 가끔은 특수 목적의 망원경이 제작되기도 한다. 아예 처음부터 특별한 목적을 위해 만들고, 그런 목적을 위해서만 사용되는 경우이다. 천문학 분야의 대표적인 경우가 '탐사'(survey) 전용 망원경인데, 우리나라도 참여하여 대략 2025년 초부터 관측을 시작하는 '베라 루빈' 천문대의 8.4m 망원경, 엘에스에스티(LSST) 프로젝트가 대표적이다. 그리고 LSST의 전신 격에 해당하는 한국의 독자적인 망원경이 운영되고 있는데 바로 케이엠티넷(KMTNet) 망원경, 우리말로는 '외계행성 탐색 시스템'이다.

외계행성은 태양계 바깥, 태양 아닌 다른 별들에 속한 행성을 의미한다. 인류가 가진 궁금증 '우주에는 우리뿐인가?', '외계에도 생명체가 존재하는가?', '생명체는 어떻게 탄생했는가?'와 같은 질문에 대한 해답을 찾는 첫걸음이 바로 생명체가 발 딛고 살 수 있을 만한 행성을 찾는 것이다. 코페르니쿠스, 케플러, 갈릴레이 같은 천문학자들이 태양중심설을 확립하기 위해 태양계의 행성들을 연구하기 시작했고, 천왕성, 해왕성의 발견과 20세기에 보낸 행성 탐사용 우주선들이 새로운 관측 사진 등을 보내오면서 태양계에 관한 인류의 지식은 대거 확장되었다. 물론 아직도 지구의 땅속과 바닷속을 속속들이 모르듯이 태양계에도 모르는 것과 가 보지 못한 곳이 훨씬 많다. 명왕성과 비슷한 천체가 여럿 발견되면서 행성의 수를 늘리기보다는 아예 '왜소행성'이라는 분류를 따로 만들기도 했다. 망원경의 크기가 커지고 새로운 관측 기술들이 개발되면서 20세기 이후 인류는 태양계 바깥의 항성계로 관심사를 옮겼고, 이제는 더 먼 은하들의 세계와 우주까지 영역을 확장하고 있다. 이 가운데 인류가 늘 궁금히 여겼던 주제 중 하나는 태양계 바깥의 다른 별에도 행성이 존재할까 하는 것이었다. 1995년에 첫 외계행성이 발견되기 전까지 이 궁금증은 천문학자들의 갈증이었고 숙제였으며 나 역시도 무척 궁금했다.

외계행성을 관측하는 것은 아주 힘들다. 우주가 너무 크고 넓기 때문이다. 태양을 1mm 크기라고 가정하면, 가장 가까운 별의 거리가 대략 60km 정도가 된다. 대략 서울에서 수원까지의 거리라고 할 수 있다. 지구는 태양보다 약 100배 작으므로 지구의 크기는 0.01mm 정도가 될 터이니 보이지도 않는다. 서울시청 앞에 1mm 크기의 태양이 있다고 하면 0.01mm 크기의 지구는 태양에서 15cm 거리에 있고, 태양계의 끝자락이라고 할 수 있는 해왕성이나 명왕성은 약 6m 거리에 존재한다. 문제는 다른 별이 거느리고 있는 행성계도 우리 태양계와 상황이 비슷하다는 점이다. 가장 가까운 별인, 수원시청 앞의 별이 지구와 같은 행성을 가진다면 그 별도 1mm 크기이고 행성 역시 0.01mm 크기일 것이다. 서울시청 앞의 0.01mm 크기 지구 위에 사는 인류가, 나름 크다고 생각하는 망원경을 만들어서 수원시청 앞의 별도 아니고 그 옆의 0.01mm 크기 행성을 봐야 하는 것이다. 가장 가까운 별이 이 정도이고, 별과 별의 평균 거리라고 할 수 있는 60km씩 더 멀어지기 시작하면 관측해야 하는 행성은 크기가 비슷한데 거리는 수백~수천 km로 더 멀어진다. 또한, 가로등 불빛 때문에 가로등 근처의 별이 잘 안 보이는 것처럼, 다른 별 옆의 행성을 관측하고자 할 때는 별빛이 너무 밝아서 심하게 방해된다. 가로등이야 불을 끌 수도 있고 손으로 가릴 수도 있지만 별빛은 그저 가릴 수밖에 없고 그나마도 효과가 미미하다.

그래서 첫 외계행성 발견으로 2019년에 노벨물리학상을 받은 미셸 마요르(Michel Mayor)와 디디에 쿠엘로(Didier Queloz)가 1995년에 사용한 방법은 별과 행성의 움직임을 감지하는 것이었다. 스스로 빛을 내지 못하는 행성이 기껏 모항성의 빛을 반사할 때 내는 빛을 찾아내려고 애쓰기보다, 별의 움직임에 행성이 영향을 미칠 터이니 행성 때문에 별의 움직임에 조금이라도 변화가 나타날 때 그것을 찾아내는 것이 훨씬 효과적이기 때문이다. 스위스 제네바대학의 미셸 마요르 교수와 영국 케임브리지 카벤디쉬 연구소의 디디에 쿠엘로 교수는 지구에서 50광년 떨어진 페가수스자리 51번 별의 움직임을 정밀하게 측정해, 이 별 옆에 '페가수스자리 51b'라는 행성이 존재하고, 이 행성 때문에 별의 움직임이 조금씩 변화한다는 것을 입증했다. 페가수스자리 51번 별은 질량이 태양보다 10% 정도 더 큰, 태양과 아주 비슷한 별이고, 페가수스자리 51b는 질량이 목성의 절반 정도인 행성이다. 1995년의 첫 발견 이래 현재까지 약 5,500개 이상의 행성을 찾아냈고, 그동안 멀어서 보기 힘들었을 뿐이지만 우주에는 행성이 아주 많다는 것을 알게 되었다.

마요르와 쿠엘로가 사용한 이 방법은 우리의 눈이 보는 방향, 우리의 시선(視線, light of sight)이 향하는 방향에서의 천체의 움직이는 속도를 측정한다고 해서 '시선 속도' 방법이라고 부른다. 시선 속도 방법으로 천문학자들은 상당한 수의 외계행성을 찾아낼 수 있었다. 시간이 지나면서 외계행성을 찾는 데 이보다 더 효과를 드러낸 새로운 방법은 '별 표면 통과'(transit) 또는 '횡단'이라고 부르는 방법이다. [그림 49]처럼 수성이나 금성 같은 내행성이 태양을 공전하다가 태양과 지구 사이에서 태양 앞을 지나면 태양 표면에 행성 크기만큼의 그림자가 드리운다. 이로써 행성이 태양 앞을 지난다는 것을 알 수 있고, 이 그림자 때문에 지구로 오는 태양 빛이 줄어들지만 그 양이 미미해서 지구에 큰 영향을 끼치지는 않는다. 태양 아닌 다른 별의 경우에는 별이 점으로 보이니 면적이 줄어드는 걸 볼 수는 없지만 별빛이 어두워지는 것은 관측할 수 있다. 즉 별빛을 꾸준히 관측하다 보면 행성이 별 앞을 지날 때 별빛이 평소보다 조금 약해지는데 이를 감지해 내는 것이다. 이 방법은 별 두 개가 짝을 이루고 있는 쌍성계의 연구에서 익히 잘 알려져 있었는데, 이젠 외계행성이 모항성의 앞면을 지나는 것을 감지함으로써 새로운 행성을 찾아내는 데에도 응용하게 된 것이다(그림 50). 별빛이 어두워지는 정도는 행성에 의해 별의 면적이 얼마나 가려지는가에 의해 결정된다. 예를 들어, 우리 태양계의 목성이 태양을 가린다면, 목성의 지름은 태양의 약 1/10이므로 밝기는 그 제곱인 약 1/100만큼, 즉 약 1% 어두워진다.

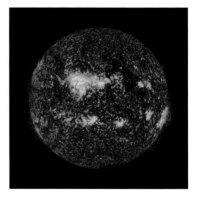

[그림 49] 금성이 태양 앞을 지나는 모습. 오른쪽 위의 검은 점이 금성이다. 이런 현상을 '태양면 통과'라고 부른다.

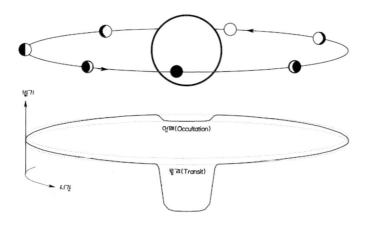

밝기

암폐(Occultation)

통과(Transit)

시간

[그림 50] 별 표면 통과(Transit) 외계행성계의 개념도 (그림: 이재우)

외계행성을 찾는 데 처음 사용된 방법은 시선 속도 방법이었고
초반 한동안은 외계행성을 찾는 데 이 방법이 주로 이용되었다. 그
러다가 별 표면 통과법이 외계행성 탐색에 이용되기 시작하면서 별
표면 통과법을 통해 발견되는 행성의 수가 더 많아지기 시작했고,
급기야 2009년에 미항공우주국이 별 표면 통과법을 이용해 외계행
성을 찾을 목적으로 우주 공간으로 발사한 '케플러'라는 이름의 우
주 망원경이 상황을 역전시켰다. 행성 천문학자 '요하네스 케플러'
를 기리기 위해 그를 따라 이름 붙여진 케플러 우주 망원경은 애초
3년 반 활동할 목적으로 띄워 올렸는데 결과적으로는 9년 반 동안
활동했다. 현재까지 발견된 외계행성의 75%가 별 표면 통과법으로
발견되었는데, 이런 압도적인 수치에 가장 큰 기여를 한 것이 바로
케플러 우주 망원경의 약 10년간의 활동이었다. 별 표면 통과법 다
음으로 두 번째로 많은 외계행성을 발견한 것은 바로 시선 속도 방
법인데, 약 19%의 행성을 찾아냈다. 결국 별 표면 통과법과 시선
속도법이 찾아낸 외계행성은 전체 중 약 94%나 된다. 이 두 가지

방법 다음으로 등장하는 것이 미시 중력 렌즈 방법인데, 약 4%의 외계행성이 이 방법으로 발견되었다.

별 표면 통과법과 시선 속도법은 가장 많은 외계행성을 발견했지만 행성이 작거나 모항성에서 멀리 떨어져 있으면 찾아내기 어렵다는 약점이 있다. 시선 속도법은 별의 시선 방향의 움직임, 즉 시선 속도를 꾸준히 관측해서 행성 때문에 별의 속도가 살짝살짝 받는 영향을 감지해 내는 것인데, 모항성보다 행성의 질량이 작으면 모항성이 받는 영향이 너무 작아진다. 자식이 커야 엄마도 영향을 받을 텐데 자식이 너무 작으면 엄마에게 미치는 힘도 작아 지구에서 검출해 내기 어렵다는 말이다. 태양계라면 목성이나 토성같이 크고 무거운 행성들 정도라야 찾아낼 수 있다. 또한, 행성이 별에서 너무 멀리 떨어져 있으면 그만큼 중력도 약해지므로 검출을 어렵게 한다. 별 표면 통과법 역시 행성이 커야 가리는 면적이 커서 행성을 찾기에 용이하다. 결국 이 두 가지 방법은 모두 행성이 크고 모항성에 가까워야 효과를 발휘한다. 다시 말하면 질량과 크기가 작은 행성, 또는 별에서 멀리 떨어져 있는 행성을 찾는 데는 썩 좋은 방법이 아니다.

세 번째로 등장하는 미시중력렌즈 방법은 오히려 이렇게 작은 행성을 찾는 데 유리하다. 태양계로 치자면 딱 지구같이 작은 행성들 또는 기껏해야 천왕성이나 해왕성같이 (둘 다 지구보다 4배 크다) 썩 크지 않은 행성들을 찾는 데 딱맞다. 미시중력렌즈 방법은 '중력렌즈' 방법을 별에 적용한 경우이다. '중력렌즈' 방법은 [그림 51]처럼 광원과 렌즈 천체가 비슷한 방향에 있을 때, 먼 거리의 광원에서 나온 빛 일부가 렌즈 천체의 중력 때문에 휘어져 지구로 들어오는 현상이다. 생각지 못했던 빛이 추가적으로 지구로 오게 되니 빛이 더 많아지고 더 밝아지기에, 가운데 천체가 마치 렌즈 역할을 한다고 해서 '중력렌즈'라고 부른다. 만약 지구와 렌즈, 광원이 일직선상에 늘어서면 뒤의 천체는 안 보이기 마련인데, 중력렌즈 현상 때문에 [그림 52]처럼 렌즈 주변에 고리(ring)로 보이거나 또는 [그림 53]처럼 렌즈 주변에 쌍(pair)으로 나타나 십자가 모양을 이루기도 한다. 이런 경우를 각각 아인슈타인의 고리(ring)와 아인슈타인의 십자가라고 부른다. 십자가 모양의 중심에 있는 천체는 렌즈 천체이고, 가장자리 네 개의 영상은 모두 배경 천체이다.

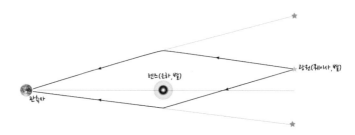

[그림 51] 오른쪽의 광원에서 나온 빛이 렌즈 천체의 중력 때문에 휘어서 지구로 오는 중력렌즈 현상 (출처: 박명구/한국천문학회)

[그림 52] 중력렌즈 현상으로 발생하는 아인슈타인의 고리(ring). 뒤에 가려진 천체의 빛이 천체와 지구 사이에 놓인 렌즈 천체의 중력 때문에 우리 쪽으로 휘어져 고리로 보인다.

[그림 53] 중력렌즈 현상으로 발생하는 아인슈타인의 십자가. 뒤에 가려진 천체의 빛이 렌즈 천체의 중력 때문에 우리 쪽으로 휘면서 두 쌍으로 갈라져 4개로 보인다.

이런 중력렌즈 효과는 모두 렌즈 천체의 중력이 아주 강할 때 나타난다. 즉 렌즈 천체가 무거운 은하이거나 또는 은하들이 수천 개 모인 '은하단'같이 많은 물질이 모여 있어 큰 중력을 발휘할 수 있는 경우에 해당한다. 그에 반해 미시중력렌즈는 렌즈 천체가 달랑 별 하나인 경우이다. 그러면 뭐 얼마나 대단한 효과가 발휘될까 싶지만 그래도 중력 효과는 나타난다. 배경의 별들을 꾸준히 관측하는 중에 배경 별과 우리 사이에 렌즈 역할을 하는 별 하나가 시선 방향을 지나가면 배경 별의 빛이 중력 때문에 휘어서 우리 쪽으로 오는 미시중력렌즈 현상이 일어난다. [그림 52]나 [그림 53]과 같은 인상적인 사진을 남기지는 않고, 우리에게는 여전히 배경 별만 계속 보인다. 다만 그 배경 별의 밝기를 꾸준히 기록하면 [그림 54]의 '광도곡선'처럼 밝기가 일정하다가 미시중력렌즈 현상이 일어날 때 밝아졌다가 다시 어두워지는 걸 볼 수 있다. 변광성이나 초신성 등의 경우에도 별이나 천체가 평소보다 밝아졌다가 어두워지는데, 이들과 다른 미시중력렌즈 현상의 특징은 이 광도곡선이 대칭이라는 점이다. 변광성이나 초신성 등의 경우에는 밝아질 때는 빨리 밝아지고 어두워질 때는 천천히 어두워지는 등 밝아졌다 어두워지는 양상이 비대칭적인데 반해, 미시중력렌즈 현상은 밝아질 때 걸리는 시간과 어두워질 때 소요되는 시간이 같아서 광도곡선이 제일 밝을 때를 중심으로 좌우 대칭이다.

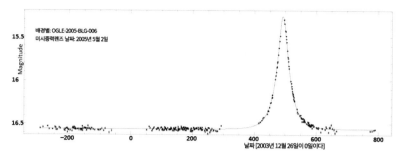

[그림 54] 내뵤석인 미시중력렌즈 현상의 광도곡선 예. 가로축은 날짜이고 세로축은 별의 등급이다. 위로 올라갈수록 밝고 아래로 내려올수록 어둡다. 약 400~600일 사이에 미시중력렌즈 현상이 일어나 별이 밝아졌다가 다시 어두워졌다. 이때 별의 밝기 변화 양상이 대칭이다.

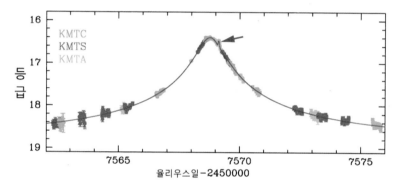

[그림 55] 미시중력렌즈 현상을 통해 행성을 발견한 사례. 가장 밝은 점을 지난 직후, 화살표 부분의 짧은 시간 동안 잠깐 밝아졌는데, 이것이 바로 렌즈별에 딸린 행성의 중력 때문에 생긴 현상이다. (출처: 류윤현, 박명구/한국천문학회)

중력렌즈 현상이 실제 관측으로 처음 발견된 것은 1979년이었다. 미시중력렌즈 현상은 1990년대에 우리은하 헤일로에 작은 별이나 별보다도 질량이 작은 천체들이 아주 많이 몰려 있지 않을까 하는 궁금증에서, 만약 그렇다면 이런 천체들이 암흑물질의 후보가 아닐까 하는 가정에서 집중적인 탐색이 이루어졌다. 오랜 탐색 결과 실제로 많은 미시중력렌즈 현상을 찾아낼 수 있었지만, 이들이 암흑물질의 중추가 될 만큼의 양은 아니라는 것을 알게 되었다. 하지만 그 과정에서 다양한 새로운 정보들을 얻었는데 대표적인 것이 미시중력렌즈 현상 관측을 통해 렌즈 별에 행성이 딸려 있는 경우를 구별해 낼 수 있다는 점이다. [그림 55]는 [그림 54]와 비슷하게 대칭적인 광도곡선을 보이는, 전형적인 미시중력렌즈 현상인데 이 경우 특이한 점은 최대 밝기 직후에 보이는 아주 잠깐의 추가적인 밝기 증가 현상이다. 이 작은 추가 빛은 바로 렌즈 별에 딸린 행성의 중력 때문에 빛이 추가적으로 지구 쪽으로 왔기 때문에 생기는 것이고, 이를 통해 렌즈 별에 행성이 있음을 알 수 있다.

미시중력렌즈 방법으로 찾아낸 행성의 개수는 별 표면 통과법과 시선 속도법보다 적지만 지구와 같이 작은 지구형 행성을 찾아내는 데 강점이 있다. 특히 모항성으로부터 빛과 열을 너무 많이 받지도 너무 적게 받지도 않도록 적당한 거리에 있는, '생명체 거주 가능 영역'(habitable zone)에 있는 행성을 찾아내는 데 유용하다. 또 별 표면 통과법과 시선 속도법은 아주 작은 빛 감소를 검출하거나 시선 속도 검출을 위한 분광 관측을 가능하게 하기 위해 큰 망원경이 필요하지만, 미시중력렌즈 방법은 분광이 아닌 측광 관측만 수행하면 되고, 또한 오히려 밝아지는 현상을 관측하기 때문에 비교적 작은 망원경으로도 충분히 관측할 수 있다는 장점이 있다. 큰 망원경은 비싼 망원경인 반면 작은 망원경은 싸기 때문에 훨씬 쉽게 접근할 수 있다.

별 표면 통과법과 관련한 중요한 사실 하나를 언급하고 넘어가자. 행성은 별이 만들어질 때 함께 만들어지는데, 별 중에는 태양처럼 홀로 존재하는 홀별(single stars)도 있지만 두 개의 별이 쌍을 이루어 서로의 주위를 도는 쌍성(binary stars)도 있고 가끔은 세 개 이상의 별이 한 데 묶여 있는 다중성계도 존재한다. 쌍성에서도 행성이 발견되었는데, 그 최초의 발견은 미항공우주국보다 2년 7개월 먼저 한국천문연구원의 이재우 박사팀이 이루어 냈다(그림 56). 그 결과를 발표한 논문은 천문학에서 가장 우수한 4개 학술지 중 하나인《미국천문학회지》2009년 2월호에 게재되었고, 또한 이 논문은 2011년 초에 미국천문학회에서 '최근 2년간 가장 많이 인용된 논문들' 중 하나로 선정되었다. 인용이 많이 되었다는 것은 그만큼 많은 사람들이 인정하고 주목한다는 의미이다. 일반적으로 별 표면 통과법을 사용하려면 큰 망원경이 필요한 데 이재우 박사팀은 한국천문연구원의 소백산천문대 61cm 망원경과 충북대학교 천문우주학과의 35cm 망원경같이 작은 망원경들을 이용했다. 대신 2000년부터 2008년까지 약 9년간이나 자료를 모으는 방법을 채택했다. 즉 선진국들이 비싸고 큰 망원경으로 짧은 시간 관측해서 얻는 성과를, 작은 망원경으로 오래 관측해서 같은 성과를 이룬 것이다. 그럼에도 훨씬 오래전부터 관측하고 연구해서 먼저 발견했으니 그 노력이 대단하다! 훨씬 큰 망원경이 주어진다면 우리도 더 큰 성과들을 이루게 될 것이다. 영화〈스타워즈〉에피소드 4 '새로운 희망'을 보면 주인공 루크 스카이워커(Luke Skywalker)가 어린 시절을 보낸 고향, 사막 행성 '타투인'(Tatooine)에서 흰색과 붉은색의 두 개 태양이 비슷한 시간대에 지평선 아래를 향해 지는 모습이 등장한다(그림 57). 이재우 박사팀이 발견한 행성에도 생명체가 살고 있다면 비슷한 장면들을 볼 수 있을 것이다.

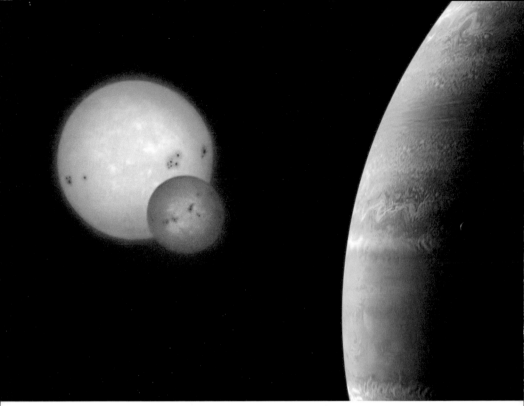

[그림 56] 두 별로 이루어진 쌍성(왼쪽) 주위를 공전하는 외계행성(오른쪽)계 Kepler-453의 상상도.(샌디에이고대학 제공)

[그림 57] 영화 〈스타워즈〉의 한 장면. 타투인 행성에서 2개의 태양이 지고 있다.

5. KMTNet의 시작 - 24시간 연속 관측이 필요하다

케이엠티넷(KMTNet) 보유 전, 한국 천문학자들은 연구를 주로 외국의 망원경에 의존했다. 아이디어를 제공하거나 또는 관측 자료의 분석, 논문 작성 등을 위한 인력 제공을 통해 망원경과 관측 자료를 함께 사용하는 공동 연구 시스템에 들어가서 활동했다. 망원경 주인들보다 권한은 적지만 그래도 첨단 연구를 수행할 수 있는 방편이긴 했다. 범용 망원경들 외에 다양한 탐사 관측 망원경들도 만들어져 사용되고 있는데, 보통은 1m보다 작은 망원경이 주로 탐사 관측에 사용된다. 망원경이 작으면 어두운 별은 못 보고 밝은 별만 볼 수 있지만, 대신 시야가 넓어서 넓은 영역을 감시할 수 있다는 장점을 가진다.

미시중력렌즈 방법을 이용한 외계행성 탐색 연구의 경우 작은 크기의 탐사 망원경으로 관측하다가 미시중력렌즈 현상이라고 생각되는 별이 발견되면, 연구에 사용할 수 있을 만큼의 정밀도로 관측하기 위해 1~2m 정도 구경을 가진, 더 큰 망원경 주인에게 연락해서 위치를 알려주고 관측을 요청한다. 그런데 1m보다 큰 망원경으로 관측할 때 행성에 의한 밝아짐이 하루보다 짧을 때는 문제가 있다. 밤 동안은 행성의 흔적이 없이 평온한 밝기를 보이다가, 하필 해가 떠서 관측을 할 수 없게 되는 시간에 행성 흔적이 나타나면 속수무책이기 때문이었다.

[그림 55]가 그런 경우를 아주 잘 보여 준다. 그림에서 노란색(오렌지색)은 호주 망원경으로 관측한 자료이다. 한 망원경으로는 하룻밤에 해당하는 약 10시간 이내의 자료만 얻을 수 있고, 낮에는 관측

을 쉬다가 다시 해가 진 후에야 관측을 재개한다. [그림 55]의 화살 표 영역처럼 만약 호주 자료가 없었다면 이 미시중력렌즈 현상은 행성의 흔적을 전혀 보여 주지 못했을 것이다. 그래서 지구가 24시 간마다 자전을 해도 끊기지 않고 동일 천체를 관측할 수 있는 시스 템이 필요했고, 이런 배경에서 KMTNet이 시작되었다. 남반구에 있는 세 개의 대륙, 즉 남아메리카와 호주, 아프리카에 똑같은 망원 경을 설치하고, 남미 칠레에서 관측하다가 해가 뜨면 다음 순서로 호주에서 관측하고, 또 호주에 해가 뜨면 다음으로 아프리카에서 관측하는 식으로 연결하는 것이다. 그렇게 해서 [그림 55]와 같은 광도곡선을 얻을 수 있는 24시간 관측 가능 시스템이 만들어진 것 이다. [그림 58]은 남극 대륙에서 상공으로 높이 올라가 우주에서 내려다 봤을 때 세 망원경의 위치를 보여 주는 그림이다. 남반구에 있으면서 세 개의 대륙에 골고루 퍼져 있어 지구를 예쁘게 3등분한 다. [그림 59]는 KMTNet 망원경의 모습인데 세 망원경이 모두 완 벽히 동일하다.

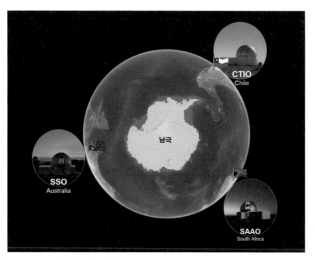

[그림 58] KMTNet 망원경들의 위치를 남극 상공에서 내려다본 상상도. 남반구 세 대륙에 똑같은 망원경이 설치되어 있으므로 지구 자전에 따라 세 망원경이 교대로 관측함으로써 24시간 연속 관측이 가능하다. (출처: 한국천문연구원)

[그림 59] KMTNet 망원경이 돔 안에 설치된 모습. 아래쪽 큰 원 안에 1.6m 주경이 설치되어 있고, 하늘 쪽 윗부분에는 필터와 CCD 카메라가 설치되어 있다. (출처: 한국천문연구원)

[그림 60]은 아래 7절의 'KMTNet으로 초신성을 관측하자' 부분에서 설명할 내용으로, 우리 팀이 발견하고 관측한 초신성의 광도곡선이다. KMTNet 망원경으로 폭발 후 1시간 만에 관측한 초신성 연구 논문으로 2022년 5월《Nature Astronomy》저널에 실렸다. 파란색(B), 녹색(V), 그리고 붉은색(I) 필터로 24시간 내내 관측했기에 광도곡선이 거의 끊어짐 없이 매끄럽게 이어짐을 볼 수 있다. 보통은 8시간 정도 자료가 존재하고 16시간쯤 자료가 없어 비었다가 다시 8시간 관측하는 식인데, 이 자료는 마치 우주망원경으로 연속 관측한 것처럼 이어져 있다. KMTNet의 24시간 관측 특성을 여지없이 활용한 아주 좋은 예이다.

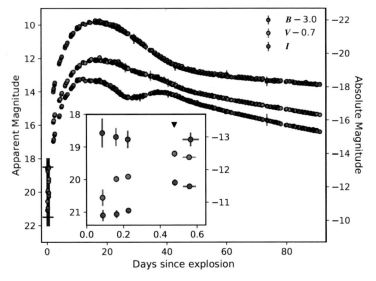

[그림 60] KMTNet 망원경으로 발견하고 24시간 내내 관측한 초신성의 광도곡선. 보통은 밤에만 관측할 수 있어 낮 시간의 자료를 얻을 수 없지만 세 망원경으로 교대로 끊어짐 없이 관측했기에 연속적인 자료를 얻을 수 있었다. (Copyright: Yuan Qi Ni)

미시중력렌즈 방법으로 외계행성을 찾는 데 있어 KMTNet의 또 다른 장점은 세 망원경이 모두 크다는 점이었다. KMTNet 이전에 미시중력렌즈 방법으로 외계행성을 찾을 때는 작은 망원경으로 넓은 영역을 관측하다가 관측할 만한 후보를 발견하면 큰 망원경으로 성밀 관측을 수행하는 체계였다. 그런데 만약 큰 망원경이 있는 곳의 날씨가 나쁘거나 기기에 문제가 있거나 관측해야 하는 천체가 여럿이어서 다른 관측을 수행해야 하는 상황이라면 후속 관측이 어려워진다. 하지만 KMTNet은 이전의 소위 '큰' 망원경보다도 충분히 커서 다른 망원경이 없어도 혼자 탐색부터 정밀 관측까지 모두 해낼 수 있게 되었다. 일반적으로 망원경이 커지면 시야가 좁아지기 때문에 기존 작은 망원경만큼의 시야를 확보하기 위해서는 넘어야 할 산이 있는데 바로 시야 확장이었다. 이 목적을 달성하기 위해 KMTNet은 먼저 4개의 렌즈로 이루어진 '시야 확장기'를 설치하고, 그다음으로 부경을 사용하지 않고 대신 CCD 카메라를 주경의 초점에 두는 방식, 즉 '직초점 방식'을 사용하고, 세 번째로 이제까지 사용하던 CCD보다 훨씬 큰 대용량 CCD를 특별 주문 제작했다. 기존의 CCD는 가로 2,048개와 세로 2,048개, 즉 2K×2K (2,000 곱하기 2,000을 의미) 정도의 픽셀(화소) 정도였고, 4K×4K를 사용되기도 했으며, 선진 천문대에서는 이들을 여럿 이어 붙여서 사용하기도 했다. KMTNet은 혁신적으로 9K×9K CCD를 가로에 두 개, 세로에 두 개 이어 붙여 결과적으로 18K×18K CCD를 만들었고, 이것을 세 벌 만들어서 칠레와 남아공, 호주의 천문대에 설치했다.

결과는 대성공이었다. 주경의 지름이 1.6m나 되기에, 미시중력렌즈 방법으로 외계행성을 찾기에 결코 작지 않은, 오히려 큰 편에 속하는 망원경이면서도 시야가 2°×2°나 되었다. 망원경도 크고 시야도 크고, 더구나 세 개의 대륙에 있어 24시간 관측할 수 있는 시스템! 그야말로 최고였다. 제미니 망원경이나 거대 마젤란 망원경처럼 원래 어둡거나 거리가 멀어서 희미하게 보이는 천체를 관측할 때는 망원경의 구경이 큰 것이 가장 중요하다. 하지만 외계행성을 미시중력렌즈 방법으로 찾고자 할 때는 1~2m 정도의 비교적 큰 구경과 함께 넓은 시야, 그리고 24시간 관측할 수 있는 능력이 가장 중요한 요소다. 덕분에 우리나라는 대형 망원경 확보 면에서는 많이 뒤졌지만 미시중력렌즈 방법처럼 짧은 시간 동안 밝기 변화를 보이는 천체를 관측하는 데 있어서는 아주 훌륭한 관측 시설을 보유하게 되었고, 이런 장점을 필요로 하는 전 세계의 많은 연구자로부터 공동 연구 제안을 많이 받는 나라가 되었다.

일반적인 천체 망원경과 천문대는 범용이다. 좋은 관측 기기를 잘 만들어서 부착하면 웬만한 관측을 다 수행할 수 있다. 따라서 좋은 장소, 그리고 크기가 큰 망원경의 두 가지가 꼭 필수적이다. 하지만 특별한 목적에 사용되는 KMTNet은 다르다. KMTNet은 특정한 연구 주제를 위해, 특별한 목적으로 만든 특수 망원경이다. 이렇게 특정한 주제의 연구를 위해 만든 망원경을 '연구 목적'(Science-driven) 장비라고 한다. 한국에서는 처음 시도했고 투자한 비용 대비해 아주 성공적인 결과를 얻고 있는 시설이다. KMTNet의 성공에는 빼놓을 수 없는 몇몇 영웅이 있다. 남반구 세 개 대륙에 망원경을 세 대 설치해서 24시간 연속 관측하자는 아이디어를 처음 낸 충북대학교 한정호 교수님, 그 아이디어를 구체화하고 과학기술정보통신부를 설득해서 예산을 확보하고 사실상 KMTNet의 기틀을 마련한 한국천문연구원의 박병곤 박사님과 이재한 선생님, 망원경을 설계하고 CCD를 기획하고 제작사를 찾고 그렇게 만든 장비들을 현지에 설치하고 시험 관측을 거쳐 연구에 사용할 만한 수준의 자료가 얻어지기까지 밤을 새우고 현장을 뛰어다닌 한국천문연구원의 김승리 박사님과 이충욱 박사님! 물론 전쟁도 대장 혼자 싸우는 것이 아니고 수많은 장교와 용사들이 함께 싸우듯이 이분들 말고도 수많은 과학자와 엔지니어들이 함께 땀 흘리고 함께 밤을 새웠다. 그럼에도 책임을 감수하면서 앞서서 지휘했던 분들의 노고에 큰 박수를 보낸다.

KMTNet 망원경은 2015년에 개관식을 하고 관측을 시작했다. 2022년까지 약 7년 동안 KMTNet으로 지구형 외계행성을 포함한 외계행성을 142개 발견했고, 또한, 모항성 없이 행성만 떠돌아다니는 '나홀로 행성'을 6개, 지구의 위성인 달처럼 외계행성에 딸린 위성인 '외계 달'을 1개 발견했다. 10년도 안 되는 비교적 짧은 시간 안에 한국천문연구원과 한국 천문학계가 외계행성 분야에서 일약 국제적 연구기관으로 성장한 것이다. 2004~2022년의 약 20년 가까운 기간 동안 전 세계에서 미시중력렌즈 방법으로 찾아낸 외계행성의 수는 226개였는데, 그중 약 3분의 2인 149개를 KMTNet이 발견한 것이다. 더구나 KMTNet은 2015년 10월부터 가동하기 시작했음을 고려하면 대단한 성취이다. 뛰어난 과학자가 학문을 발전시키기도 하는데 한편으로 KMTNet은 훌륭한 장비가 학문을 어떻게 발전시키는지를 보여 준 훌륭한 예이기도 하다.

6. KMTNet 칠레 천문대로 가는 가상 여행

남극을 빼면 남반구에는 세 개의 대륙이 있다-남미, 오세아니아 그리고 아프리카. 세 개의 대륙에는 다양한 천문대들이 존재하는데 심지어는 남극에조차 천문대가 만들어져 이용되고 있다. 이렇게 다양한 천문대들 중 천문학자들이 꼽는 단연 최고의 천문대 부지는 칠레이다. 칠레는 남북으로 길어서 유명하기도 하고, 또 우리나라 입장에서는 지구의 거의 반대편이라 참 멀다. 경부고속도로를 타고 서울에서 부산까지 가면 약 420km가 된다. 부산에서 출발해서 한반도의 북쪽 끝, 대략 백두산까지 가면 이래저래 반올림해서 약 1,000km가 된다. 한반도 비무장 지대인 디엠지(DMZ)의 동서 길이가 약 250km이니 한반도의 동서 길이는 남북 길이의 대략 1/4 정도인 셈이다. 그에 반해 칠레는 남북 길이가 약 4,300km나 된다. 칠레의 동서 길이는 긴 곳은 350km, 가장 좁은 곳은 64km이고 평균적으로 약 175km 정도이니 남북 길이가 동서 길이의 25배나 되는 셈이다. 우리나라는 북쪽으로 갈수록 춥지만 남반구는 반대이기에 적도에서 남쪽으로 갈수록 추워진다. 그래서 칠레의 북부에는 광야와 사막이 있고, 수도 '싼띠아고'(Santiago)가 있는 중부 지방은 포도 등 과일 농사에 적합할 만큼 날씨가 좋은 반면 남쪽 끝으로 가면 남극과 맞닿아 있는 '파타고니아' 등 추운 지방이다.

우리나라에서 '대척점', 즉 수직으로 땅을 파고 지구 중심을 지나 지구 반대편으로 간다면 뚫고 나오는 지점이 아르헨티나와 우루과이의 바로 앞 바다이다. 칠레는 아르헨티나의 서쪽에 국경을 맞대고 있어 이 대척점에서 그리 멀지 않다. 칠레나 아르헨티나 사람들도 자신들의 대척점에 한국과 일본, 중국이 있다는 사실을 알고 있고 그런 의미에서 우리만큼 그들도 우리를 반가워한다. 지구 반대편까지 한 번에 가는 비행기가 없어 칠레나 아르헨티나에 가려면 비행기를 최소 두 번은 타야 한다. 미국, 캐나다 등 북미를 거쳐 갈 수도 있고, 유럽에 들렀다 갈 수도 있고, 호주나 뉴질랜드를 경유할 수도 있다. 승객이 많은 지역은 매일 비행기가 있지만, 그렇지 않으면 주 3회처럼 비행 일정이 가끔 있다 보니 바쁜 때에는 매일 항공 일정이 있는 노선을 택하게 되는데 대표적인 곳이 미국 로스앤젤레스(LA)이다.

지구가 둥글다 보니 어딘가 날짜가 바뀌는 기준을 정해야 하는데 어떤 한 나라 안에 날짜 변경선이 존재하면 그 선을 기준으로, 예를 들어 동쪽은 3일인데 서쪽은 아직 2일이다. 이런 혼란을 없애기 위해 인구밀도가 가장 낮은 지역인 태평양의 경도 180도선을 날짜 변경선으로 삼았다. 경도 135도인 우리나라는 날짜 변경선에서 불과 45도 서쪽에 있으므로 전 세계에서 날짜가 비교적 빠른 편에 속한다. 반면 날짜 변경선 바로 동쪽에 있는 하와이 같은 경우는 지구상에서 가장 늦게 날짜가 바뀌는 지역에 속한다. 그래서 한국에서 태평양을 건너 미국으로 가면 비행기를 타고 한참을 갔음에도 시간이 다시 과거로 흘러 있게 된다. 대신 미국에서 태평양을 건너 다시 한국으로 돌아오면 미국으로 갈 때 공짜로 얻은 만큼의 시간이 순식간에 사라진다. 미리 시간을 벌고 나중에 갚는 셈이다.

한국에서 미국 서부의 캘리포니아주 로스앤젤레스(LA)까지는 비행기로 약 12시간쯤 걸린다. 인천공항에서 월요일 오후 3시쯤 출발해서 로스앤젤레스에 도착하면 다시 월요일 오전 10시쯤이다. 한국에서라면 오후 3시부터 12시간 후이니 새벽 3시쯤인데, 막상 비행기에서 내려 공항에 들어서면 아침 공기는 상쾌한데 제대로 잠을 자지 못한 몸은 한밤중이라 비몽사몽이다. 입국 절차를 밟고 다시 칠레로 가기 위한 수속을 하고 남아메리카를 운항하는 란(LAN)항공 비행기를 타면 대략 오후 1시쯤 출발한다. 로스앤젤레스에서 칠레 까지도 다시 12시간쯤 걸린다. 첫 비행기에서는 기내에서 식사도 잘하고 영화도 보곤 하지만, 이제는 피곤해서 잠에 빠져들기 일쑤 다. 북아메리카보다 남아메리카는 몇 시간 앞선 시차이긴 하지만 남북으로 늘어서 있어, 비행시간은 오래 걸려도 시차는 크게 차이 나지 않는다.

두 번째의 긴 비행을 마치고 칠레의 수도 '싼띠아고'에 발을 디디 면 다시 하루가 지나서 화요일 새벽쯤이다. 남반구는 북반구와 계 절이 반대여서 한국이 겨울이면 여기는 반대로 여름이다. 겨울 외 투를 벗어 손에 들고 얇은 옷만 입고도 땀을 뻘뻘 흘리며 걷는다. 칠 레는 남북으로 긴 나라이고 천문대들은 대부분 북쪽 먼 곳에 있어 서 또 국내선 비행기를 타야 한다. 싼띠아고 공항에서 입국 절차를 밟고 아침을 먹고 국제선 청사 바로 옆의 국내선 청사에 앉아 있으 면 졸음이 마구 쏟아진다. 적당히 졸면서 기다리다가 정오쯤 국내 선 비행기를 타면 대략 1시간 소요되는 비행시간 동안 깊은 잠에 빠 지는 걸 막을 수가 없다. 국내선 비행기는 국제선 비행기보다 의자 도 넓지 않고 뒤로 많이 젖혀지지도 않지만, 그런 건 전혀 문제되지 않는다. 창가 좌석일 경우 창문에 수없이 머리를 부딪혀 가며 1시간 동안 쏟아지는 잠에 빠져 있다 보면 도착했으니 내리라고 한다. 정 신없이 짐을 챙겨 바깥으로 나가면 자그마한 '라 세레나'의 시골 공 항(그림 61)이다. 수화물을 챙겨 공항 밖으로 나오면 미리 예약한 천 문대 차량과 함께 천문대 직원이 마중 나와 있다.

[그림 61] 칠레 북부 도시 '라 세레나'의 공항. 작고 아담하다. (사진: 김상철)

차를 타고 10~20분 정도 이국적이면서 어딘지 낙후된 시골 도시인 라 세레나를 달리면 미국 소유의 천문학 연구 캠퍼스(단지)에 다다르고, 바리케이드와 경비 초소를 지나 본부 건물에 도착한다. 하루 동안 머무를 숙소 열쇠와 몇 가지 안내 사항을 전달받은 후 수화물을 끌고 숙소에 도착하면 대략 화요일 오후 3시쯤이다. 몸은 피곤할 대로 피곤하고 점심은 먹었는지 안 먹었는지 기억도 못 하겠고, 여정을 함께한 동료와 저녁 먹을 시간 약속을 하고 나서 침대에 누우면 잠에 빠지기까지 1초도 걸리지 않는다.

[그림 62] 칠레에 도착했을 때의 초췌한 모습. 월요일 아침에 한국 집을 출발해도, 칠레에 도착해 전화하면 한국에서는 수요일이다.

(사진: 김상철)

잠을 오래 잘 수는 없다. 현지 생활 리듬에 맞춰야 관측 일정도 준비할 수 있기 때문이다. 그래도 몇 시간의 수면이 피로를 상당히 경감시켜 주는 것이 감사하다. 잘 도착했다고 한국에 안부 전화를 하면 한국은 하루 앞선 시차여서 수요일 아침이다. 월요일 아침에 집을 나섰는데 '잘 도착했다'는 전화가 수요일에 오니 한국에서는 당황해하면서도 한편 황당해한다. 수염이 덥수룩한 상태여서(그림 62) 영상 통화라도 하면 참 가관이다.

이곳 '쎄로 똘롤로' 미국 천문대(CTIO) 연구단지의 관측자 숙소에는 전자레인지, 식빵을 구울 수 있는 토스트기, 냉장고 정도만 갖춰져 있고 식당은 따로 없다. 그래서 제대로 된 저녁을 먹기 위해 터벅터벅 석양 햇빛을 받으며 연구 캠퍼스를 나선다. 이곳은 나름 천문 연구를 위한 중요 시설들이 있어 담장이 쳐져 있고 정문과 후문에서 경비원들이 지키고 있다. 한국인 등 동양인은 지구 반대편에서 오기가 멀다 보니 이들에게는 가장 이국적인 외국인이고, 우리가 관측자임을 잘 알고 있어서 말이 통하지 않아도 게이트는 무사통과다. 그들은 스페인어만 하고 영어를 할 줄 모르고, 우리는 영어는 좀 하지만 스페인어는 거의 못 하니 의사소통은 어렵지만 서로 '올라'(Hola, '안녕하세요'의 스페인어)하고 손을 흔들며 웃어 준다.

동네 구경을 하면서 동네 슈퍼마켓에 들러 내일 아침으로 먹을 음식과 물 등을 간단히 구매한다. 간간이 벽에 그림(그래피티, graffiti)들이 있고 셰퍼드같이 덩치는 큰데 짖지도 않으면서 주변을 어슬렁거리는 개들을 보며 이국의 정취를 느껴 본다. 몇몇 근처 식당 중 적당한 곳을 찾아 저녁 식사를 하고 나면 이틀 동안 붕 떠 있던 것 같은 마음과 몸이 조금 안정을 찾는 것 같다. 칠레는 미국 등 서양과 문화도 음식도 비슷하다. 고향 음식은 아니지만 그래도 제대로 된 저녁 식사 한 끼는 몸을 안정시켜 주는 데 충분하다. 저녁 식삿값과 팁을 내고 식당을 나오면 거의 해가 져 있고 어두컴컴하다. 지방 소도시이기도 하고 라 세레나는 치안이 좋은 편이어서 밤에도 큰 염려 없이 걸어 다닐 수 있다. 상쾌한 공기를 마시며 숙소로 돌아와 정리를 좀 하고, 내일의 관측 준비도 다시 한번 점검하고서야 비로소 '제대로' 잠자리에 든다. 그리 오래된 것도 아닌데 침대에서의 숙면은 꿀만 같다.

다음 날 아침에는 일찍부터 서둘러야 한다. 어제 저녁에 슈퍼에서 산 음식으로 간단히 아침 식사를 하고 짐을 다 챙겨 사무실로 가서 숙소 열쇠를 반납한다. 아침 9시쯤 천문대로 출발하는 사륜 구동 차량을 타야 한다. '쎄로 똘롤로 천문대'에 망원경이 여럿이라 관측자가 여럿인 경우도 있고, 엔지니어나 전문 관측자(오퍼레이터, operator, 천문학자들을 대신해 망원경을 운전해 주고 관리해 주는 직원) 등 일행이 있을 수 있어, 승객 수에 맞춰 작은 스포츠 유틸리티 차량(SUV)이나 밴(Van) 같은 차가 본부 건물 앞에 대기하고 있다. 관측자의 짐도 많고 엔지니어들도 관측 기기나 장비를 가져가는 경우가 있어 짐칸은 늘 꽉 차게 마련이라 운전자가 요리조리 잘 끼워 맞춰가며 짐을 싣는다. 산길을 달려야 하기 때문에 흔들리지 않게 잘 실어야 한다. 이 차는 내락 1시간 반 정노 국도를 달린다. 라 세레나 도시를 벗어나면 사람이 거의 살지 않을 것 같은 광야이고 식물도 별로 없다. 키가 3~4m는 될 것 같은 선인장들만 산에 여기저기 보인다(그림 63).

[그림 63] 천문대 가는 길에 보이는 칠레 북부의 모습. 키가 3~4m는 될 것 같은 선인장들만 산에 여기저기 보인다. (사진: 김상철)

국도를 벗어나고 나서는 비포장 산길을 달려 올라간다. 천문대는 사람이든 차량이든 아무나 통과할 수 없어 바리케이드를 지나야 한다. 어느 나라나 비슷한 문화는 운전자와 바리케이드 경비 초소의 직원들이 반갑게 인사도 하고, 이런저런 말들을 주고받기도 하고, 산길에 대한 정보, 특히 겨울에는 특이 사항이 없는지 알려주기도 하고, 때로는 음식인지 물건인지 모를 뭔가를 주고받기도 한다. 아마 천문대나 시내에서 뭔가 가져다 달라고 부탁한 물건들인 모양이다. 다시 삐뚤빼뚤 산길을 한참 올라가면 여기저기 돔들이 있는 천문대가 보이기 시작한다(그림 64). 사무실에 가서 숙소 열쇠와 안내 사항을 전달받는다. 가방을 끌고 숙소 방에 짐을 풀면 '후-' 하고 큰 숨이 나온다. '이제 왔다!' 숙소라고 해봐야 작은 방에 침대와 책상, 의자 하나, 화장실과 샤워실이 전부다. 밤에는 돔에 올라가서 밤새 관측하고 아침에 내려와서 낮에는 잠만 잘 터이기에 넓을 필요도 없다. 다만 창문으로 들어오는 빛을 완전히 가려 줄 암막 커튼만 확실히 있으면 된다.

[그림 64] 칠레 '쎄로 똘롤로' 미국 천문대(CTIO)의 모습.
맨 왼쪽이 4m 블랑코(Blanco) 망원경 돔이다. (사진: 김상철)

식당으로 가 점심을 먹고 오후에는 동료와 관측 내용을 최종 점검한다. 그리고 잠깐 시간을 내 주변을 한 바퀴 둘러본다. 저녁은 계절에 따라 다르지만 일반적으로 대략 오후 5시쯤, 빨리 먹는다. 저녁을 먹고 나면 가방을 챙겨, 차로 또는 도보로 자기가 사용할 망원경이 있는 돔으로 간다. 해지기 전 밝을 때 망원경과 관측 기기, 돔 상황을 점검하고 CCD 섬출기에 매일 투입해야 하는 냉각액인 액체질소는 잘 투입되어 있는지 등을 점검한다. 액체질소는 보통 오퍼레이터나 천문대 직원이 투입하는데 관측자가 넣어야 하는 경우도 있다. 관측 기기를 여럿 교대로 사용하는 망원경의 경우에는 내가 사용할 관측 기기가 제대로 부착되어 있는지 역시 꼭 점검해야 하는 항목이다. 돔 내에 보관하는 관측일지를 살펴보고 전날 문제점이나 특이 사항이 없었는지 점검한다. 아직 해가 떠 있을 때 컴퓨터를 켜고 망원경과 관측 기기의 가동을 시작한다. CCD의 전원 '바닥 상태' 값이 안정한지('바이어스, bias' 영상을 찍는다고 한다) 등을 점검하고, 오늘 밤 날씨는 괜찮은지 일기예보도 한 번 더 확인한다.

이제는 해가 지기만 기다리면 된다. 저녁을 일찍 먹고 서둘러 돔으로 오는 이유는 해가 지기 전에 이런 준비를 잘해 두기 위해서이다. 또한, 현지 상황이 혹 오늘 밤 우리의 관측에 아무 문제가 없을지 확인하는 것도 필요하다. 준비가 다 되면 해질 때까지 잠깐의 여유가 생긴다. 그러면 돔 바깥에서 해지는 모습을 잠깐 바라보는 호사를 누리기도 한다. 해가 지고 나서도 완전히 어두워질 때까지 약간의 시간 여유가 있고 그다음부터는 본격적인 관측이 시작된다.

7. KMTNet으로 초신성을 관측하자

KMTNet 망원경 시스템은 우리말 이름 '외계행성 탐색 시스템'의 말뜻 그대로 외계행성을 찾아내는데 기가 막히게 잘 활용되었다. 때로는 목표가 그럴듯해 보여도 막상 해 보면 잘 안 되는 경우도 있지만, 이 경우는 목표를 완벽히 달성했다. KMTNet의 대견한 점 또 하나는 목표했던 것만 달성했을 뿐만 아니라 처음에 생각지 못했던 또 다른 성과들을 이뤄냈다는 점인데, 천문학에서는 탐사(survey) 관측에서 이런 보너스 사례들이 종종 생기곤 한다.

미시중력렌즈 방법으로 외계행성을 찾을 때에는 고려해야 할 점이 있다. 배경에 있는 별 하나를 꾸준히 관측하고 있을 때 렌즈 현상을 일으키는 다른 별이 배경 별과 지구 사이를 지나가 미시중력렌즈 현상이 발생할 확률을 계산해 보면 100만 분의 1 정도로 작다는 점이다. 즉 별 하나를 정해 렌즈 현상이 일어나는지를 관찰한다면 100만 년쯤 지나야 평균적으로 한 번 볼 수 있다는 말이다. 이래서는 도전을 시도조차 해 볼 수 없고, 렌즈 현상이 일어날 확률을 크게 해야 하는데 확률을 키우려면 관측하는 별의 개수를 늘리면 된다. 즉 별 하나만 지켜보고 있으면 100만 년에 한 번 미시중력렌즈 현상이 일어날 수 있겠지만, 지켜보는 별의 수를 100만 개로 늘리면 그중 하나는 1년에 한 번 미시중력렌즈 현상을 일으킨다는 말이다. 그러려면 별의 개수가 많은 지역을 관측해야 하는데 남반구에서는 우리은하 중앙팽대부(bulge)와 우리은하 근처의 위성은하인 대마젤란은하(Large Magellanic Cloud)가 가장 적당한 대상이다. 위성은하는 거리가 훨씬 멀기에 우리은하 중앙팽대부가 가장 좋은 후보인데, 만약 북반구에서 관측한다면 8월쯤의 여름 짧은 기간 동안만 관측할 수 있을 것이어서 이 연구 분야에서는 남반구가 훨씬 유리하다.

　그래서 자연스럽게 KMTNet 망원경 시스템의 관측 대상은 우리 은하 중앙팽대부로 정해졌고, 이 지역을 여러 구역으로 나눠 순서 대로 관측한다. 이 장면에서 대두되는 문제점이 하나 있다. 지구가 태양 주위를 매년 공전하기 때문에 7~8월(북반구에서는 여름이고 남반 구에서는 겨울) 무렵에만 우리은하 중앙팽대부를 볼 수 있고, 12~1월 (남반구 여름)에는 우리은하 중앙팽대부의 반대 방향을 보게 된다는 점이다. 대략 1년 중 절반은 중앙팽대부를 볼 수 있지만 나머지 절 반 동안은 미시중력렌즈 방법으로 외계행성을 찾는 연구를 할 수 없다는 말이다. 그렇다고 망원경을 세워둘 수는 없다. 그래서 한국 천문학회의 회원들에게 새로운 연구 주제 아이디어를 공모했다. 1 년 중 중앙팽대부를 관측할 수 있을 때는 외계행성 탐색 연구에 사 용하되, 나머지 기간 동안 KMTNet을 이용해서 연구할 수 있는 좋 은 연구 주제들을 제안해 달라고. 망원경 등 관측 시설이 절대적으 로 부족한 한국의 천문학자들에게는 단비와 같은 기쁜 소식이었다. 1.6m 크기의 망원경 3기를 매년 6개월 정도 사용할 수 있는 기회를 공짜로 제공해 준다니! 단, 첫 공모 시 관측 기간은 5년으로 정했다. 그래서 1단계라고 이름 붙인 최초 공모의 관측 기간은 2015년부터 2020년까지였다.

　당시를 돌이켜보면 천문학계가 들썩들썩했던 것으로 기억한다. 당시는 2000년경 3년 정도 사용했던 CFHT 3.6m 망원경 같은 3~5m급 중형 망원경을 전혀 사용할 수 없었고, 거대 마젤란 망원 경 건설 프로젝트에 공식 참여하고 있긴 하지만 아직 설계 단계였 고, 제미니 망원경 국제 공동 컨소시엄 참여는 그보다 나중에 이루 어졌으니 한국의 천문학자들이 사용할 수 있는 망원경 자체가 턱없이 부족한 때였다. 세 군데 천문대 부지 중 칠레가 세계 최고급인 만큼 칠레 망원경을 이용한 관측 수요가 폭발했다. 당연히 망원경을 활용할 수 있는 시간은 한정적인 반면 천문학자들로부터의 시간 요구는 훨씬 많았다. 그만큼 경쟁이 치열할 수밖에 없었다.

[그림 65] 칠레 KMTNet 돔의 모습. 똑같은 망원경과 돔을 남아공과 호주에도 설치해 세 천문대가 완전히 똑같다. (사진: 김상철)

[그림 66] 칠레 KMTNet 돔의 문에 걸려 있는 현판. 영어도 잘 통하지 않는 스페인어권 세계에서 한글을 보면 그토록 반가울 수 없다. (사진: 김상철)

한국에서 태어나 한국에서 대학을 나오고 현역으로 군 복무까지 마치고 미국에 유학 가서 박사학위를 취득하고, 그 후 캐나다 토론토대학교에 교수로 자리 잡은 문대식 교수와 우리 한국천문연구원 팀은 초신성에 눈을 돌렸다. 《삼국사기》나 《삼국유사》에도 초신성이나 신성 기록들이 꽤 나온다. 1604년에 요하네스 케플러가 관측했던 초신성을 조선 선조 37년 관상감 천문학자들도 관측해《조선왕조실록》에 기록했을 만큼 우리 조상들은 초신성, 신성 등의 새로운 천체를 많이 관측도 하고 기록으로도 남겼다. 1965년 춘분날인 3월 21일에 약 20명의 회원이 창립한 '한국천문학회'가 1968년에 첫 논문집인《한국천문학회지》1권을 발행했을 때 주선일 교수께서 한국의 문헌들에 실린 초신성 기록들을 분석한 논문을 게재하기도 했다. 하지만 일제강점기와 한국전쟁 후의 가난과 낙후 때문에 우리가 서양 천문학을 뒤따라 잡는 것은 조금 늦어졌다. 이명균, 박창범 교수 등이 서울대 교내 61cm 망원경이나 보현산천문대 1.8m 망원경을 이용한 초신성 탐사를 시도했지만, 장비나 시설 등이 연구 아이디어를 따라 주지 못했고, 최근 들어서야 서울대 임명신 교수와 윤성철 교수 등이 본격적인 초신성 연구를 하고 있다.

중앙팽대부 반대편 방향의 연구 주제를 모집할 때만 해도 한국에서는 초신성 연구가 전혀 이루어지지 않았지만 토론토대학의 문대식 교수팀과 한국천문연구원팀은 1.6m라는 큰 망원경, 24시간 관측할 수 있다는 장점, 탐사(survey)를 하기에 적합한 광시야(2°×2°)를 갖췄다는 점 등이 초신성 탐색에 최적이므로 도전해 보기로 했다. 관측 환경이 좋은 칠레 망원경만을 이용한 연구 주제가 많이 제시되었지만, 사실 칠레 망원경만 사용하고 나머지 두 망원경을 사용하지 않는다면 효율적인 이용이 아니다. 가장 이상적인 아이디어는 세 망원경을 모두 이용하고 KMTNet의 장점인 24시간 관측 가능성을 십분 활용하는 것이다. 결국 두 개의 프로젝트가 KMTNet의 그런 장점을 가장 잘 활용하는 아이디어를 제시했는데 바로 우리 초신성 탐사팀과 태양계 내 소행성 탐사팀이었다. 소행성 탐사팀 역시 빠른 시간 동안 별과 별 사이를 각기 다른 방향과 속도로 이동하는 소행성들을 찾기 위해 24시간 연속 관측이 필요했다. 차이가 있다면 초신성팀은 별과 같은 천체의 밝기가 변하는 '변광(變光)' 천체를 찾는 반면, 소행성팀은 밝기 변화는 미미하고 주로 천체의 위치가 변하는 '변위(變位)' 천체를 찾는다는 점이다. 최종적으로 초신성 탐사팀, 소행성 탐사팀, 그리고 칠레 망원경을 필요로 하는 연구 주제 중 가까운 은하의 '거문고자리 알알(RR)형 변광성'을 찾는 팀과 가까운 은하의 헤일로를 연구하는 팀이 선정되어 시간을 받았다.

요하네스 케플러와 선조 37년 관상감 천문학자들이 관측했던 1604년 초신성은 우리은하 내 별이 폭발한 경우이다. 최근의 연구에 의하면 우리은하처럼 질량이 큰 은하에서는 100년에 2~3개 정도의 초신성 폭발이 일어날 것으로 예측되는데, 우리은하에서는 무슨 이유인지 1604년 이후 초신성이 관측되지 않고 있다. 초신성이 폭발하면 별을 이루고 있던 물질이 우주 공간으로 퍼져나가는 '초신성 잔해'가 만들어지므로, 초신성 잔해의 크기와 팽창하는 속도를 측정하면 거꾸로 언제 폭발했는지를 알아낼 수 있다. 이런 방법으로 궁수자리의 G1.9+0.3이라는 초신성 잔해 연구를 통해 이 조신성이 아마도 1899년쯤 폭발했을 것으로 추측되었지만, 지구상 어디에서도 관측되었다는 기록은 없다. 오히려 우리은하 바깥의 위성은하인 대마젤란은하에서 1987년 2월에 폭발한 초신성 1987A가 외부은하의 초신성이었음에도 불구하고 현대 시설로 관측되고 연구된 가장 최신의 초신성이 되었다. 우리은하의 초신성 중 지구에서 가까운 경우에는 인간에게 관측되지만 좀 더 멀리 있는 초신성들은 아마도 우리은하 내부의 성간 가스와 먼지들 때문에 가려져 보이지 않는 것이 아닌가 싶다. 따라서 최근 20~30년 동안 초신성 탐사 관측 프로젝트들이 많이 생겨났는데 자연스럽게 모두 외부은하의 초신성을 찾는 것을 목표로 하고 있다.

최근 늘어난 다른 초신성 탐사 관측 프로젝트들과 차별화하기 위해 우리는 아주 가까운 거리에 있는 외부은하의 초신성을 찾는 것을 목표로 정했다. 최근 10~20년 동안 초신성 탐사가 늘어나면서 초신성을 새로 발견하는 경우는 이미 충분히 많아졌기에 우리마저 수를 늘리는 데 집중하기보다는, 새로운 발견 자체의 수는 적더라도 발견한 초신성에 대해 폭발 초기부터 최대한 자세한 정보를 얻는데 초점을 맞추기로 했다. 초신성 폭발이 일어나면 별 하나가 자신을 포함하고 있는 은하 자체만큼 밝아지므로 먼 거리에서도 보이긴 하지만, 폭발 전 별이 어떤 별인지를 알아내는 것은 쉽지 않다. 좋은 방법 하나는, 가능한 한 폭발 직후부터 관측하는 것이다. 폭발 직후의 빛을 관측할 수 있으면 폭발 전 별의 정체를 알아내는 데 아주 유리하다. 문제는 언제 어느 별이 초신성 폭발을 일으킬지를 미리 알 수가 없어 사전에 준비할 수가 없다는 점이다. 가능한 한 많은 은하를 꾸준히 관찰하면 유리하지만 망원경의 수가 제한되니 쉽지 않다. 우리 팀이 관측하기로 한 목록의 은하에서 초신성이 폭발하기를 바라면서, 그것도 이왕이면 목록의 다른 은하를 관측할 때가 아니라 바로 그 은하를 관측하고 있을 때 터져 주기를 바라는 복불복 게임이다. 날씨가 허락하는 한, 가능한 한 많은 은하를 꾸준히 관측한다. 진인사대천명, 즉 하늘의 도움을 바랄 수밖에! 과학자이거나 목사님이어도 내일 나의 운명을 알 수 없는 것처럼 이런 것 역시 과학 밖의 영역이다.

양보다 질을 선택했기에 우리 팀 자료에 초신성의 수가 많지는 않았고 새로운 발견도 많지 않았다. 하지만 기대했던 대로 우리에게 반가운 신호가 날아왔다. 목표했던 대로 초신성 하나를 발견했고, 아주 초기부터 좋은 자료를 확보할 수 있게 된 것이다. 태양같이 비교적 가벼운 별들은 빛을 낼 수 있는 재료인 수소를 소진하고 나면 조용히 죽어 간다. 반면 태양보다 8배 이상 무거운 별들은 별의 중심부에서 수소뿐만 아니라 헬륨, 탄소, 네온, 산소, 실리콘까지 태우다가 초신성 폭발이라는 격렬한 현상으로 생을 마감한다. 초신성으로 폭발하고 나면 엄청나게 밝아져 아주 먼 거리에서도 보이고 만약 수백 광년 정도 거리의 가까운 곳에서 터진다면 보름달이 하나 더 생기는 정도가 된다. 문제는 어느 별이 언제 초신성 폭발을 일으킬지 알 수 없다는 점, 폭발 후에 관측이 시작되다 보니 폭발 전에 어떤 종류의 별이었는지, 얼마나 큰 별이었는지 등의 정보를 모른다는 점이다.

초신성이 되기 전 별의 정체를 알아내려면 폭발 전에 별 하나하나를 미리 자세히 관측해 둔 자료가 존재하거나 또는 초신성 폭발 후 하루 이내 이왕이면 몇 시간, 아니 1시간 이내에 관측이 시작되어야 한다. 그래서 최근 20~30년간 초신성 탐사팀들은 '누가 폭발 후 가장 이른 시기에 먼저 관측 사료를 확보하는지'를 놓고 치열한 경쟁을 하고 있는데, 기록을 단축하려는 노력이 마치 올림픽 경기와 비슷하다. 2011년에 'SN 2011fe'라는 초신성은 폭발 후 11시간부터 관측을 했고, 2017년 초신성 'SN 2017cbv'는 폭발 후 7시간,

'SN 2018oh'는 폭발 후 3.6시간 만에 관측을 수행했다. 마침내 우리 팀은 2018년에 'SN 2018aoz'라는 이름의 초신성에서 폭발 후 '1시간' 만에 나온 가장 어린 빛을 관측하는 데 성공했다! 이렇게 초기의 빛을 관측해 보니 과거에 보지 못했던 색의 변화가 포착되었다. 우리가 관측한 초신성은 제Ia형이었는데, 폭발 후 1일 이내에 별의 색이 갑자기 붉은색으로 변했다가 다시 푸른색으로 바뀌는 현상이 발견되었다. 2011년에 관측되었던 2011fe라는 이름의 초신성에서 초기 2~3일 즈음 붉은색을 보인 적은 있으나 우리가 발견한 초신성은 그보다 훨씬 이른 시기에, 또 2011fe보다 약 3~4배 더 붉은색을 보인다는 점에서 확연히 달랐다.

이제는 해석의 시간이다. 우리 손에 들어온 관측 자료가 의미하는 바는 무엇일까? 여기에 어떤 우주의 비밀이 숨어 있는 걸까? 이제는 관측을 담당했던 우리뿐만 아니라 이론 연구를 주로 하는 이론천문학자까지 총 44명의 연구진이 달려들었다. 가장 주된 역할은 토론토대학 문대식 교수의 지도를 받는 중국계 박사과정 대학원생 '크리스 니'였는데, 그는 측광과 분광을 아우르는 방대한 관측 자료와 이론천문학자들이 내놓는 새로운 시뮬레이션 결과들을 하나하나 축적하고 분석했다. 그리고 기존의 이론 연구 중 우리의 관측 자료와 아주 잘 일치하는 모형을 찾아냈다. 보통 Ia형 초신성의 폭발은 백색왜성이라고 하는, 질량은 작은 편이지만 아주 단단하게 뭉친 천체의 중심에서 폭발이 시작된다는 생각이 일반적이었다. 한편, 백색왜성 중심과 바깥의 헬륨 껍질 양쪽에서 폭발이 일어난다는 '헬륨 껍질 이중 폭발'을 주장하는 모형이 있었는데, 이 모형이 우리의 관측 자료와 잘 일치했다. 하지만 기존의 모형은 관측된 초신성 자료 없이 순전히 가정으로만 이루어진 시뮬레이션이었기에 우리의 최신 관측 자료와 맞추려면 이론의 개선이 필요했다. 2018년에 이루어진 관측 자료의 분석과 이론적 해석을 구하는 데 몇 년 더 시간이 소요되었고, 결국 2022년에 《네이처 천문학》이라는 유명 국제학술지에 논문이 실리게 되었나. 또 Ia형 초신성 관측 역사상 가장 어린 시기의 빛을 포착하고 어떻게 폭발하는지를 설명하는 관측 증거를 제시했기에, 우리 팀에서 만든 초신성 삽화가 저널의 표지를 장식하는 영광(그림 67)을 얻기도 했다.

[그림 67] 초신성 폭발 후 1시간 만에 KMTNet 망원경으로 관측한 연구 논문이
《네이처 천문학》(Nature Astronomy) 2022년 5월호의 표지를 장식했다.
그림의 아랫 부분 세 개의 망원경은 지상에 설치된 KMTNet 세 망원경이다.

8. 초신성에서 나오는 유령 입자, 뉴트리노

　칠레와 관련은 없시만 초신성 이야기가 나온 김에 '뉴트리노'라
는 유령 입자 이야기를 하고 가자. 비행기를 타고 미국이나 유럽을
가려면 보통 10시간이나 12시간 정도 걸리고 미국 남동부 같은 경
우 15시간 정도 소요되기도 한다. 밤 시간에는 오래 잠을 청하기도
하고 두 끼 정도 기내식으로 식사를 하게 된다. 자연스레 옆자리에
앉은 사람과 대화할 기회가 생기기도 하는데, 이런저런 이야기가
오가다 보면 '어떤 일을 하세요?' 하는 질문을 받는 때가 있다. 물리
학자들께 미안하지만 이런 상황을 두고 천문학자들끼리 이야기하
는 농담이 있다. 저런 질문을 받았을 때 옆 사람과 계속 이야기를 하
고 싶으면 '천문학을 한다'고 말하면 되고, 왠지 대화보다는 혼자만
의 시간을 갖고 싶으면 '물리학을 한다'고 말하면 된다.

　사실 물리학과 천문학은 같은 분류에 속한다. 고등학교에서 배우
는 과학 중 물리, 화학, 생물학, 지구과학 중에는 지질, 해양, 기상과
함께 지구과학에 속해 있지만, 대학에서는 사실상 '물리학'과 한 묶
음이다. 미국은 규모가 큰 사립대학 등에서는 물리학과와 천문학과
가 따로 있지만, 주립대학 등에서는 '물리 및 천문학과'라는 이름의
한 '학과'로 존재하는 경우가 일반적이다. 현재 우리나라에서는 천
문우주과학과 등의 이름으로 존재하기도 하는데, 서울대학교는 '물
리천문학부'로 묶여 있다. 해방과 6·25전쟁 후 국내 대학에 천문학
을 교육하는 학과가 처음 만들어질 때는 서울대학교와 연세대학교
에 천문기상학과로 존재했다. 일반인이나 정부, 대학의 관료 입장
에서는 아마도 가장 비슷한 학문이라고 여겼기 때문일 것이다. 그
렇게 묶여 있긴 해도 천문학자는 주로 지구 바깥을, 기상학자는 주

로 지구 표면으로부터 수십~수백km 높이까지의 대기를 연구 대상으로 하다 보니 많이 겹치진 않는다. 이제는 국내 대학에서 두 전공은 분리되었고, 기상학 대신 '대기과학'이라고 부른다.

우리 주변의 자연이 어떤 원리로 구성되어 있는지 등을 연구하는 방법으로 천문학은 큰 규모에서 자연을 살펴보고, 물리학은 가장 작은 규모에서 들여다본다. 천문학자들은 자꾸자꾸 더 큰 망원경을 만들어 가장 먼 우주의 끝을 들여다보려 하고, 물리학자들은 전자현미경으로도 모자라 가속기를 더 크게 만들어 아주 작은 입자들을 연구한다. 망원경이 커질수록 더 멀고 더 어두운 천체를 볼 수 있는 것처럼 가속기 역시 규모가 커질수록 더 작은 입자를 볼 수 있다. 양자역학이 막 탄생하고 부흥하던 20세기 초에 원자가 더 작은 규모로 쪼개질 수 있다는 것이 알려졌고, 원자를 구성하는 양성자와 중성자, 전자 중 심지어 양성자와 중성자도 '쿼크'라는 소립자로 쪼개질 수 있음을 알게 되었다. 이들 쿼크의 종류가 16개나 된다는 것이 알려졌고, 최근에는 힉스입자라는 것까지 발견되었다. 이렇게 쿼크라고 불리는 기본 입자들과 자연에 존재하는 네 가지 힘(중력, 전자기력, 강한 핵력, 약한 핵력)을 다루는 이론을 소립자 물리학의 '표준 모형'이라고 부른다. 물론 아직은 중력을 뺀 세 가지 힘만 포함하고 있어, 중력까지 포함하는 완전한 이론은 미래에 해결해야 할 숙제로 남아 있다.

물리학의 기본 입자 중 '중성미자'(neutrino, 뉴트리노)라는 입자가 있는데 보통 '유령 입자'라고 많이 알려져 있다. 태양의 중심에서 핵융합 반응을 통해 에너지를 만들어 낼 때 1초마다 약 2×10^{38}개의 중성미자가 만들어진다. 저 숫자는 2 뒤에 '0'이 38개 있다는 말인데 이 정도 되면 '만, 억, 조, 경, 해' 같은 문자보다는 지수를 써서 '10의 38제곱' 또는 '10의 38승'이라고 읽는다. 이 어마어마한 수의 중성미자가 태양의 중심에서 만들어져 사방으로 퍼지므로 지구에서도 엄지손톱 정도의 면적인 $1cm^2$에 1초당 약 700억 개가 쏟아져 들어온다. 하지만 중성미자는 물질과 거의 상호작용을 하지 않는다. 그래서 그렇게 많은 숫자가 태양에서 사방으로 퍼져 나가도 우리에게 아무런 영향을 끼치지 않는다. 이런 이유로 입자가 존재하지만 유령 같다고 해서 '유령 입자'라는 별명이 붙었다.

태양에서 나오는 막대한 입자로 인해 다칠 걱정은 없지만, 연구자의 입장에서는 이와 같은 무반응은 곤란한 상황이다. 그래도 다행히 극히 드물기는 하지만 중성미자도 물질과 반응을 한다. 대표적인 예가 2002년에 일본에 노벨물리학상을 안겨 준 '카미오칸데'라는 이름의 중성미자 검출기 사례인데, 여기서는 물탱크를 가득 채운 물을 이용한다. 즉 거대한 물탱크에 물을 가득 채우고 탱크의 안쪽 모든 면에 카메라를 설치해 중성미자가 물과 부딪혔을 때 발생하는 원형의 희미한 빛을 카메라로 감지해 낸다. 물탱크는 원통 모양으로 원통의 지름은 15.6m이고 높이는 16.0m이며 아주 정밀하게 정수한 물 약 3,000톤을 담는다. 약 4층 또는 5층 건물을 사각형이 아닌 원통형으로 만들고 내부를 온통 물과 약 1,000개의 카메라로 채웠다고 생각하면 된다(그림 68). 이 카메라 하나하나는 달에서 반짝이는 불빛을 검출해 낼 수 있는 정밀도를 가진다.

[그림 68] 수퍼-카미오칸데의 내부 모습. 원통형의 통 안에 물이 가득 채워져 있고,
위아래와 옆면의 벽에는 온통 카메라가 설치되어 있다.

　중성미자 연구자에게는 연구를 훼방하는 방해꾼이 있다. 우주에서 지구로 들어오는 '우주선'(cosmic ray)이라는 입자들이다. 거의 매 초 들어오는 이 입자들의 에너지가 너무 강해 이들이 지구 대기와 부딪히면 부딪힐 때마다 중성미자가 만들어진다는 것이다. 우주선은 땅에 닿을 때까지 몇 번이고 반복해서 대기 입자와 충돌하고 그때마다 막대한 중성미자가 만들어진다. 태양에서 오는 중성미자가 아닌, 지구 대기에서 생성되는 이러한 '잡음 중성미자'를 피하려면 물탱크를 지하 깊숙한 곳에 둬야 한다. 특히 단단한 화강암 산이 있고 그 아래로 깊이 내려간다면 잡음을 피하기 좋다. 북한산 정상의 화강암 같은 바위가 두꺼울수록 이 잡음들을 잘 막아 주기 때문이다.

　일본은 '카미오카'라는 지역의 카드뮴 광산을 이용했다. 1983년 카미오카에 '카미오칸데'라는 연구 시설을 완공한 뒤 양성자 붕괴 현상 연구를 위해 사용하다가, 1985년부터는 태양에서 나오는 중성미자도 관측하기 위해 시설 개선 작업을 시작했다. 1987년 초에 감도를 높이는 작업을 마치고 '카미오칸데-II'라는 이름의 개선된 장비로 본격적인 관측을 막 시작하려 할 때 남반구 하늘의 외부은하인 '대마젤란은하'에서 초신성이 폭발했다는 뉴스가 밀려 들어왔다. 총책임자인 마사토시 고시바 교수는 연구자를 총동원해서 최근 시험 관측 기간 동안 축적한 카미오칸데-II 관측 자료 조사를 시작했다. 그리고 마침내 1987년 2월 23일 자료에서 대마젤란은하 방향에서 온 '11개'의 중성미자를 찾아냈다. 연구팀은 모두 호텔 방을 빌려 합숙하면서 논문 작성에 돌입했고, 4쪽의 논문이 완성되자마자 비싼 비용이 드는 익스프레스 우편으로 학술지에 투고한다. 이 논문은 1987년 4월 6일 《피지컬 리뷰 레터》라는 저명한 저널에 게재되었으며, 15년 뒤인 2002년에 연구팀을 대표한 고시바 교수에게 노벨상으로 돌아온다.

나는 이 장면에서 '하늘은 스스로 돕는 자를 돕는다'라는 말이 떠오른다. 어쩌면 시기가 저렇게 딱 맞아떨어졌을까? 감도를 높이는 장비 개선 작업을 마치고 그 장비로 막 시험 관측을 하던 시기에 그 귀하디 귀한 초신성이 터져 주었다! 비록 우리은하는 아니지만 가장 가까운 외부은하 중 하나인 대마젤란은하에서! 내가 관측하는 은하에서 초신성이 터져 주기를 바라며 관측하는 초신성 관측팀도 비슷한 마음이지만, 가장 열심히 준비하고 가장 가능성 높은 대상들을 찾아 가장 성실하게 관측하는 팀이 가장 성공할 가능성이 높다고밖에 말할 수 없을 것 같다.

천문학과 물리학의 유사성 때문에 천문학자들에게는 노벨물리학상이 주어진다. 천문학 분야의 노벨물리학상들을 살펴보면 재미있는 현상이 있는데, 동일한 분야에 적어도 두 번씩 상이 수여된다는 것이다. 처음에는 새로운 천체나 새로운 현상을 발견한 사람에게,

다음에는 그 천체나 현상을 깊이 연구해 본질을 밝혀낸 사람에게! 카미오칸데-II로 초신성 1987A에서 나온 중성미자를 발견한 후, 아직 노벨상을 받기 훨씬 전인 1991년에 일본 정부는 1억 달러의 새로운 예산을 투자한다. 약 1,000억 원, 지금도 큰돈이지만 당시에는 훨씬 큰 금액이었다. 여기에 미국도 300만 달러(약 30억 원) 현금과 2,000개의 카메라를 지원하며 공동 참여한다. 이렇게 해서 향상된 장비가 '수퍼-카미오칸데'인데, 이번에는 원통의 지름이 약 39m, 높이는 약 41m여서 초순수 물 약 5만 톤을 담을 수 있다. 카미오칸데 물탱크의 부피가 3,000톤이었으니 부피가 약 17배나 커졌으므로 그만큼 중성미자 검출 확률이 높아진 것이다.

수퍼-카미오칸데는 1996년부터 관측을 시작하여 2년 뒤인 1998년에 중요한 결과를 발표한다. 앞서 이야기한 것처럼 우주로부터 지구로 들어오는 우주선이 지구 대기의 입자와 부딪히면 중성미자가 만들어지는데, 일본 학자들은 머리 위에서 쏟아져 들어오는 중성미자보다 지구 반대편에서 생성되어 지구를 뚫고 온, 즉 발밑에서 솟아 올라오는 중성미자의 수가 더 적다는 것을 입증했다. 이것은 엄청난 발견이었다. 왜냐하면 발밑에서 오는 중성미자들이 지구를 뚫고 오는 동안 일부가 사라졌다는 것을 의미하고, 이것은 결국 중성미자가 질량을 가지고 있어서 한 종류의 중성미자가 다른 종류의 중성미자로 변환할 수 있다는 것을 의미했다. 이제까지 과학자들은 중성미자가 질량을 가지는 입자인지 또는 빛처럼 질량이 0인 입자인지를 놓고 의견이 분분했는데 일거에 '질량이 있음'을 증명해 버린 셈이었다. 이 발견의 공로로 고시바 교수의 제자이면서 수퍼-카미오칸데의 책임자인 카지타 타카아키 교수는 17년 후인 2015년에 노벨물리학상을 받게 된다. 부피를 키우고 장비를 개선하는 노력을 기울이면서 같은 시설로 스승와 제자가 동일 분야에서 두 번의 노벨물리학상을 수상하는 쾌거를 올린 것이다. 과학자들의 집념, 그리고 정부와 시민사회의 전폭적인 지원이 일본의 과학 수준을 또 한 번 끌어올린 것이다.

고시바 교수의 초신성 1987A가 1차전, 카지타 교수의 중성미자 질량 발견이 2차전이라면 이제는 3차전 개시를 앞두고 있다. 그리고 드디어 이 장면에는 한국도 등장한다. 천문학자들은 에드윈 허블이 사용하던 2.5m 망원경 이후 망원경 크기를 두 배 키워서 5m 망원경을 만들었고, 그다음으로 10m 망원경을 만들었다. 망원경은 지름이 핵심인 것처럼 물탱크를 이용한 중성미자 검출에서는 부피가 중요하다. 카미오칸데는 3,000톤, 수퍼-카미오칸데는 5만 톤이었고 일본 물리학자들은 다시 그 10배인 50만 톤으로 키우려고 시도했다. 하지만 문제가 생겼다. 50만 톤으로 하려면 예산이 너무 많이 필요해져서 일본 정부가 제시하는 예산 한도를 두 배 초과하게 되는 것이었다. 하는 수 없이 일본 정부의 예산 한도에 맞추기 위해 목표의 절반인 25만 톤으로 줄인 '하이퍼-카미오칸데'를 만들기로 했다. 여러 해에 걸친 노력 끝에 마침내 일본 정부의 예산을 받게 되었고, 2021년부터 건설을 시작했다. 그리고 미래에 혹 예산을 더 받게 되면 검출기 하나를 더 만들 기약을 하기로 했다.

이때 국제공동연구팀에서 새로운 아이디어가 등장했다. 하이퍼-카미오칸데는 일본의 수도 도쿄 인근의 가속기연구소에서 쏘는 중성미자 빔을 받아 연구할 계획인데, 하이퍼-카미오칸데는 가속기연구소에서 약 300km 거리에 있다. 그런데 만약 두 번째 검출기를 일본이 아닌 한국에 지으면 가속기연구소로부터의 거리가 약 1,100km로 늘어나니 한 종류의 중성미자가 다른 종류의 중성미자로 변환하는 것을 볼 시간이 늘어나 연구하기에 더 좋지 않겠느냐는 것이었다. 국제 공동연구팀 모두가 기발한 아이디어에 환호했고 일본 학자들도 적극 찬성했다. 예산 규모가 너무 커서 사실 일본 내에서 두 번째 검출기 예산을 확보하는 것은 언제 가능할지 알 수 없는 일이기도 했다.

한국으로서는 굉장히 좋은 기회를 맞게 된 것이다. 우리는 '한국 중성미자 관측소'라고 이름붙이고 정부에 예산을 신청하는 절차를 밟고 있다. 그동안 서울대학교가 영광의 원자력발전소에서 인공 핵반응을 할 때 나오는 중성미자로 이 분야 연구를 수행하며 국제적인 명성을 얻기도 했고, 25만 톤의 부피라면 초신성 1987A보다 훨씬 먼 거리에서 초신성이 폭발하더라도 충분히 검출해 낼 수 있다. 물리학자들은 도쿄 인근 가속기연구소에서 나오는 중성미자 빔을 이용해 소립자 물리학을 연구할 수 있고, 천문학자들은 태양에서 나오는 중성미자, 초신성 중성미자 그리고 최근 활발히 연구되고 있는 초거성이나 활동성 은하핵의 중성미자를 연구할 수 있어 일석이조인 셈이다.

가속기연구소에서 나온 중성미자 빔은 약 300km 거리의 하이퍼-카미오칸데를 지나 우리나라 영남 지방을 지난다. 우주선이 만들어 내는 중성미자 잡음을 피하려면 화강암으로 된 높은 산이 있어야 하고 그 땅 밑에 검출기를 둬야 한다. 이 근방의 산들을 조사해 보니 최소 6개 이상의 좋은 후보가 있는데 경남 합천의 두무산, 경북 영천의 보현산과 대구 달성군의 비슬산이 가장 좋았다. 해발고도 1,036m의 두무산과 1,124m의 보현산, 1,084m의 비슬산 모두 높이가 1,000m보다 높은데다 모두 화강암으로 이루어져 있어 최적이고, 가속기연구소에서 나오는 빔으로부터 떨어진 각도도 하이퍼-카미오칸데의 경우보다 작아 오히려 우리나라 산들이 빔에 훨씬 가까이 있게 된다. 더구나 카미오칸데, 수퍼-카미오칸데, 하이퍼-카미오칸데가 위치하는 지역은 우리보다 훨씬 열악하다. 산 높이가 650m밖에 안 되기에 화강암으로 잡음을 막는 능력이 약하고, 카드뮴 산지이다 보니 터널을 뚫고 물탱크를 넣을 공간을 준비할 때 나오는 카드뮴을 그냥 아무데나 버릴 수 없다. 카드뮴은 '이타이이타이병'을 일으키는 중금속이기에 반드시 처리 후에 버려야 하고, 그래서 처리비용이 소요된다. 반면 두무산, 보현산, 비슬산 등의 우리나라 산은 그런 오염물질이 없는 화강암이어서 비용에 있어 훨씬 유리하다.

보현산은 현재 한반도에서 가장 큰 망원경인 1.8m 보현산천문대 망원경이 설치되어 있는 산이다. 만약 보현산 아래 땅 밑에 '한국 중성미자 관측소'가 만들어진다면 산 위와 산 아래 양쪽에서 우주를 관측하는 최초의 시설이 될 것이다. 보현산천문대가 접근을 위한 도로와 건물 정도를 제외하면 환경에 큰 해악을 끼치지 않은 것처럼 한국 중성미자 관측소 역시 비슷하다. 우리나라가 터널을 뚫는 기술은 수준급이고, 두무산, 보현산, 비슬산 모두 워낙 화강암 암반이 튼튼해서 안전에는 문제가 없다. 보현산천문대는 이제 전 세계의 기준에서 망원경 규모가 작아진 편이라 소수의 연구원들만 머무는 시설이지만, 한국 중성미자 관측소가 건설되고 인근에 연구 시설이 들어선다면 한국뿐만 아니라 국제 공동 연구를 하는 학자들이 방문하고 체류할 터이니 지역 소멸을 우려하는 입장에서도 환영할만한 일이 될 것이다.

중성미자 빔이 일본 도쿄 인근에서 우리나라까지 오는 약 1,100km 길이는 둥근 지구의 땅속을 통과해서 우리나라에 도달한다. 이 말은 이 빔이 우리나라를 지나고 나서 중국쯤에 도달할 때는 상공으로 붕 뜬다는 말이 되고, 중국에서는 혹 그 방향을 맞추어 검출기를 만든다 하더라도 관측할 수 없다는 말이 된다. 그야말로 우리나라 입장에서는 하늘이 준 기회인 셈이다. 천문학자의 입장에서는 2,000m보다 높은 산도 없고, 천문 관측에 좋은 기후도 아닌 우리나라의 자연이 인프라 면에서 이점이 거의 없었는데, 드물게 한반도의 이점을 누릴 수 있는 기회를 맞은 셈이다. 하지만 가장 친한 친구가 때로는 가장 큰 경쟁자가 된다. 일본과 공동 협력을 할 수 있는 좋은 기회이지만, 한편으로는 일본보다 너무 늦게 만들면 일본이 먼저 단물을 다 빨아먹은 후가 될 수 있어 시기적으로 서두를 필요가 있다. 결국 향후 수년 안에 시작할 수 있느냐가 관건이 된다.

'한국 중성미자 관측소' 시설로 물리학자들이 연구하고자 하는 대표적인 연구 주제는 물질과 반물질의 비대칭성이다. 우리가 늘 보는 '물질'과 달리 자연에는 '반물질'이라는 것이 존재하는데, 물질과 반물질이 만나서 합쳐지면 빛으로 바뀐다. 우주 초기에는 물질과 반물질의 양이 비슷했다고 여겨지는데, 지금 현재는 인간이나 지구, 태양, 은하처럼 물질이 우세하다. 왜 어떤 이유로 물질과 반물질의 대칭성이 깨지고 물질이 우세해졌는지 수수께끼를 풀고자 하는 것이다.

천문학자들은 우주로부터 오는 중성미자를 검출하려 한다. 늘 나오는 태양 중성미자를 통해 우리는 눈으로는 볼 수 없는 태양의 핵을 볼 수 있고 이들로부터 태양을 구성하는 성분, 특히 수소, 헬륨보다 무거운 물질의 분포를 연구할 수 있다. 초신성 1987A를 연구했던 것처럼 안드로메다은하보다 먼 거리, 약 300만 광년 거리까지의 초신성을 연구할 수 있다. 또한, 최근에는 초거성, 활동성은하핵, 은하단 등에서 나올 것으로 예상되는 중성미자의 연구가 활발한데 이러한 연구는 기존과 다른 관측 방법을 통해 우주를 보게 되므로 전혀 새로운 정보를 인류에게 선사할 수 있을 것이라 기대한다. 아인슈타인이 존재를 예측하고 약 100년간의 노력 끝에 2015년 검출에 성공한 중력파가 2017년에 노벨물리학상을 선사한 것처럼, 중성미자라는 새로운 도구가 자연과 우주에 대한 인류의 새로운 지평을 넓혀 줄 수 있을 것이다.

 ## 9. 칠레 이야기 - 3W

과학자는 이동이 많다. 천문학자도 당연히 그렇다. 어쩌면 다른 분야의 동료 과학자보다 천문학자의 이동이 더 잦을 수도 있다. 전공 공부를 할 때부터 그런 삶이 슬슬 시작된다. 가장 많은 것은 학술대회와 관측이다. 연구 프로젝트를 하나 수행해서 잘 끝내고 연구 결과가 도출되어 논문이 출판되면 한국이나 미국 등의 천문학 학술대회 또는 그 분야 연구자들이 주로 모이는 학술대회에 참석해서 연구 결과를 발표한다. 이렇게 함으로써 객관적인 검증을 받고, 또 새로운 연구를 소개함으로써 널리 홍보해 우리의 연구 결과가 인용될 수 있게 하고, 그런 과정에서 동료 연구자들의 연구와 비교하고 토론을 통해 새로운 연구 주제를 모색하기도 한다. 천문학이라는 학문이 워낙 국제적이다 보니 국내 학회에서 발표하는 경우도 있지만 국제학술대회에 참석하게 되는 경우도 많다. 관측천문학을 전공하는 경우에는 관측 자료의 획득을 위해 관측 출장을 가기도 한다. 국내 천문대를 이용할 수도 있지만 전공 분야나 관측하는 대상의 종류와 거리에 따라 외국의 천문대를 이용하는 경우도 많다.

　박사학위를 취득하면 요즘에는 정규 직장을 잡기 전에 '박사후과정'(박사후연구원, 포스트닥, 또는 포닥이라고 부른다)을 거치는 것이 일반적이다. 이 경우 역시 국내에서 포닥을 하기도 하지만 외국으로 나가는 경우가 많다. 국제적 학문인 천문학을 외국인과 자유롭게 소통하고 토론하려면 국제 소통 언어가 된 영어를 자유로이 구사할 필요가 있고, 외국에서 박사학위를 취득하지 않고 국내에서 학위를 받았다면 포닥을 외국에서, 이왕이면 영어권에서 수행하는 것이 도움이 된다. 물론 요즘에는 비영어권이라 하더라도 영어로 의사소통하는 것이 일반적이지만, 연구 외의 일상생활에서도 언어를 배우는 것은 소중하고, 또 가족이 있는 경우 특히 어린 자녀가 있는 경우에는 아무래도 영어권이 유리하다. 언제 정규 직장을 갖게 되는지에 따라 사람마다 다르지만 보통 한두 번 또는 서너 번 정도의 포닥 기간을 거치다가 대학이나 연구원에서 채용 공고가 나면 지원하게 된다. 이렇게 학위과정, 그리고 포닥을 거치는 기간 동안 여러 국가나 기관 사이를 옮기다 보면 몇 년마다 사는 곳을 옮기게 된다. 또 종종 학술대회에 참석하거나 관측 출장도 가야 하므로 단기 출장을 위한 이동도 잦다. 때로는 학술대회가 아니라 하더라도 국가나 국제기구 등에서 주최하는 회의에 참석하는 경우도 생기고 간혹 시민 천문대나 과학관, 도서관, 초·중·고등학교 등에서 일반인이나 학생들을 위해 강연을 하는 경우도 있다.

　그런 이동 중에도 관측천문학자 특히 광학 관측을 하는 천문학자는 칠레에 갈 일이 많다. 한국이나 일본, 중국같이 칠레가 지구의 반대편에 있을 만큼 먼 나라임에도 그런 거리를 감수하고라도 가는 것이 유리할 만큼 칠레는 천문학에 있어 장점이 많은 나라다. 남북으로 4,300km나 될 만큼 긴 국토의 동쪽은 해발 6,000m보다 높은 산들이 늘어선 안데스산맥을 국경으로 볼리비아 및 아르헨티나와 마주 보고, 서쪽으로는 태평양을 만난다. 남북으로 하도 길다 보니 북쪽은 건조한 사막 기후이고 남쪽은 남극에 가까워서 늘 추운 지역이다. 수도 싼띠아고가 있는 중위도 부근만 지중해성 기후여서 날씨가 좋고 살기에 좋은 환경이다. 그래서 북쪽과 남쪽은 거주민이 적고 중간 위도 부근만 인구밀도가 높다. 건조하고 인구가 적어 광공해도 적은 북쪽 광야 지역이 천문 관측에 최적이다. 태평양과 안데스산맥 사이에 늘 하늘이 깨끗해서 1년 중 구름 없는 날이 200일 이상이다.

남반구 천문대를 필요로 했던 미국이나 유럽이 일찍부터 칠레의 장점을 인지했고 천문대를 짓기 시작했다. 어차피 사막같이 버려지다시피 한 땅, 칠레는 아주 좋은 전략을 사용했다. 땅을 거의 무상으로 제공해서 일정 영역 안에 미국이나 유럽이 원하는 천문대를 건설하도록 허용하되, 만들어지는 모든 망원경 시간의 10%를 칠레 천문학자가 사용할 수 있게 해 주고 식당, 경비, 청소, 오퍼레이터 등 천문대의 노동자를 칠레 사람으로 채용해 달라는 것이었다. 현재까지도 오랜 기간 유지되는 이 원칙 덕택에 칠레는 적은 수이긴 하지만 고용을 늘렸고 특히 오퍼레이터나 엔지니어, 신규 건설 현장 등에서는 고급 지식의 습득도 가능했다. 그리고 무엇보다 세계적인 최첨단 시설 시간의 10%를 늘 사용할 수 있었기에 칠레 천문학 발전에 크게 기여했다. 초기에는 칠레 기관 소속의 천문학자 수가 적어서 이 귀한 망원경 시간을 소화하지 못했다. 이 귀한 시간을 잘 소화하고 칠레의 천문학을 발전시키기 위해 칠레는 전략적으로 선진국 학자들을 유치하기 시작했다. 칠레 대학에 소속되면 경쟁이 심한 선진국 연구자들보다 훨씬 쉽게 망원경을 사용할 수 있다는 장점을 부각시켰고, 유명한 천문학자들이 칠레 대학으로 몰려들기 시작했다. 내가 학생일 때는 칠레의 천문학 수준이 한국보다 한참 아래라고 여겼는데 요즘은 천문학자의 수에 있어서나 학문의 수준에 있어 칠레가 무시하지 못할 만큼 성장했다.

내가 2000년대 초반 처음 칠레에 갈 때 칠레는 3개의 '더블유(W)'로 유명했다. 소위 와인(wine), 날씨(weather), 여성(woman)이었다. 마치 제주도에 3가지, 즉 바람과 돌과 여자가 많아 '삼다도'라 불린다는 것과 비슷한 맥락이다. 수도 싼띠아고 근방의 중위도 지역은 우리나라와 위도가 비슷하다. 태평양에 가까이 있어 지중해성 기후이며 햇빛과 선선한 바람이 있어 날씨가 좋고 땅이 비옥하다. 서쪽으로 조금만 가면 태평양 바다이고, 동쪽으로 조금만 가면 스키장이 있는 해발 6,000m 이상의 안데스산맥이 있다. 그 사이 지역은 포도가 자라기에 좋은 일조량이 있어 와인이 유명해졌다. 요즘에는 우리나라에서도 칠레 와인을 쉽게 볼 수 있다. 그런데 날씨와 와인과 달리, 칠레 '여성'이 유명하다는 말은 쉽게 이해가 되지 않았다. 칠레에 갈 때마다 갸우뚱하게 됐다. 어떤 면에서 칠레 여성이 유명해진 걸까? 제주도야 뱃사람들이 바다에서 사고를 많이 당하면서 여성의 수가 많아지기도 하고, 또 여성이 남성의 빈자리를 메워야 하다 보니 생활력이 강해졌을 것 같기는 했다. 하지만 칠레는 섬나라도 아니고 해양 산업이 아주 유명하지도 않아 성비의 문제는 없을 터였고, 내 눈에는 우리나라 여성들이 훨씬 아름다워 보이는데 무슨 이유가 있는 걸까?

나 혼자는 도저히 답을 찾지 못하던 문제를 동료 연구자를 통해 풀 수 있었다. 한 번은 싼띠아고에서 개최된 학술대회에 참석했는데 거기에서 미국 출신이면서 칠레 남부 꼰셉시온대학에서 교수로 재직 중인 동료 연구자, 정확히는 내 지도교수님의 친구분을 만났다. 그분과 내 지도교수님 등이 함께 기획하고 관측했던 자료가 어느덧 나에게까지 넘어와 내가 분석을 수행했고 결과를 도출하면서 내 박사학위 논문이 완성될 수 있었다. 사실 내게는 제2의 지도교수님인 셈인데 여러 논문을 쓰면서 친해졌고 어느덧 우리는 동료 연구자가 되어 있었다. 학회 중 하루는 그분이 나에게 저녁을 사 주시겠다고 해서 싼띠아고 시내 높은 건물 꼭대기에서 천천히 빙글빙글 돌며 시내를 구경하며 식사할 수 있는 식당에서 저녁을 먹었다. 오랜만에 만났기에 여러 개인적인 이야기도 하고 즐거운 시간을 보내는 중에 그 질문을 했다. 칠레는 세 가지의 'W'가 유명한데 나는 '여성(woman)'이 왜 유명한지 모르겠다.

명쾌한 답을 들을 수 있었다. 요점은 이렇다. 1970년대와 1980년대에 칠레 천문대의 중요성이 커지면서 미국과 유럽의 많은 연구자들이 칠레로 관측 출장을 왔고, 또 칠레에 건설한 미국과 유럽의 천문대들이 포닥을 채용하면서 많은 이가 박사학위 취득 직후 이곳에 와서 몇 년씩 체류했다. 당시 박사학위자들은 지금과 달리 대부분 남성이었는데 이들이 칠레에 거주하면서 접하는 칠레 여성이 본국과 너무 다르다는 것이었다. 미국과 유럽에서는 나름대로 여성과 남성이 동등한 사회적 지위를 가지고 있었고 여성의 권한과 발언권이 상대적으로 세기 때문에 남자들이 한편으로는 '레이디 퍼스트(Lady first)'라며 여성을 대우하면서도 또 다른 한편으로는 기를 펴지 못하는 측면이 있었다고 한다. 그런데 칠레에 와서 만나고 경험하는 칠레 여성들의 경우 그렇게 강한 면보다는 순하고 부드러운 면이 이들을 사로잡았다고 한다. 늘 뾰족한 것에 찔릴까 조심하며 살살 걷던 이들이 갑자기 상냥함과 친절함을 담은 애정을 경험하니 너도나도 쉽게 빠진다는 것이었다. 실제로 그 꼰셉시온대학 교수님도 부인이 칠레 여성이고, 내가 아는 미국 천문학자 중 칠레 여성과 결혼한 이들이 상당히 많았다. 아! 외모가 아니라 '내면'이었구나! 한 수 배웠다. 겉과 속을 모두, 균형 있게 봐야 하는 건데….

그 꼰셉시온대학 교수님과는 그보다 훨씬 오래전에 미국 애리조나주에 있는 '킷 픽' 국립천문대에서 관측을 함께한 적이 있었다. 그때는 내가 대학원 초반기였고 뭐든지 서툴고 긴장하던 때였다. 관측 출장을 오기 전, 관측 준비를 하는 과정에도 수없이 밤을 새워 일했고, 현장에서 직접 관측을 하는 중에는 혹시라도 실수하지 않으려고 무척이나 긴장하던 때였다. 나는 웬만해서는 코피가 난 적이 없었는데, 관측 중 어느 날 세수하는 중에 코를 푸니 피가 나오기도 했다. 일반적으로 관측하는 시기가 여름이면 지도교수는 찡그리고 학생은 웃는다. 밤이 짧아 관측을 할 수 있는 시간이 많지 않아 자료를 조금밖에 얻을 수 없고, 대신 낮이 긴 만큼 잠을 충분히 잘 수 있기 때문이다. 한편, 겨울에는 정반대이다. 밤이 워낙 길어서 꼬박 날을 새면서 망원경을 붙들고 씨름해야 하니 잠은 많이 자 봐야 4시간 정도다. 물론 관측 준비가 완벽해서 따로 정리하지 않아도 된다면, 그리고 점심 식사마서도 서르겠다면 조금 더 잘 수는 있다. 내가 관측하던 당시는 10월경이었는데 하루 관측을 마치고 아침 8시경에 자러 들어가면 대략 점심쯤에 일어난다. 보통 낮 12~1시인 천문대 식당의 점심시간이 끝나기 직전에 식당으로 뛰어가서 음식을 받곤

한다. 그러면 관측자들끼리 함께 식사하면서 '잘 잤냐'는 인사가 일반적이다. 당시 라디오 방송 '오성식 생활영어'인가 '굿모닝팝스'인가에서 이럴 때의 답을 들은 적이 있어 배운 대로 '아기처럼 잤다(I slept like a baby.)'라고 답을 했다. 나중에 지도교수님이 내게 말씀하시길, 꼰셉시온대학 교수님이 나에 대해 '영어를 잘한다'는 말을 하신 적이 있다고 전해 주셨는데, 나는 저 표현 때문이었다고 생각된다. 그냥 '아주 잘 잤다(I slept well.)'라는 평범한 말이 아닌 영어권 사람들만이 사용하는 표현 하나가 언어와 사람의 격을 높여 주는 경험을 했다. 오성식 선생님, 감사합니다!

꼰셉시온대학 교수님과 있었던, 또 하나 잊지 못하는 일이 있다. 서양이나 일본 학자들은 학회 때 자주 가족을 동반한다. 과학자를 존경하는 사회 분위기에 맞춰 그 가족들에게도 한편으로는 학회 분위기를 경험하고 또 한편으로는 함께 휴가를 맛볼 수 있도록 기회를 제공하는 문화라고 생각한다. 어느 학회에선가 꼰셉시온대학 교수님이 자신의 부모님 두 분을 모시고 와서 함께 저녁 식사를 한 적이 있다. 그때는 내가 박사학위를 마친 직후였고, 식사 자리에서 교수님은 나를 그 어머님께 소개해 주셨다. 그러면서 나보고 어머님께 내 학위논문의 내용을 간단히 설명해 드리라는 것이었다. 대략 70~80대의 백인 할머니. 아들은 저명한 천문학자이지만 이 분은 천문학자가 아닌데… 나는 순간 당황해서 얼어버렸다. 천문학자들 사이에도 분야가 다르면 내 연구 내용을 설명하기가 쉽지 않은데 천문학자도 아닌 할머니께 어떻게 설명하나…? 시간이 좀 지나도 내가 설명을 못 하고 고민하자 그 교수님이 직접 나서셨다. "이 친구는 안드로메다은하에 있는 구상성단들을 CCD라는 사진으로 관측했다.

얼핏 보면 별과 비슷하지만, 미세하게 별과 모양이 다른 구상성단들을 하나하나 구별해 내고 그 특성들을 분석했다…." 나는 또 한 번 뒤통수를 맞은 것 같았다. 너무나도 쉽게 풀어서, 일반인이 이해할 수 있는 언어로 설명하는 교수님의 능력에 감탄했고, 또 한편으로는 '안드로메다은하'나 '구상성단', 'CCD' 같은 웬만한 용어들을 미국의 일반인들도 이해한다는 것이 충격이었다. 물론 영어가 그들의 모국어이고 현대 학문이 영어로 이루어진다는 이점도 있을 것이고, 그 할머니는 아들로부터 오랫동안 상당한 교육을 받았을 것임을 감안할 수는 있다. 그럼에도 전공자의 용어 중 상당 부분을 일반인들과 거리낌 없이 통용할 수 있는 정도로 국민 대중의 과학 수준이 그만큼 높다는 반증이기도 했다. 과학자는 일반인의 언어로 그들 속으로 들어가려 노력하고, 일반인은 또 열심히 질문하고 설명을 듣고 이해하면서 과학 수준을 높여 가는 선진국의 과학 문화를 경험했고 부러웠다. 나는 지금도 기회만 되면 강연을 수락하고 일반인과 어린이들, 학생들에게 천문학과 내가 하는 연구 내용을 이야기해 주려고 하는데 이런 경향은 그때 경험들이 바탕이 된 듯하다.

10. 칠레 이야기 - 3F, 아옌데 그리고 피노체트

칠레를 대표하는 세 개의 'W'를 이야기하며 '여성'에 관해 이야기를 했다. 그런데 이 '세 개의 W'는 이제 철 지난 얘기가 났고 요즘에는 '세 개의 에프(F)'가 뜬다. 잠시 책을 덮고 한 번 맞춰 보시라. 요즘 칠레를 상징하는, F로 시작하는 영어 단어 세 개가 뭔지?

힌트는 칠레라는 나라는, 우리나라가 2003년에 자유무역협정을 최초로 체결한 국가라는 점이다. 답은 과일(fruit), 생선(fish), 꽃(flower)이다. 칠레가 자랑하는 와인의 강점이 여전히 유지되면서도 칠레가 새로이 집중하는 생산품들이다. 우리나라 입장에서는 지구상에서 가장 먼 나라이면서도 우리 생활에 깊숙이 들어와 있는 칠레산 와인이나 과일 등을 보면, 칠레는 이제 한국인에게는 아주 가까운 나라가 된 셈이기도 하다. 칠레는 농수산물에 대한 정책이 각별해서 칠레로 입국할 때는 씨앗이나 농수산물 반입이 엄격하게 금지된다.

수도 싼띠아고 중심에는 1805년에 지어진 대통령궁이 있는데, 그 명칭이 '돈의 궁전'이다. 과거 '조폐공사' 건물이라서 지금껏 이런 이름으로 불리는데, 의외로 들어가는 게 어렵지 않다. 대통령궁 너머 '헌법광장'에는 '살바도르 아옌데' 대통령의 동상이 있다. 1970년 세계 최초로 민주적인 선거를 통해 국민들의 지지를 받아 대통령에 선출된 사회당 소속 정치인이다. 1960년대에 칠레는 소수 지주가 독점한 토지, 독과점 자본에 의한 광산업 지배 등이 심각한 문제였다. 아옌데 대통령은 이러한 빈부 격차를 해소하고 광부 등 고통받는 노동자들을 위해 다국적 기업의 탄광과 은행 자산을 국유화하고 토지 개혁을 하는 등의 노력을 기울였으나, 우파 기득권 세력의 방해로 번번이 좌절되었고 미국으로부터 요주의 인물로 주목받게 되었다. 1973년 미국 닉슨 정권의 헨리 키신저와 미 중앙정보부(CIA)의 지원을 받은 것으로 의심받는 칠레 군부 쿠데타 때 아옌데는 죽음을 무릅쓰고 싸우다 사망한다. 쿠데타의 주동자 아우구스토 피노체트 장군은 심지어 전투기까지 동원해 대통령궁을 위협하기도 했다. 아옌데는 오늘날 칠레에서 가장 존경받는 인물 중 한 명이다. 쿠데타 전후의 칠레 이야기가 1975년에 프랑스에서 〈산티아고에 비가 내린다〉라는 영화로 만들어지기도 했다.

[그림 69] (상) 칠레의 수도 싼띠아고 중심에 있는 대통령궁. 1973년 쿠데타의 흔적이 남아 있다. (사진: 김상철)

[그림 70] (좌) 칠레 대통령궁 앞에 있는 아옌데 대통령 동상. 1973년 쿠데타군에 맞서 싸우다 사망했다. 칠레에서 가장 존경받는 인물 중 하나이다. (사진: 김상철)

쿠데타를 주도한 피노체트 장군은 대통령에 올라 1990년까지 17년간이나 장기 집권한다. 이 부분은 군부 쿠데타로 권좌에 올라 평생 집권을 꾀하다 18년 만에 막을 내린 우리나라의 군사 독재자 박정희와 아주 비슷하다. 다만 피노체트는 총선 패배 후 권좌에서 스스로 물러나, 대신 목숨을 부지하고 종신 상원의원이 되어 면책특권을 누리며 처벌받지 않고 91세까지 천수를 누렸다. 박정희와 피노체트의 독재 기간 철권통치로 많은 이들이 소리 없이 잡혀가 고문당하거나 의문사로 사망했고 그 기간 동안 국가의 국내총생산(GDP)이 오른 것을 자신들의 치적으로 내세운다. 피노체트는 남미의 나치로 불릴 만큼 폭압적으로 인권을 탄압했고 부정 축재와 국고 횡령을 저질렀다. 그의 통치 기간 동안 칠레 국민의 약 10%가 다른 나라로 망명하거나 도피했고, 인권 탄압 피해자는 약 4만 명, 사망하거나 실종된 국민은 3,200명을 넘어선다. 1982년 영화 〈미싱, Missing〉은 실종이란 의미를 갖고 있는데 당시 상황을 잘 보여준다. 내가 전두환 정권하에서 경험했던 전제국가의 모습과 아주 비슷하기도 하고, 박정희-전두환 정권 때 수많은 이가 실종되고 의문사한 우리 사회의 아픈 모습과도 겹쳐진다. 또 영화감독 '미겔 리틴'이 고국 칠레에서 추방되었다가 변장을 하고 몰래 수도에 잠입해 촬영하는 이야기를 노벨문학상 수상 작가 '가브리엘 가르시아 마르케스'가 쓴《칠레의 모든 기록》책도 읽어 볼만 하다. 아옌데의 5촌 조카인 '이사벨 아옌데'는 요즘 소설가로 유명하다.

피노체트 이후 칠레에서는 보수와 진보가 모두 정권을 잡았으나 경제가 살아나지 못하고 좌우 대립과 빈부 격차, 빈부 간의 교육 격차 등이 심해지면서 사회가 안정되지 못하고 있다. 피노체트의 철권통치하에서 그나마 치안은 잘 유지되었다고 평가받았는데, 이제는 그마저도 점점 어려워지면서 사회 문제가 되고 있다. 2010년에 '꼬삐아뽀' 지역의 구리 광산이 대지진의 여파로 붕괴해 지하 700m 아래에 광부 등 33명이 매몰되는 사건이 있었다. 땅속에서 통조림 과 과자 등으로 버티다가 17일 만에 구멍을 뚫어 연락이 가능해지 면서 음식을 공급했고, 사람이 나올 수 있는 구멍을 겨우 뚫으면서 69일 만에 전원 구조되었는데, 이는 세계적인 뉴스가 되었고 인류 애의 상징처럼 되었다. 이들의 이야기는《The 33》이라는 책으로 출간되었고, 2015년에는 같은 제목의 영화로도 만들어졌다. 하지만 칠레 사회의 대체적인 분위기를 보여 주듯이 이들의 나중은 아름답 지 못한 모습이 많이 드러나고 있다. 트라우마로 고생하거나 심지 어 알코올 중독이나 약물 중독에 빠지기도 하고, 심리적인 문제 등 의 이유로 채용이 거절당하기도 하고, 연금도 제대로 받지 못하는 등의 이야기들이 나온다.

칠레는 노벨상을 두 번 수상했는데 두 번 모두 문학상이었다. '라 틴아메리카의 어머니'라는 별명으로 불리는 '가브리엘라 미스트랄' 은 1945년에 라틴아메리카 최초의 노벨문학상을 받았다. 두 번째 노벨문학상은 아옌데가 대통령으로 재임하던 1971년에 민중 시인 이자 프랑스 주재 대사이기도 했던 '빠블로 네루다'가 수상했다. 아 옌데는 국립 경기장에 네루다를 초청해 7만 명 앞에서 낭송회를 하 기도 했다. 네루다는 이탈리아에서의 망명 때 영화 〈일 포스티노〉나 비교적 최근인 2016년의 〈네루다〉같은 영화로도 우리에게 잘 알려 져 있다. 피노체트의 쿠데타가 일어난 며칠 후 심장마비로 사망하는 데, 마치 대한제국 고종 황제의 장례식에 맞춰 3·1 만세 운동이 일 어났던 것처럼 네루다의 장례식은 칠레 민중들이 군사 독재에 항거 하는 계기가 되었다. '새로운 노래'(누에바 깐시온)라는 이름으로 '비올

레따 빠라', '메르세데스 소사' 등과 함께 칠레, 아르헨티나 등에서 노래를 통한 민중 예술로 사회의 변화를 꾀하던 '빅토르 하라'도 네루다의 죽음보다 며칠 먼저 쿠데타군에 의해 공개 처형되었다. 군중 앞에서 쿠데타군은 '하라'가 죽기 전에 그의 기타 치는 손을 먼저 부셨다고 한다. 이런 명령을 내린 사람이나 그것을 수행한 사람이나 모두 불쌍하다. 당시에는 자신이 죽음을 면하고자, 불이익을 당하지 않으려고 했던 일이었을지도 모르겠으나 그 심리적 내면에 얼마나 큰 상처를 남겼을까? 한국전쟁 때 민간인을 학살했던 군경이나 5·18민주화운동 때 힘없는 민간인을 때리고 학살한 군인들 역시 평생 얼마나 큰 고통 속에 살고 있을까를 생각하면 이젠 그들마저 안쓰럽다. 죽기 전에 공개적으로 고백하고 '사죄한다'는 한마디를 할 수 있다면 그것이 본인들에게도 큰 치유가 될 터인데….

칠레는 일본이나 미국의 로스앤젤레스만큼이나 대형 지진이 많은 것으로 유명한데, 나스카판과 아메리카판이 충돌하는 지역이기 때문이다. 판이 충돌하는 과정에서 만들어진 풍부한 광물질이 많아 구리, 은, 리튬 등의 광산이 발달했다. 광업이 전통적으로 칠레의 가장 중요한 산업이 된 이유이다. 대부분의 광산이 광야(사막) 지역인 북부에 집중되어 있는데, 19세기 말에는 이 광산 지역 특히 '아따까마사막'의 초석 광산을 차지하기 위해 칠레는 볼리비아-페루 연합군과 전쟁을 하기도 했다. 4년여에 걸쳐 5~6만 명의 사상자를 냈던 이 전쟁에서 칠레가 승전하면서 영토를 상당히 차지해 지금의 국경이 만들어졌다. 그로 인해 볼리비아는 태평양으로 이어지는 영토를 빼앗겨 지금은 바다 없는 내륙 국가가 되고 말았다. 볼리비아에는 해발 3,810m에 서울 면적의 13배쯤 돼 '바다 같다'는 티티카카호수가 있는데, 볼리비아 해군은 이곳에 기지를 건설하고 훈련을 하고 있다. 이때 칠레 영토가 된 지역 중 아따까마사막에는 지금 세계 최대의 전파간섭계 망원경인 '알마'(ALMA)가, '안토파가스타'에는 유럽의 자존심인 VLT 망원경이 있어 광업뿐 아니라 천문학에서도 중요한 지역이 되었나. 최근 늘어 칠레는 새로운 분야로 남극, 신재생 에너지, 환경 등을 육성하고자 노력하고 있다.

영어권 아닌 나라로 갈 때는 몇 가지 말만 알아도 유용하다. 칠레에서는 스페인어 '올라(안녕하세요?)', '그라시아스(고맙습니다)', '뽀르 파보르(부탁합니다, please)', '아구아(물)', '바뇨(화장실)', '레스따우란떼(레스토랑)' 성도만 알아도 도움이 된다. 레스토랑은 영어와 비슷한 'restaurante'를 경음으로 철자를 그대로 읽은 것이다. 인터넷 (internet)을 '인떼르넷'으로 읽듯이. 어떤 사람에게는 '아구아'보다 '세르베싸(맥주)'가 더 유용한 단어일 수도 있겠다. 칠레에서는 '아구아, 뽀르 파보르'라고 하면 늘 '꼰 가스 오 씬 가스'라고 되묻는다. '또는'을 뜻하는 영어의 '오알(or)'이 스페인어에서는 더 줄어들어서 그냥 '오(o)'이기에 가운데의 '오'는 쉽다. 스페인어의 '꼰(con)'은 영어의 '위드(with, 포함한다)'이고, '씬(sin)'은 영어의 '위드아웃(without, 포함하지 않는다)'이다. 칠레에는 가스, 즉 이산화탄소가 포함된 물과 이산화탄소가 없는 물이 있다. 가스가 들은 물은 사이다에서 설탕만 뺐다고 생각하면 된다. 나는 늘 '씬 가스'를 주문한다. 내가 본 한국인들도 80~90%가 나와 비슷한데, 일부 소수는 '꼰 가스'를 선택하는 걸 보면 사람의 취향이 다양한 것 같다.

11. 칠레의 지진 - 규모 8.4

2015년 9월에 케이엠티넷(KMTNet) 관측 출장을 갔을 때 칠레에서 지진을 경험했다. 칠레에서 근래 가장 컸던 지진은 2010년 2월 27일에 일어났던 리히터 규모 8.8의 지진이었다. 미국의 지진학자 찰스 리히터의 이름을 따서 부르는 지진의 '리히터 규모'는 로그 척도(log scale)로 나타낸다. 로그 척도라는 의미는 숫자가 1씩 커질 때마다 지진의 세기는 10배 증가한다는 것이다. 그래서 2.0보다 3.0은 10배 강하고, 2.0보다 4.0은 100배 강하다. 참고로 1923년 9월 1일 일본 간토(관동) 대지진의 규모가 7.9였고, 후쿠시마 원자력 발전소 사고의 원인이었던 2011년 3월 11일 동일본 대지진의 규모는 9.1이었다. 2016년 9월 12일에 경주에서 일어난 지진은 규모 5.8이었고, 2017년 11월 15일 포항에서의 규모 5.4 지진은 대학 수학능력 시험(수능) 날짜를 연기시키기도 했다. 동일본 대지진과 함께 규모 9 근처의 강력했던 지진이 칠레의 2010년 지진이었다.

칠레의 최근 지진 역사상 2010년 지진 다음으로 강력했던 것이 2015년 9월 16일의 규모 8.4 지진이었다. 더구나 지진의 근원지인 진앙이 우리 출장의 목적지인 '라 세레나'가 있는 '꼬낌보'주 '이야펠'이었다. 우리 팀은 9월 17일 출국하는 길에 뉴스에서 지진 소식을 접했다. 비행기를 타기 위해 인천공항으로 가는 내내 뉴스를 검색했다. 과연 출국을 할 수 있을 것인지, 비행기가 칠레로 들어갈 수는 있는 것인지, 천문대와 망원경은 무사한지, 관측을 할 수는 있는 것인지…. 인천공항에서 비행기에 탑승하는 시각까지 뉴스에 변화가 없었고, 칠레의 천문대나 연구원 본원으로부터도 출장을 취소하라는 말이 없어 우리는 결국 출국 비행기에 올랐다.

인천공항에서 미국 조지아주 아틀란타까지 13시간 40분, 그리고 몇 시간을 기다렸다가 또 다른 비행기로 칠레의 수도 싼띠아고까지 9시간 30분이 걸렸다. 싼띠아고 공항에 도착한 것이 현지 시각으로 9월 18일 아침 8시 30분이었다. 다시 국내선 비행기를 타고 1시간 10분 비행해서 싼띠아고의 북쪽 약 470km 거리에 있는 라 세레나에 도착했다. 이곳에서 지진을 경험한 사람들의 무용담은 넘쳤지만 다행히 삶은 이어지고 있었고 우리가 입국한 이후 그만큼 큰 지진은 없었다. 다음 날인 9월 19일 우리는 천문대에서 운영하는 사륜구동 차로 1시간 반쯤 이동해서 천문대가 있는 산꼭대기로 올라갔다. 케이엠티넷 망원경을 운영하는 전문 관측자(operator)들은 한국 분들인데, 이분들은 이번에 제대로 지진을 경험한 셈이었다. 케이엠티넷 망원경 돔 앞에 넓은 땅이 있고, 규모 8.4의 지진이 일어날 때 땅에서 '우-웅' 하는 소리가 들렸는데, 그 소리가 그토록 공포스러웠다고 한다. 큰 규모의 지진이 일어난 후 며칠밖에 안 되었기에 우리가 관측하던 중에도 여러 차례의 여진이 있었다. 본진의 규모가 8.4였기에 우리가 경험했던 여진조차도 규모가 4~6 정도였다. 관측을 수행한 첫날에는 규모 5.4, 세 번째 밤에는 규모 6.1의 지진이 일어났다. 결국 규모 6.1 지진 때는 돔을 회전시키는 모터와 레일(rail)에 문제가 생겼다. 돔 건물이 지진 때문에 뒤틀려 원형에서 벗어나 회전을 멈춘 것이다. 관측을 중단할 수밖에 없었다. 다행히 사막 기후여서 비 걱정은 없으니 그냥 돔을 열어 둔 채 숙소로 가서 잠을 잤다. 고장이 발생하면 전문대의 고장 보고 체계에 따라 낮에 엔지니어들이 와서 문제 부분을 수리한다. 심각한 고장이 아니면 엔지니어들이 충분히 해결해 준다.

[그림 71] 칠레 CTIO 천문대로 가는 길에 찍은 사진. 산 정상에 천문대 돔들이 보인다. (사진: 김상철)

[그림 72] 한국천문연구원이 칠레에서 운영하고 있는 케이엠티넷(KMTNet) 망원경의 돔. 배경에 안데스산맥의 만년설이 보인다. (사진: 김상철)

케이엠티넷(KMTNet) 망원경은 칠레 땅에서 미국이 운영하는 시설을 빌려 쓰는데, 천문대의 이름은 '쎄로 똘롤로 인터 아메리칸 천문대'이다. 보통 약자로 '씨티아이오(CTIO)'라고 부른다. 쎄로는 산이나 언덕을 뜻하는 스페인어이므로 풀이하면 '똘로로 산 남반구 천문대'가 된다. 천문대마다 독특한 특징이 있고, 특히 천문학사들은 식당에 대해 이러쿵저러쿵 품평을 한다. 예를 들어, CTIO에 대응하는 북반구 천문대인 '킷 픽 국립천문대'의 경우 음식이 맛있다는 소문이 있고, CTIO의 경우엔 식당에서 보는 경치가 일품이어서 유명하다. 식판에 밥을 받아와 앉으면 한쪽 벽을 가득 채운 유리창 밖으로 안데스 산맥이 장관이다. 산에서는 바람이 세므로 식당 유리창은 웬만한 바람에 끄떡없을 만큼 두껍다. 그런데 2015년에 우리가 도착했을 때 규모 8.4 지진으로 유리창 하나가 금이 갔다. 천문대 직원들이 유리창 바깥에 칠레 국기를 세워 두고 깃대에 '강한 칠레(Fuerza Chile) 8.4'라는 문구를 새겨 두었다.

[그림 73] CTIO 천문대 식당 창문 밖에 게양한 칠레 국기 아래에 '강한 칠레 8.4'라는 문구가 보인다. (사진: 김상철)

9월 25일에는 리히터 규모 6.2의 비교적 큰 여진이 있었다. 예전에는 '지진이 일어나는가 보다', '책상이 흔들리는구나'라고 생각하며 지진이 끝나기를 기다렸는데 이번엔 뭔가 달랐다. "앗!" 하는 소리가 저절로 내 입에서 나왔고 나도 모르게 공포심이 솟아올랐다. 그동안 배운 대로 얼른 책상 밑으로 들어가 몸을 웅크렸다. 혹시라도 뭔가 떨어지면 머리나 몸을 다치지 않기 위해서…. 규모는 컸지만 다행히 오래 가진 않았고 무사히 책상 밖으로 나올 수 있었다. 규모 6.2 지진, 내가 경험한 가장 큰 규모의 지진이었다.

칠레나 일본, 미국 캘리포니아 등에 사는 사람들은 지진을 자주 경험한다. 그리고 이런 지역의 건물들, 특히 고층 건물들은 내진 설계가 잘 되어 있다. 2015년 9월 관측 후 칠레의 수도 싼띠아고에서 칠레 천문학자들과 식사하며 대화할 기회가 있었는데 모두 무용담을 하나씩 늘어놓는다. 30대 또는 20대 후반 나이의 박사후연구원들이 많았고 이들은 대개 원룸 같은 콘도나 아파트에 거주하는데, 싼띠아고 콘도들이 대개 10~30층의 고층 건물이다. 이런 건물들은 지진이 나면 땅의 흔들림에 따라 건물이 같이 흔들림으로써 지진을 버텨낸다. 그래서 다들 그때의 흔들림 경험들을 꺼내 놓는다. 대개는 큰 피해가 없었기에 이젠 마치 청룡열차를 탔던 것 처럼 모두 웃음 가득이다. 규모 8.4 지진을 직접 경험했고, 평생을 두고 이야기할 소재가 하나 생겼으니 웃음을 머금을 만하다.

지진 이야기가 나온 김에, 내가 지질학 전공은 아니지만 간단한 대피 요령은 말씀드릴 수 있겠다. 건물 내부에 있을 때 지진이 발생하면 물건이 흔들려 떨어지거나 깨진 유리창, 벽돌 등 때문에 다칠 수 있어 가장 먼저 머리를 보호해야 한다. 책가방이나 방석 또는 양손으로라도 머리를 보호하거나 감싸면서 책상이나 탁자 아래로 피하고, 탁자의 다리를 꼭 잡는 것이 좋은 방법이다. 흔들림이 멈추면, 불이 날 수 있으므로 가스와 전깃불을 끄고, 문이 뒤틀려 안 열릴 수 있으니 현관문(또는 창문)을 열어 출구를 확보한다. 엘리베이터는 멈출 수 있으니 가방 등으로 머리를 보호하며 계단을 이용해 바깥으로 나온다. 유리 조각 등에 발을 다칠 수 있으니 신발은 꼭 신어야 한다. 혹 엘리베이터 안에 있었다면 모든 층의 버튼을 눌러 문이 열리는 층에서 내린다. 건물에서 낙하하는 물체에 다치지 않도록 건물이나 담장에서 최대한 멀리 떨어져, 공원이나 운동장 등 넓은 공간으로 대피한 후 라디오나 공공기관의 안내 방송을 따른다. 차에 타는 것은 위험하고, 만약 차를 타고 이동 중에 지진이 났다면 비상등을 켜고 시서히 속도를 줄여 노로 오른쪽에 차를 세우고, 시동을 켜 두거나 또는 시동은 끄되 열쇠는 차 안에 두고 라디오 정보를 잘 들으면서 대피한다. 아울러 산사태나 절벽 붕괴에 주의해야 한다.

많은 사람이 한반도는 지진 안전지대라고 생각하는 경향이 있는데 그렇지 않다. 1952년 3월 19일, 평양 인근에서 규모 6.3의 지진이 있었고, 국립기상연구소가 2012년에 펴낸 《한반도 역사 지진 기록(2년~1904년)》을 보면, 기원후 2년~1904년까지 약 1,900년 동안 규모 8~9의 지진이 15회가량 있었다. 대비하지 않으면 그 피해는 어마어마할 것이다. 특히 원자력 발전소가 있는 부산광역시, 울산광역시, 경상북도 경주시와 울진군, 전라남도 영광군 등 이들 지역에 규모가 큰 지진이 발생할 경우를 대비해야 한다. 아마도 해방 이후 대형 지진의 사례가 없어서 경각심이 낮아져 있는 것으로 보인다. 가까운 일본 등 다른 나라의 사례를 타산지석으로 삼아야 한다.

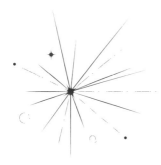

4장

천문학자의 삶

 1. 왜 대덕연구단지는 대덕구가 아닌 유성구에 있을까?

내가 어렸을 때 내 또래의 장래 희망에는 과학자, 대통령, 변호사 등이 많았다. 사실 나는 아주 어린 시절부터 과학자가 되겠다고 생각을 해서인지 다른 장래 희망 분야에는 관심이 없었고 다른 아이들의 희망을 잘 이해하지 못했다. 당시 나를 비롯해 사람들이 생각하는 과학자의 상에는 만화영화에 나오는 '아무개 박사님'처럼 사람들의 접근이 별로 없는 어딘가 외딴 곳에서 책이나 실험 장비에 파묻혀 있는 모습이 많았다. 그래서 아인슈타인이나 괴테처럼 생각에 파묻힌 채 숲속을 산책하는 모습이나, 끼니도 잊고 실험에 열중하는 에디슨의 일화 같은 것에 열광했고, 그런 모습이 과학자의 참 모습이라 생각하고 닮으려고도 했다.

과학기술을 순수과학 그리고 기술과 공학을 강조하는 응용과학으로 분류한다면 상당히 많은 분야가 응용과학에 속한다고 할 수 있다. 순수과학에는 천문학이나 입자물리학, 생물학 같은 소수의 분야가 속하기도 하고 응용과학에 비해 전공하는 사람의 수도 적은 편이다. 공부다운 공부를 끝내고 박사학위를 받을 때쯤이면 나이도 들고, 만약 결혼했거나 아이도 있다면 직장도 잡아야 하기에 취직을 신경 쓰지 않을 수 없다. 선배들의 진로를 살펴보면 순수과학보다는 응용 쪽이 나아 보이니 중간에 진로를 바꾸는 경우도 많다. 그래서 한참 나이 들고도 아직 순수과학을 하는 동료들을 살펴보면 거의 예외 없이 한 '뚝심'들을 한다. 재벌이 아님에도 자신과 가족들을 건사하고 설득하며 여기까지 이르렀으니 말이다.

공과대학(공대)을 나오거나 또는 자연과학을 했더라도 응용이 가능한 분야라면 기업체 등으로 진출하는 경우가 많다. 하지만 순수과학을 하면, 예를 들어 천문학 박사학위를 받으면 일반적으로는 천문학 전공이 있는 대학 또는 사범대·교원대의 교수로 임용되거나 또는 대덕연구단지의 한국천문연구원의 연구원이 되는 길이 일반적이다. 숫자로 보면 대학보다는 천문연 쪽이 가능성이 높다. 한국 사회에서, 아니 세계적으로 '교수'에 대한 존경과 대우가 좋은 만큼 누구나 대학 교수를 선호하지만 두 가지 조건이 딱 맞아떨어져야만 한다. 하나는 실력이고 또 하나는 '시기'이다. '과학'을 하는 사람이 '운'을 말하는 것같이 보일 수도 있는데, 이 '때'라는 것은 인간이 마음대로 조절하기 어려운 변수이다. 내가 박사학위를 한 직후부터 수년 이내에 내가 원하는 대학 또는 좋은 대학에서, 천문학 중에서도 내가 전공한 분야의 교수를 채용한다는 공고가 나야 하는데 그게 쉽지 않다. 여러 해 동안 공고가 없기도 하고, 막상 공고가 나더라도 천문학 내에서 전혀 다른 전공을 필요로 하거나, 출신 대학교(학부)의 제한이나 성별 제한이 있는 경우도 있다. 그래서 마치 버스 타는 것과 비슷하다. 내가 정류장에 도착했는데 내가 타려는 버스가 이제 막 출발해 버렸다면 참 운이 없는 경우이고, 내가 정류장에 도착했는데 버스가 막 정류장에 진입한다면 그야말로 행운이다.

개발도상국을 거쳐 선진국에 진입한 한국에 대덕연구단지가 있고, 한국천문연구원 같은 정부출연연구원이 있다는 것은 큰 복이다. 순수과학을 전공한 '과학자'가 몸담고 연구하며 살아갈 수 있는 터를 국가가 제공해 주고 있기 때문이다. 조선 시대 천문학자들이 관상감이라는 관청에 소속되었던 것처럼, 한국천문연구원은 1974년에 대통령령으로 '국립천문대'로 시작했다. 그러다가 1986년에 정부출연연구소로 직제가 바뀌었는데, 대표적인 이유 중 하나는 공무원으로 구성되는 국립기관으로서는 매년 박사학위를 취득하고 배출되는 젊은 신진 인력들을 채용하는 데 한계가 있기 때문이었다. 정부가 '금품, 즉 돈과 물품을 내어 도와주는' 것을 '출연'이라 하고, 그렇게 정부가 내는 출연금을 운영 재원의 일정 부분 이상으로 하여 운영하는 연구기관을 정부출연(government-funded) 연구원이라고 한다. 한국천문연구원은 과학기술정보통신부 아래 국가과학기술연구회(www.nst.re.kr) 산하에 소속된 25개 정부출연연구기관 중 하나이다. (2024년에는 우리나라에도 '우주항공청'이 설치되는데 그 후에는 한국천문연구원과 한국항공우주연구원이 우주항공청 소속기관으로 변경될 예정이다. 우주항공청은 경남 사천에 둥지를 틀지만 천문연과 항우연은 기존대로 대전 대덕연구단지에 남는다.)

우리나라의 대표적인 과학기술 연구단지인 대덕연구단지는 1973년에 시작되었고, 지금은 '대덕연구개발특구'로 불리는데 2023년이 연구단지 출범 50주년이다. 나는 개인적으로 '대덕연구개발특구'보다는 '대덕연구단지'라는 이름이 나아 보인다. 그 이유는 대전을 벗어나 다른 지역 사람들이 '대덕연구개발특구'는 몰라도 '대덕연구단지'는 알기 때문이다. 전국적으로 오래 명성을 쌓은 '대덕연구단지'라는 이름보다 '대덕연구개발특구'는 그만큼 알려지지 못했기 때문이리라. 이곳은 1970년대 산업화와 함께 우리나라 경제 발전을 이끈 첨단 기술의 탄생지였고, 대한민국이 세계적 과학기술 국가에 들어갈 수 있도록 밑바닥부터 차근차근 다져온 우리나라의 두뇌(brain)였다. 연구소들이 모여 생기는 상승 작용 때문에 1990년대에 여러 기업 부설 연구소들이 입주했고 인근에 산업단지도 밀집해 있으며, 과학기술연합대학원대학교(UST), 카이스트, 충남대학교, 한밭대학교, 한남대학교 등 인재 양성기관들도 가까이에 있으며 상호 협력한다. 2000년대 이후에는 벤처기업들의 입주도 상당히 늘었다. 대덕연구단지에 근무하는 고급 인력은 박사만 1만7,000여 명, 석사학위자는 1만2,000여명 이상이다.

우리가 월남전이라고 부르는 베트남전쟁은 1955년부터 사이공이 패망한 1975년까지 약 20년에 걸쳐 벌어졌다. 미국의 린든 B. 존슨 대통령은 한국에도 파병을 요청하여 우리나라는 1964년부터 1973년까지 약 35만 명의 군인을 파병했다. 그중 약 5,000명이 전사(실종자 포함)하고 약 1만 1,000명이 부상을 당했다. 1965년 존슨 대통령은 한국의 월남 파병에 대한 보답으로 한국 군대의 현대화와 경제 원조를 해 주겠다는 목적으로 박정희 대통령을 미국으로 공식 초청한다. 1965년 워싱턴 D.C.에서 열린 박정희 대통령과 존슨 대통령의 한미 정상회담에서 우리나라는 추가로 종합연구소 설립을 지원받았고, 마침내 1966년 정부출연연구기관인 한국과학기술연구원(KIST)이 설립된다.

당시 정부는 해외의 한국인 과학자들을 유치할 때 영구 귀국하면 본인과 가족의 귀국 항공료와 주택을 제공하고, 급여를 국내 사립대 교수의 최고 수준보다 30% 정도 더 높게 책정하며 한국에 없던 의료보험을 미국과 계약해 받게 하는 등의 파격적인 지원을 한다. 일시 귀국자를 위해서도 왕복 항공료와 체재비를 지원함으로써 우수 두뇌들이 한국에 기여할 수 있는 길을 텄다. 당시 과학자들은 연구소에 근무한다는 사실과 대통령이 직접 챙기고 지원한다는 사실로 자부심과 의욕이 넘쳤다. 당시 급여 수준이 높았던 이유는 주로 미국에 체류하다 귀국한 학자가 많았기에 미국에서 받던 급여의 1/4 정도에 해당하는 우리 돈으로 책정했기 때문이다. 그러다 보니 국내 국립대학 교수 급여의 3배 정도가 되었고, 심지어는 박정희 대통령보다 급여가 많은 사람이 여럿 나올 정도였다. 서울대 교수나 심지어 박정희 대통령도 이 사실을 알고 있었으나, 그렇다고 해서 연구원의 급여를 낮추기보다는 다른 사람의 급여를 올리는 것이 바람직하다는 철학 아래 용인했다[4].

과학기술정보통신부의 전신이라 할 수 있는 '과학기술처'는 1967년 4월 21일에 신설되었는데, 이날을 기념하여 지금도 4월 21일을 '과학의 날'로 기념하여 지키고 있다. 한국과학기술연구원은 서울시 홍릉 근처의 서울연구단지에 위치하고 있었는데 1970년대 초반 포화 상태를 해소하기 위해 정부는 제2의 연구단지를 건설할 장소를 물색했다. 1973년 박정희 대통령의 지원으로 '충청남도 대덕군(大德郡)'으로 확정되었는데, 이곳이 바로 현재의 대덕연구단지다. 야산과 배밭, 포도밭, 복숭아밭이었던 땅이 이젠 우주를 연구하고 첨단

4) 최형섭 회고록-《불이 꺼지지 않는 연구소》, 최형섭 저, 한국과학기술연구원, 2011년 4월, p. 57

기술을 개발하는 우리나라 과학기술의 메카가 되었다. 당시 또 다른 후보였던 경기도 화성군이나 충북 청원군과 비교해 충남 대덕군의 장점은 국토의 중심부에 있어 전국 어느 지역에서도 접근이 쉽고, 금강이 있어 물의 공급이 쉬우며, 대전시 가까이에 있어 건설상 유리하다는 점 등이었다. 1970년대 말 건설과 이전이 이루어졌고 대덕연구단지는 1980년대 들어 급속하게 성장한다.

지금 '광역시'라고 부르는 부산, 대구, 인천, 광주, 대전의 5개 도시는 원래 '직할시'였다. 1995년에 지방자치법에 의해 '광역시'로 명칭이 바뀌었고 1997년에 경상남도 울산시가 광역시로 승격되면서 현재는 6개의 광역시가 존재한다. 대전시는 충청남도에 속해 있다가 1989년에 직할시로 승격했다. 대전(大田)의 한자는 '큰 밭', 순 우리말로 '한밭'이라는 뜻이다. 조선 시대까지 대전시는 그야말로 논과 밭이었고 인근에서 가장 큰 도시는 공주(公州)였다. 공주는 기원후 475년~538년 사이 백제의 수도였고 '웅진'으로 불렀으며, 조선 시대의 관찰사(지금의 도지사)가 근무하는 도청인 충청 '감영'이 있었으며, 1932년까지 충남 도청 소재지였다. 큰 밭이었던 대전이 근대 도시로 성장한 것은 1905년에 경부선 대전역이 만들어지고, 1913년 호남선 철도가 대전에서 분기하면서 급속히 교통의 중심으로 발전하기 시작하면서부터였다. 1914년에 회덕군, 진잠군과 공주군 현내면(유성면)을 합쳐 대전군(大田郡)이 설치되었고, 1932년 충남 도청이 공주에서 대전군으로 이전하면서 바야흐로 충청남도 행정의 중심이 되었다. 각종 산업 시설이 늘어서기 시작했고 1935년 대전군 대전읍이 대전부로 승격되어 분리되면서 대전군은 대덕군(大德郡)으로 이름이 바뀌었다. 직전 명칭인 대전군의 '대'와 1914년 이전 명칭인 '회덕군(懷德郡)'의 '덕'을 합쳐 만든 명칭이다. 이것이

'대덕'이라는 이름으로 역사에 처음 등장하며, 연구단지를 상징하는 이름의 탄생 배경이다.

대전부는 대한민국 성부 수립 이후 1949년에 대전시로 개칭되었고, 1950년 한국전쟁 중 임시 수도 역할을 했다. 1970년 경부고속도로와 호남고속도로가 건설될 때 분기점이 대전광역시의 회덕에 만들어지면서 또다시 대전은 교통 물류의 중심 도시로 성장하게 된다. 연구단지 장소를 정할 때인 1973년만 해도 충청남도 대전시는 크지 않았고, 대전시 바로 인근이었던 충청남도 대덕군이 연구단지로 최종 선택되었다. 대덕군은 1988년까지 존속되다가 1989년 대전시와 통합되면서 대전직할시로 승격된다. 대전이 직할시가 되면서 갑천, 대전천, 유등천의 물길을 따라 그리고 인구에 따라 동구, 중구, 서구, 유성구, 대덕구로 구획하면서 현재 연구단지는 대부분 유성구에 소속되어 있다. 연구소에 처음 오는 사람들이 대전에 '대덕구'가 있는데 왜 대덕연구단지는 대덕구가 아닌 '유성구'에 있느냐는 질문을 하는데 그에 대한 답이다. 1993년에는 우리나라 최초의 국제 박람회인 대전엑스포를 개최하면서 대전은 과학 도시로 이름을 널리 알렸다.

나는 어린 시절을 서울에서 보냈고 초등학교부터 박사과정 대학원까지 서울에서 다녔다. 2002년에 한국천문연구원의 연구원이 되면서 대전으로 이사해 20년 넘게 살고 있다. 서울에 살던 사람은 서울을 떠나게 되면 나락으로 떨어지는 것처럼 여기는 마음이 있다. 대한민국에는 서울 사람과 지방 사람이 있다는 말이 있는데, 사실 나도 대학교 1학년 때 부산 친구가 주말에 집에 다녀오면 '시골 갔다 왔구나'라고 말했을 정도였다. 그런 나도 서울을 떠나 대전에 정착한 이후에는 오히려 마음이 너무 푸근하다. 대전으로 옮기고 몇 년 후부터는 서울에 출장을 가면 왠지 답답한 느낌이 들고, 서울에 들어서면서부터 숨쉬기가 힘들어지기도 한다. 대전에서는 여유롭던 내가 서울에서는 나도 모르게 뛰다시피 걷고 있고 긴장 모드로 돌입한다. 시내라도 좀 다닌 날 밤에 대전에 오면 콧속이 검어진 날도 있다. 젊은이들이 대전을 '노잼 도시'라고 부르는 데에 나도 일부 동의하지만, 국토의 사실상 중심이라는 점 그리고 한편으로는 쾌적함이 장점이다. 여유가 있고 상대적인 풍족함을 누린다. 물론 서울보다 대중교통이나 문화 시설 등의 면에서 불편함은 있다. 그래도 서울서는 출퇴근에 30분이나 1시간 걸리는 것을 일반적이라고 여기는 반면, 대전에 사는 나에게는 10분으로 줄어든다. 출퇴근 운전에 30분이 소요되면 아주 멀다고 여길 만큼 대전에서는 길에 버리는 시간도 적다.

천문학을 하는 나는 대전에서 국립대학인 충남대학교 또는 카이스트와 교류하기도 하고 학생들을 지도할 기회를 얻기도 한다. 또 지역에서는 두 대학을 인정해 준다. 대전 버스에서 있었던 대학 관련 이야기 하나. 버스에 할머니 한 분이 탔는데 앉을 자리가 없자 한 대학생이 자리를 양보했다. 할머니는 너무 고마워하며 자리를 양보한 학생에게 대학생이냐, 어느 대학에 다니냐고 물었고 학생은 충남대학교에 다닌다고 답을 했다. 할머니는 너무 훌륭하다며 거듭 칭찬을 하였다. 마침 옆에 또 다른 학생이 서 있기에 '학생은 어느 학교에 다니는가?' 하고 물었다. 그 학생은 카이스트에 다닌다고 하면 할머니가 이해하지 못할 것 같아 우리말로 '한국과학기술원'에 다닌다고 말씀드렸다. 그러자 할머니는 이렇게 답을 하셨다. "쯧쯧, 그래 공부를 못하면 기술이라도 배워야지…."

대전광역시 북쪽에는 '대청호'라는 이름의 호수가 있는데, 소양 호와 충주호에 이어 우리나라에서 세 번째로 큰 호수이다. 대전광역시 동북방 16km, 충북 청주시 남방 16km에 위치한 대청댐(1981 년 완공)으로 인해 만들어진 호수인데 둘레가 220km이고 호수를 한 바퀴 돌려면 차로 3시간이 걸린다. 댐과 호수의 이름은 대전광역시 의 '대'(댐 건설 당시에는 대덕군)와 청주시의 '청'(당시에는 청원군)을 한 글자씩 따서 만들어졌다. 물과 인근 숲이 넓고 아름다워 대전 시민 들의 훌륭한 휴식처가 되고 있다.

대전시는 유성의 온천 외에도 박팽년, 송준길, 송시열 등 기호학 파가 활동했던 유학(儒學)의 고장으로도 유명하다. 대덕구 읍내동에 는 회덕향교, 유성구 교촌동에는 진잠향교가 있고, 노론의 영수였 던 송시열과 그의 친척이었던 송준길 등 은진(恩津) 송(宋)씨가 모여 살던 곳은 지금 대덕구 송촌동(宋村洞), 즉 '송씨 마을'이라는 지명의 유래가 되었다. 송준길이 살던 동춘당은 보물 제209호로 지정되어 있는데, 조선 시대 건축물의 아름다움을 잘 보여 준다. 당파의 색을 떠나 학문을 하며 자연을 가까이하던 선비들의 마음과 몸이 머물던 공간의 편안함을 느낄 수 있다.

대전에 관한 역사 이야기를 하나 더 보자. 대전광역시 서구에는 정부청사가 있는 둔산동과 함께 도심에 위치한 탄방동(炭坊洞)이 있 는데 한자 이름에서 볼 수 있듯이 과거에 이곳에 참나무가 많아 숯을 많이 구웠다고 한다. 고려 시대에는 노비나 천민 등 양민보다 신분이 낮은 사람들이 모여 살던 촌락을 향(鄕), 소(所), 부곡(部曲)이라 불렀 는데 탄방동은 공주 명학소(鳴鶴所)라는 '소'가 있던 곳이었다. 무신 정권 초기인 명종 6년(1176년)에 명학소에 살던 '망이'와 '망소이' 등 이 반란을 일으켰는데 이것을 망이·망소이의 난이라고 부른다. 아마

숯을 생산했었을 명학소 백성들은 지배층의 수탈과 공납 부담을 견디기 힘들어 민중 봉기를 일으켰고, 공주를 공격해 함락시키고 개성에서 보낸 진압군을 물리치기도 했다. 조정에서는 민심을 수습하기 위해 명학소를 충순현(忠順縣)으로 격상시키는 등의 조치를 취했으나 몇 차례의 밀고 당기기 끝에 결국 이듬해 난은 진압된다. 봉기에는 두 형제의 이름이 붙여졌지만 실제는 당시 이름 없는 수많은 백성들의 고초가 이런 '난'의 형태로 드러났을 것이고, 망이·망소이의 난을 시작으로 무신 정권기 동안 수많은 민란이 시작된다. 커다란 밭에서 농사짓고 참나무로 숯을 만들어 팔던 땅, 그래서 아직도 이름에 남아 있는 '대전(大田)'이 과거의 역사를 말해 준다.

1966년에 한국과학기술연구원(KIST)을 설립할 때 초대 소장인 최형섭 박사나 박정희 대통령 등이 헌신적으로 뛰고 지원을 아끼지 않은 덕에 우리나라 연구기관과 연구단지가 비로소 자리 잡을 수 있었다. 이제는 우리나라도 선진국이 되었고 과학기술에 투자하는 예산이 당시와 비교해 현저히 증가했다. 우리나라의 과학기술 수준이 선진국만큼은 아니라 하더라도 상당 부분 따라잡았다. 최근 10년간 이제는 추격자(follower)보다는 선구자(first-mover)가 되자는 구호가 흘러나온다. 그런 면에서 아쉬운 점 하나는 설립 당시에, 또는 그 이후에라도 장기적인 안목으로 기초부터 다지는 순수학문 연구가 좀 더 빨리 시작되었으면 하는 점이다. 선진국들이 기초학문과 응용학문에서 여러 가지 성과들을 거두는 것은 훨씬 오래전부터 바닥을 다지고 시간이 걸리는 분야들을 조용히 키워왔기 때문이다. 그런 노력이 노벨과학상같이 눈에 보이는 결과로 나오기도 한다. 우리는 조금씩이나마 순수학문을 하고는 있지만 역사가 짧을 뿐만 아니라 여전히 성과가 바로 나오는 분야와 경제적인 이득이 확실해 보이는 분야, 그리고 '과학'보다는 '기술'에 더 많은 투자와 지원을 하고 있다. 균형이 중요하다. 시간이 오래 걸리는 분아라 해서 포기 하거나 없애지 말고 적은 예산이라도 꾸준히 투자하고, 그와 함께 당장 성과를 얻을 수 있는 분야도 병행하는 것이 필요하다.

2. 조선 초기의 천문학자 류방택

충남 서산에 가면 류방택 천문기상과학관이라는, 일반 시민들을 위한 천문대가 있다. 서산 출신으로, 국보 제228호 천상열차분야지 도를 만든 고려 말~조선 초의 천문학자 '금헌 류방택(柳方澤)' 선생 을 기념하기 위해 그의 이름을 딴 천문대이다. 류방택 선생은 1320 년, 고려 제27대 충숙왕 7년에 서산에서 태어났다. 32세에 관직을 시작했는데, 41세 때인 1361년 공민왕 10년에는 홍건적이 침입해 수도인 개경이 함락되고 공민왕은 남쪽으로 피난을 떠나 나라가 온 통 혼란스러웠다. 강화도 피난 생활 동안 조정에 달력이 없기에 류 방택 선생이 달력(역서)을 만들었는데 오차가 거의 없이 정확했다. 이를 계기로 그의 명성이 조정에 널리 알려지고 유명해졌다. 관직 에 큰 뜻이 없어 고향 서산에 머무르기도 했지만, 조정의 부름을 받 아 당시 국가 천문대였던 개경 서운관에 근무하면서 꾸준히 천문 관련 일을 했고 관직이 계속 높아졌다. 지금도 적은 나이라고 할 수 없지만 당시에는 꽤 장수한 편이었던 그의 나이 72세에 조선이 건 국되었다. 평생 충성을 다했던 고려 왕조를 조선이 대신하자 그는 고향 서산으로 낙향한다.

새로 건국한 나라는 고려 말의 혼란을 잠재워야 했고, 하늘로부터 정통성을 부여받았음을 백성들에게 알려야 했다. 백성 중 누군가가 하늘의 별들을 새긴 돌판의 탁본 하나를 태조에게 바친다. 탁본이란 비석 같은 돌에 먹이나 잉크를 바르고 그 위에 종이를 대고 문질러, 판화처럼 돌에 새겨진 내용을 종이에 그대로 찍어낸 것이다. 전해지는 말로는 그 탁본은 고구려 때 돌에 새겼는데 전란 때 돌은 강에 빠졌고 탁본만 남은 것이었다고 한다. 태조 이성계는 너무 기뻐서 바로 그 탁본을 돌에 다시 새기라고 명령한다. 하지만 고구려의 탁본이었으니 오랜 세월 차이가 있었고 실제 별들의 위치 및 천체의 운행과 맞지 않는 부분들이 있었다. 새로 관측을 하고 계산을 해 틀린 부분을 수정해야 했고, 별들의 위치 그림을 다시 제작해야 했는데 전문가가 필요했다. 당연히 류방택의 이름이 거론되었다. 류방택을 모셔 오기 위해 태조 이성계가 몸소 개경에서 예산까지 행차했다 한다.

　결국 새로운 정권을 피해 숨어 있던 류방택 선생은 다시 개경으로 가서 권근 등과 함께 이 작업을 수행한다. 그 결과 태조 4년인 1395년에 만들어진 것이 현재 국보 228호인 하늘의 지도, 태조본 석각 천상열차분야지도이다. 그의 나이 76세 때였다. 태조 이성계는 류방택을 1등 공신에 봉하려 했지만 선생은 이를 사양하고 고향으로 돌아온다. 후세와 가문을 위해 천문 관측 전문가로서 작업은 했지만 여전히 고려를 향한 마음을 지녔던 류방택 선생은 계룡산 동학사에 사당을 짓고 고려의 충신 포은 정몽주와 목은 이색을 기리는 제사를 지낸다. 후에 류방택 선생의 아들 류백순이 야은 길재를 기리는 제사를 지냄으로써 이 사당은 포은, 목은, 야은 세 분을 기리는 '삼은각'이 된다. 세 사람의 호가 모두 '은'으로 끝나기에 '삼은'이 된 것이다. 지금도 대전광역시와 충남 공주시 사이, 계룡산 자락 동학사에 가면 이 삼은각을 볼 수 있다. 류방택 선생을 기리기 위해 2006년에는 한국천문연구원 보현산천문대 1.8m 망원경으로 발견한 소행성의 이름을 '류방택 별'이라고 명명했다. 지금도 하늘에서는 류방택 별이 지구를 굽어보고 있다.

3. 천재 vs 평범한 사람

요즘엔 대학에 입학할 때 많은 경우 학부제로 입학한다. 스무 살 정도, 길지 않은 인생을 살며 자신의 적성도 잘 파악하지 못했고, 다양한 학문의 분야도 잘 파악하지 못했고, 나와 맞을지도 잘 모르겠다 싶은 경우에 유용하다. 학부제 안에 포함된 다양한 학문들을 맛보고 경험하고 학년이 올라가면서 서서히 내 전공을 찾아가는 방식이다. 반면 내가 대학에 갈 때는 학과제였다. 자연과학대학(또는 이과대학)내에 10~20개 정도의 학과가 있는데 자신이 원하는 학과에 지원하여 입학하는 방식이다. 나 같이 천문학을 하겠다고 결정한 경우에는 천문학과를 선택해서 1학년부터 맞춤형으로 필요한 과목들을 수강할 수 있는 장점이 있다. 물론 시간이 지나면서 "어, 이건 내 적성이 아닌가 봐" 하고 생각이 바뀌는 경우에는 전과 제도를 이용해 학과를 옮길 수도 있다. 물론 우리 때는 이 전과 제도가 쉽게 허용되지도 않고, 그리 활발히 이용되지 못한 점은 있었던 듯하다.

순서대로 수학과, 계산통계학과, 물리학과, 천문학과 등이 있었고, 천문학과는 학번에 304 숫자가 포함되었다. 3은 자연과학대학, 4는 자연대에서 네 번째 학과라는 뜻이다. 물리학과는 한 학년이

77명, 천문학과는 17명이었다. 우리 1년 위 선배들은 한 학년이 16명이었는데 우리는 그나마 정원이 한 명 늘었다. 바로 위 학년은 또 여학생이 1명이었는데 우리 학년은 2명이어서 선배들이 100% 인상이라고 좋아했다. 한 학년이 17명밖에 안 되다 보니 금방 가나다순 학번대로 모두를 기억할 수 있었고, 모임이 있을 때 참석자들을 빙 둘러보면 누가 안 왔는지를 대번 파악할 수 있었다.

3월에 입학하고 수업을 시작하면 모두가 신이 나 있다. 따뜻한 봄이고 새로운 친구들도 만나고, 정말 듣고 싶던 대학 강의를 들으면서…. 4월이 되면 완연한 봄 날씨와 함께 모꼬지(MT)를 떠나기도 한다. 그러다 4월 중순 즈음 중간고사가 시작된다. 그리고 4월 말 즈음 성적이 나올 때면 여기저기서 절망의 한숨이 터져 나온다. 전국 고등학교에서 나름 잘 나간다 하며 1~2등 하던 학생들을 모아 놓았지만 다시 이곳에서도 1등부터 꼴등까지 성적이 매겨지면서 생기는 현상이다. 맨날 1등, 아니 못해도 2등이나 3등을 하다가 꼴찌 또는 하위권 성적을 받으면 생전 처음 절망이라는 걸 맛본다. 인생에서 새로운 경험을 하는 것이다.

그래도 다시 마음을 다잡고 열심히 하면 회복할 수 있다. 물론 우리 때는 저 악명 높던 전두환 군사 독재 시절이라 늘 시위와 최루탄, 그리고 시험 거부나 수업 거부 때문에 시끄러운 캠퍼스를 경험하긴 했지만 말이다. 이렇게 시간이 지나면서 알게 되는 또 한 가지는 우리 중에 소수이긴 하나 '천재'들이 있다는 것이다. 어떤 한순간 알게 되는 경우도 있고 오랜 시간이 지나면서 깨닫게 되는 경우도 있는데 과학의 경우에는 넘사벽 친구들을 가끔 보게 된다. 그러면서 동시에 깨닫는 것은 "아, 나는 평범한 사람이구나" 하는 사실이다. 천재라고 생각되는 친구들과 비교해 보니, 내가 보기에 나는 책상 앞에 엉덩이를 오래 붙이고 앉아 열심히 읽고, 열심히 생각해서, 터득하고 배우고 익히는 평범한 사람이었다. 나는 열심히 교과서를 읽고 참고서를 뒤적이고 머리를 쥐어뜯으며 생각하다가 어느 순간 "아!" 하고 알게 되는 경우가 다반사다. 수학이나 물리 문제를 풀 때도 종이에 한 단계 한 단계를 써가며 긴 장고 끝에 답을 얻는 반면, 소위 '천재'들은 나의 여러 단계를 몇 줄 정도에 쓰고는 어느 순간 (내가 보기에) 어렵지 않게 답을 구하곤 한다. 그리고 내가 여러 단계를 머릿속에서 끙끙대며 좇아가는 동안 이 친구들은 점프를 하며 저만치 앞서 가서 다음 단계를 생각하고 있는 듯 보인다.

그래도 우리 사회와 학문의 선배님들께 감사한 것은 어느 분야이든 천재들만 받지 않고 모두를 수용한다는 점이다. 열심히만 한다면! 그래서 오랜 시간이 지나 주위를 둘러보면 지금도 여전히 소수 천재들도 있지만 상당하거나 압도적인 비율로 평범하지만 열심히 일하는 사람이 많다는 점이다. 천재들은 또 다양한 분야에 재주가 많아서 다른 분야로 옮겨가는 경우도 많다. 어쩌면 나같이 평범한 사람은 천문학밖에 못하기 때문에 어떻게든 버텨서 여기에 남아 있는 셈이고, 더 똑똑한 친구들은 다른 재미있는 분야나 더 대우가 좋은 분야로 일찌감치 빠진 경우가 많은 듯하다.

학부와 대학원의 차이도 있다. 학부에서는 교양 수업도 듣고 전공 분야 역시도 전공 내의 다양한 내용을 골고루 배우는 편이고, 대학원에 진학하면서부터는 세부 전공을 정하고 '공부'와 다른 '연구'라는 것도 배우면서 깊이를 더해 간다. 물론 대학원에서도 공부도 하고 배우고 익혀야 하지만 학부에서보다 더 필요한 것은 끈기가 아닐까 싶다. 조금씩 어려워지는 내용을 따라가기 힘들 때도 버텨 내고 고비를 넘겨야 하고, 연구 과정에서 필요로 하는 시간과 열정을 투자하면서 개인적인 즐거움이나 다른 분야의 관심 등을 포기해야 하기 때문에 머리가 조금 더 좋은 것뿐만 아니라 열정과 끈기도 큰 도움이 된다. 그래서 대학원 특히 박사과정의 삶을 마라톤에 비유하기도 하고 터널에 비유하기도 한다. 긴 세월 동안의 노력과 열심을 필요로 하다 보니 밖에서 보면 터널에 진입하는 것처럼 보이기도 하는데, 공력이 쌓여야 어느 순간 빛이 보이기 시작하면서 출구에 가까워지기 때문일 것이다.

　자연과학의 특성상 사람이나 사회를 바라보기보다는 우주 같은 자연을 보니 관심사가 무생물인 셈이다. 그래서 노력하지 않으면 가끔은 사회성이 부족해지기도 한다. 하지만 현대로 올수록 장비가 대형화하고 거대 과학이 대세인 요즘엔 사회성과 인간관계가 점점 중요해진다. 우주를 연구하는 망원경 등의 장비가 작다면 비교적 작은 비용으로 장비를 구축할 수 있다. 하지만 우주의 끝을 보려는 경우처럼 거대한 망원경이 필요해지면서 망원경이 커지다 보니 한 국가가 거대한 망원경 하나를 운영하기도 하고 때로는 여러 나라가 힘을 합쳐 장비를 공동으로 운영하기도 한다. 그러면 망원경 시간 확보가 점점 더 어려워지고 경쟁이 심해진다. 그래서 시간이 갈수록 개인이 아닌 거대한 팀을 구성해서 함께 망원경 시간을 신청하고 공동 연구를 하게 된다. 이런 경우에는 연구도 잘해야 하고 아울러 사람들 사이의 관계도 좋아야 한다. 성격도 좋아야 하고 인간관계도 매끄러워야 하고 언어 구사 능력이나 네트워킹 기술도 필요하다. 단순히 사무적인 내용만 통역해 주는 기계보다 외국 연구자와 친해지면서 교감도 쌓고 친해지는 것이 학문에도 도움이 된다.

4. 군 제대 후 적응하기

나는 학부 3학년 초에 휴학하고 군 입대를 결심했다. 군 복무 3년의 공백을 지나 다시 3학년으로 복학하니 한동안 머리를 안 써 학부 1학년 때 배운 수학조차 가물가물했다. 다시 1학년 수학책과 물리책을 공부하는 한편 3학년 수업을 열심히 수강했다. 군대를 막 제대하고 겪는 어려움 하나는 책상에 앉아 있기가 힘들다는 것이다. 입대하기 전에야 거의 온종일 책상 앞에 앉아 있었지만 군에서는 그렇지 않다 보니 책상에 10분만 앉아 있어도 생각이 달아나기 시작하고 몸 여기저기가 쑤신다. 책상에서 일어나 밖에 나가 군것질도 하고 여기저기 돌아다니거나 친구를 만나 떠들기 시작한다. 그러고는 다시 책상으로 돌아와 책으로 빠지려 해도 다시 10분을 못가 또 좀이 쑤시게 된다.

선배들에게 조언을 구하니 두 가지 조언이 나왔다. 하나는 매일 서서히 책상에 앉는 시간을 늘려가는 것, 또 하나는 어느 하루를 독하게 참고 버팀으로써 몸이 적응하게 하는 것. 나는 후자를 선택해 봤다. 어느 하루 책상 앞에 앉아서 무엇을 하건 간에, 공부를 하건 못하건 상관없이 화장실 갈 때와 식사 때 외에는 온종일 나를 책상 앞에 앉혔다. 그렇게 며칠을 참아 내니 그 뒤에는 10분 현상이 사라졌다. 인간은 적응의 동물이라는 말이 맞는 듯하다.

학문을 하는 것도 비슷한 면이 있다. 천재가 과학을 잘하지만 모든 천재가 과학자가 되는 건 아니다. 또 천재가 아니어도 과학자가 될 수 있고 또 성공하는 평범한 사람도 많다. 나는 평범한 편인데 열심히 해서 과학을 계속하게 되었다. 대학과 대학원에서 공부할 때는 주변에 종종 보이는 '천재'들이 부럽기도 하고 주눅 들기도 한다. 천재이면서 끈질긴 사람이 가장 성공하겠지만, 천재성과 성실성을 모두 갖추지 못했다면 결국 성실하고 끈질긴 사람이 더 많이 남는 모습을 본다.

다른 학문도 비슷하리라 생각하는데 천문학에서도 그렇다. 끈질긴 사람이 결국 성공한다. 천재는 잠깐 빛을 발하지만 그렇게 잠깐의 반짝임으로 해결되는 문제는 많지 않다. 많은 경우 여러 날, 또는 몇 달이나 몇 년에 걸쳐 지속적인 노력을 기울여야 열매를 거둔다. 결국 천재이든 평범하든 궁금해하는 것을 포기하지 않고 매달리는 사람, 열정을 발휘하되 금방 식는 열정이 아니라 끊임없이 도전하는 사람이 과학자가 된다.

집을 지을 때는 예산을 제공하는 사람, 설계하는 사람, 적절한 자재를 알맞은 때에 조달하는 사람, 벽돌을 나르는 사람과 쌓는 사람, 철근과 콘크리트를 만들고 다루는 사람, 인테리어, 전기 등 다양한 분야의 사람이 필요하다. 누군가 빠진다면 그 분야는 완성 못 하거나 또는 옆 사람이 대신 억지로 해 준다면 엉망이 될 수도 있다. 과학도 뛰어난 천재만 필요한 것은 아니다. 집을 지을 때처럼 다양한 분야, 여러 종류의 사람이 모여 큰 팀을 결성하고, 천문학이라는 큰 집을 지어 나간다. 과학에 관심이 있다면 포기하지 않으면 된다. 지레 겁먹고 포기하는 사람은 평생 아쉬움을 안고 살아가고, 끈질긴 사람은 주변으로부터 '과학자'라는 이름을 들으며 산다.

5. 학과의 정체성

전두환 군사 독재 시절, 고등학교에서도 교련이라는 과목에서 군사훈련 비슷한 것을 해야 했고, 대학에서도 1학년과 2학년 동안 교련 과목을 이수해야 했다. 또 대학 1학년 여름방학 때는 문무대에 입소해서 1주일간 군사훈련을, 2학년 여름방학 때는 전방 부대에서 1주일간 병영 생활을 해야 했다. 교련 과목이 강제로 학점에 포함되어 있었고, 교내에서 교련 수업은 학생군사교육단(학군단, ROTC)에서 이루어졌다. 서울대는 캠퍼스가 관악산 자락에 위치해 있어서 교문에서부터 안으로 들어갈수록 산쪽으로 높이 올라가게 되는데, 그중에서도 학군단 건물은 천문학과의 천문대와 함께 거의 가장 높은 지점에 있었다. 당시 50분 수업을 듣고 10분 만에 그 큰 캠퍼스의 언덕을 올라가야 했는데, 설상가상으로 모든 교수님은 수업을 정시에 끝내 주질 않았다. 수학이나 물리학의 경우 문제를 풀다 보면 답까지 구해야 하니 중간에 끊기 어려운 경우가 많아 그럴 만했지만, 어쨌든 우리는 10분 만에 이동하기에도 멀고 높은 길을 5분이나 7분 만에 올라야 했다. 언덕을 달려 오르고 계단을 오르다 보면 허벅지가 터지는 것 같고 숨이 턱에 찼다.

언젠가는 자연대 전체가 모인 적이 있었다. 당시는 학과제였기에 우리는 늘 학과 이름으로 불렸다. 여기는 천문, 저기는 물리, 저기는 수학…. 이렇게 중립적인 학과의 이름과 달리 생물 계통은 늘 야릇한 미소를 자아냈다. 당시 생물 계통에는 동물학과와 식물학과 그리고 미생물학과가 있었는데 이 친구들은 늘 자신이 동물이고 미생물이었다. "동물 손들어 봐!", "미생물 왔나?"

지금은 학부제로 바뀌었는데 학과제와 학부제에는 차이가 있다. 학과제인 경우 오래전부터 그 학과를 희망했던 마니아들은 1학년부터 즐겁다. 반면 학과보다 학교를 보고 점수에 맞춰 입학한 경우, 그 학과가 어떤 것을 배우는지 명확히 모르는 채 대강 알아보고 입학한 경우 등은 적성에 안 맞을 수도 있고 수업 내용에 적응이 어려울 수도 있다. 그런 경우를 위해 도입한 것이 학부제이다. 예를 들어, 자연과학대학 학부로 입학하고 1년 또는 2년 동안 다양한 전공의 수업을 들어 보고 흥미가 있고 재미있는 전공을 계속 심화해서 공부하다가 그것을 전공으로 삼는 것이다. 자신의 적성을 잘 몰라서 선택이 어려운 경우, 하나의 전공이 아닌 여러 전공을 배우고 융합해 보고 싶은 경우, 고등학교 때 또는 대학 저학년에서 조금 공부해 보았지만 갑자기 다른 흥미가 생긴 경우 등 학부제가 유익한 경우들이 있다.

물론 학과제인 경우 적성에 맞지 않아 힘들어했던 동료들이 꽤 있었다. 하지만 천문학처럼 마니아들이 꽤 있는 학문은 오히려 처음부터 체계적으로 전공 수업을 수강하고 싶어 하는 경우도 있었기에, 당시에 전과 제도나 복수전공 제도가 좀 더 활성화되었다면 나름 보완할 수 있었겠다는 생각을 해 본다.

 ## 6. 박사학위도 한 걸음부터

'박사'가 된다는 것은 영예로운 것인 만큼 어렵고 힘든 과정이기도 하다. 짧은 순간 반짝해서 얻기보다는 오랜 시간의 노력과 땀으로 성취하는 경우가 대부분이다. 또 어렵고 힘든 과정인 만큼 뒤를 돌아보면 참 많은 것을 이루었기에 스스로 뿌듯하기도 하고 다른 사람의 경우 칭찬하고 존경하게 된다. 하지만 나는 '계단 하나에 모든 것이 달려 있다'고 여기면 마침내 성공할 수 있다고 생각한다.

현빈, 정재영, 조정석 배우 등의 2014년 개봉 영화 〈역린〉(이재규 감독)을 보면 영화 속에서 조선 정조 대왕의 이런 독백이 나온다. "작은 일도 무시하지 않고 최선을 다해야 한다. 작은 일에도 최선을 다하면 정성스럽게 된다. 정성스럽게 되면 겉에 배어 나오고, 겉으로 드러나면 이내 밝아지고, 밝아지면 남을 감동시키고, 남을 감동시키면 이내 변하게 되고, 변하면 생육된다. 그러니 오직 세상에서 지극히 정성을 다하는 사람만이 나와 세상을 변하게 할 수 있는 것이다. 바뀐다! 온 정성을 다해 하나씩 배워 나간다면 세상은 바뀐다." 나는 학문의 세계에서도 이것이 통한다고 생각한다. 5년치나 10년치를 한꺼번에 처리할 수는 없지만 나에게 닥친 현재의 일 하나, 이것에만 최선을 다하면 마침내는 승리한다. 모든 계단을 한 번에 오를 수는 없지만, 내가 발을 딛고 있는 현재의 계단 하나를 오르는 데에 온 힘과 정성을 다한다면 그것이 성공인 것이다. 이번 중간고사, 이번 기말고사, 지금 하고 있는 프로젝트, 이것이 내가 최선을 다해 도전해야 하는 과제인 것이다. 그렇게 한 계단, 한 계단을 오르다 어느 순간 뒤돌아보면 "아! 내가 이미 많은 계단을 올랐구나!" 하며 새삼 뿌듯할 수 있고 그것이 다음 계단을 오르는 데 든든한 받침이 되는 것이다.

한 번에 너무 많은 것을 하려는 것도 바람직하지 않지만 때를 맞추지 못하는 것도 피하고 싶다. 모든 일에는 때가 있다. 꼭 맞추지 않아도 되는 경우가 있기도 하고, 가능하면 때를 맞추는 것이 좋은 경우도 있다. 과학자나 음악가 중 천재들은 가끔 어려서부터 전문가의 세계로 깊이 들어가기도 한다. 나도 그렇고 천문학자들이 궁금해 하는 많은 질문들, 예를 들어 암흑물질은 무엇이고 암흑에너지는 무엇일까, 외계 생명체 특히 지적 외계 생명체는 있을까, 있다면 어느 별에 딸린 행성에 살까, 왜 우리은하에서는 초신성이 400년 동안이나 안 보일까 등에 대해 아인슈타인 같은 천재 과학자가 나와 답을 제시해 준다면 너무 시원할 것 같다. 미성년 영재를 발굴하고 교육하는 것이 필요할 수도 있고 좋은 점도 있겠지만, 만약 내 아이가 그렇다면 나는 그 길로 안 보내고 싶다.

'소년 급제는 재앙'이라는 말이 있다. 조선 시대에는 너무 어린 나이에 과거에 급제하면 좀 더 나이 들어 다시 오라고 집으로 돌려보냈다고 한다. 어린 시절에는 학문에 힘쓰는 것 외에 실컷 놀기도 해야 하고, 몸과 마음도 성장해야 하고, 소설에 빠져 보거나 여행도 해보고, 친구도 사귀고, 썸도 타고 실연도 해 보고, 사람 사는 인생도보고 겪어야 하는 등 공부 외에도 배워야 할 것이 많다. 또 소년 급제자는 자칫하면 독선과 아집에 빠져버릴 가능성도 있다. 우리나라에서 1997년에 개봉한, 〈마르셀의 여름〉이라는 프랑스 영화를 감명 깊게 본 적이 있다. 두 살쯤 된 아이가 문자를 익히고는 책에 빠져드는데, 보기만 해도 외울 수 있는 능력이 있었다. 부모는 아이가 책을 가까이하지 못하게 집에서 책을 치운다. 그 나이에 배울 것이 따로 있고 그 나이에 맞는 즐거움을 누리길 원해서다. 영화에서는 아이가 전화번호부를 우연히 찾아 인명부를 외우기도 한다.

나는 또한 내 아이에게 '친구' 없이 사는 인생을 선물해 주고 싶지는 않다. 어린아이 때와 청소년 시기의 '친구'는 부모나 가족보다도, 때로는 자신의 목숨보다도 소중하지 않던가. 미성년 아이는 성인과 같은 판단을 하기 어렵고 미숙하다. 40대나 50대에도 성숙하지 못한 우리 자신이지 않은가. 노인이라고 해서 늘 성숙한 판단만 하는 것도 아니지 않은가. 더구나 미성년 아이가 자신의 인생을 놓고 적절하게 판단하기 어려운데 내가 부모라고 해서 내 아이를 조기 등판하도록 또는 부모인 나에게 조금이라도 이득이 되는 길로 가게 하고 싶지는 않다. 빨리 가고 싶으면 한두 걸음 정도만 앞서 가고 너무 빨리 가려 하지는 않았으면 좋겠다.

 ## 7. 결혼, 부부, 가족

나는 아이들을 좋아한다. 아이들을 보는 것과 함께 노는 것을 좋아한다. 사람마다 다르겠지만 나에게 있는 이런 성향을 생각해 보니, 나는 '미래의 가능성'에 큰 무게를 두는 것 같다. 아이들은 순진하기도 하지만 한편으로는 못된 면도 있다. 그래도 아이들에게는 무궁무진한 가능성과 힘이 있다. 마찬가지로 청년 시절 역시도 '가능성'이 있고 꿈과 희망이 있다. 물론 요즘에는 청년 실업이니 N포 세대니 등 청년들이 힘든 시절을 지나고 있기도 하다. 사회와 시스템의 문제가 분명히 있고 이 부분은 분명 해결해야만 한다. 다른 한편, 나는 개인의 사고방식에서 긍정적인 면을 바라보기를 추천하고 싶다.

그래도 한편에서는 '가능성'이지만 다른 한편에서는 '불안'하다. 나 역시 어렸을 때와 학생일 때와 청년일 때 미래가 불확실했다. '나도 스무 살이, 서른 살이, … 예순 살이 될까. 그때까지 살아 있을까. 나도 과연 짝을 만나긴 할까. 나도 결혼이란 걸 하게 될까. 나에게도 아이가 있을까. 나는 어떤 직업을, 어떤 직장을 갖게 될까. 나는 중년이 되었을 때, 노년이 되었을 때 어떤 모습이 되어 있을까…' 때로는 이런 생각과 불안 때문에 현재를 즐기지 못하기도 한다. 그래서 한편으로는 걱정하지 않을 수 없더라도 '가능성'과 '희망'으로 남겨두고 현재 나의 삶을 즐기기를 추천한다. 설사 생각보다 조금 못하게 되더라도 그건 그때 가서 고민하고 열심히 노력하면 된다. 매 순간 나는 최선을 다할 것이고, 가장 좋은 선택을 취할 것이다.

우리 아이늘이 성인이 된 지금에야 뒤돌아보며 흐뭇해하지만 나만 해도 청년 시절에는 모든 것이 미정이었다. 그래서 불안했고, 어찌할 바를 몰라 힘들어하기도 했고 방황도 많이 했다. 혹 부모나 가족이 옆에서 지지해 주고 도움을 준다면 아마 큰 힘이 될 수 있을 것도 같다.

아내와 결혼을 준비할 때 석 달 정도 '결혼준비학교' 수업을 들었고, 남자와 여자의 차이에 관해, 결혼과 가정에 관해 많은 것을 배울 수 있었다. 그때 배운 것 중 이런 것이 기억 남는다. 부부 중 어느 한쪽이 화를 내면 같이 화내지 말고 우선 수용하라, 이혼과 같은 단어는 입으로 절대 말하지 않는다, 등. 이런 질문도 있었다: '예쁜 여자가 지나가면 봐도 되는가 안 봐야 하는가?' 그 답으로 들은 비유는 이렇다. '참새가 내 머리 위를 지나가게 할 수는 있지만 머리에 똥을 싸게 놔두진 마라.'

나는 부부관계에서는 'Out of sight, out of mind.'라는 말이 맞다고 생각한다. 눈에서 멀어지면 마음에서 멀어진다는 말인데 나는 이것이 결혼 관계뿐만 아니라 학문이나 일에도 적용된다고 생각한다. 어린이들이나 학생들이 전공을 고민할 때 '연봉'을 묻는 경우가 꽤 있다. 하지만 연봉만, 보수만 보고 전공을 선택하면 오래 지속하기 어렵다. 좋아하고 즐겨야 열심히 할 수 있고 오래 할 수 있다. 천문학자가 의사보다 보수는 적겠지만 나는 하고 싶은 일을 하면서 보수를 받고 사는데 이를 부러워하는 사람이 참 많다. 우리 부부 사이에도 나는 웬만하면 떨어지지 않는다는 원칙을 세웠다. 내기 세운 기준은 한 달! 한 달 이상은 주말 부부도 하지 않겠다고 생각했었고, 감사하게도 이를 지킬 수 있었다. 아이들을 키우는 동안 아내가 전업주부를 감당해 주었기에 부유하지 못했지만 우리 부부가 아이들에게 안정된 어린 시절을 선물할 수 있었다. 그 시절이 우리 가족 모두의 삶과 내면을 풍성하게 채워 주었기에 지금은 감사한 마음이고 후회하지 않는다.

과학기술부와 영국문화원의 공동 주관으로 국내 과학기술자를 선발하여 3개월 동안 영국의 대학에서 연구할 수 있는 기회를 제공하는 프로그램에 선정된 적이 있었다. 영국 에든버러대학교 왕립천문대에서 가상천문대 관련 연구를 단기간 수행했다. 나는 이때 비로소 영국의 역사를 알게 되었다. 잉글랜드, 스코틀랜드, 웨일스, 북아일랜드가 합쳐 영국(UK)을 결성했지만, 여전히 각자의 정체성이 남아 있어서 아직도 분리 독립을 원하기도 한다. 그리고 축구에서는 여전히 넷이 따로따로 출전한다. 실제로 '에든버러'가 수도인 스코틀랜드는 분리 독립 안건으로 국민투표를 하기도 했고, 외교와 국방을 제외하고는 독립적인 운영을 하고 있으며, 점령국인 잉글랜드에 대한 반감 때문에 잉글랜드와 프랑스가 축구를 하면 프랑스를 응원한다고 한다. 에든버러의 위도가 55도나 되기에 여름은 짧고 겨울은 길며, 겨울에는 낮이 짧고 밤이 긴 반면 여름에는 낮이 워낙 길어서 밤에도 잠깐만 어둡고 오랜 시간 환한 시간이 지속되는 곳이다. 둘째가 막 세 돌을 지났을 때여서 짧은 기간이지만 오전 몇 시간 어린이집에 다닐 수 있었다. 생전 처음 엄마와 떨어지는 것이고 처음 가 보는 곳임에도 아침에 어린이집에 도착하면 아이의 눈이 휘둥그레졌다. 하루는 다양한 공룡 인형이 바닥에 전시되어 있고, 또 하루는 온갖 자동차가 바닥에 늘어서 있는 식이었다. 여자아이들은 여자아이들이 좋아할 만한 것들이, 남자아이들은 남자아이들이 좋아할 만한 것들이 매일매일 다른 종류로 미리 준비되어 있었다. 아이는 뒤도 돌아보지 않고 뛰어갔고 엄마 아빠가 가는 줄도 모른 채 빠져들었다.

그랬던 아이였기에 한국에 돌아와서 나이가 조금 더 든 아이를 어린이집에 등록했는데, 상황이 달라도 너무 달랐다. 아침에 어린이집에 들어섰을 때 맞닥뜨리는 것은 선생님과 또래 아이들뿐이었고, 엄마와 생이별해야 했으며 아이는 '수업'이란 걸 해야 했다. 매일 아침이 눈물바다였고 어린이집에 대한 애정이 생길 수 없었다. 다행히 아내가 당시 전업주부였기에 '어린이집'은 포기 내지는 연기할 수밖에 없었고, 자연스레 멀어졌다. 영국에서 우리 아이는 모국어인 한국말만 몇 마디 하는 아이였고, 어린이집 선생님들은 당연히 한국말을 못 했지만 언어의 차이는 전혀 문제 되지 않았다. 아이들을 빨아들이는 흡인력, 아이들이 그저 행복해하며 놀고 소통하는 사회생활에서 배움을 익혀가는 과정, 너무 부러운 교육이었다.

✴ 8. 자녀 교육

사람들의 마음을 위로해 주어 힐링 강사로 유명한 김창옥 교수의 강연을 요즘 가끔 본다. 나도 위로받고 싶은 마음일 때, 그의 말은 마음을 어루만져 주는 힘이 있다. 본인이 아픔을 직접 겪었고, 힘든 과정을 지나왔기에 왠지 그에게는 아픔과 고민을 쏟아 놓을 수 있을 것 같고, 또 실제 그의 말은 상처를 보듬어 준다. 1960년대와 1970년대 그리고 1980년대까지 이어지던 가난하고 퍽퍽했던 시절들. 박정희와 전두환 군사 정권의 서슬 퍼런 폭압과 그 폭력적인 문화가 사회로, 기업으로, 거리로 이어지고 결국에는 가장들을 통해 개개 가정들에까지 전파되던 시절. 김창옥 교수는 그 아픔을 이야기하면서도 웃음을 함께 건네준다. '아버님이 동양화(?)를 하셨다거나, 집에 오셔서 어머님과 유에프씨(UFC)를 하셨다'라고 하는 등.

거기까지는 내 어릴 적도 비슷했던 것 같다. 조금 다른 점은 나는 복도 많아 살아 계신 내 어머니 말고도 어머니가 또 있었다는 점이다. 그러면 내가 받는 사랑과 귀여움은 두 배쯤 되어야 할 것 같은데 현실은 늘 반대였던 것으로 기억한다. 그 시절의 영향이 아직도 나에게 강하게 남아 종종 나에게 그 시절을 생각나게 하는 것을 보면 말이다.

사람은 미래를 알 수 없기에 늘 궁금해 하고, 때로는 내 몸속에 내가 미처 인지하지 못하는 어떤 유전자가 숨어 있는 건 아닐까 생각하기도 한다. 특히 지적 능력이 약한 어린 시절에는 그것이 궁금함으로 다가오기도 하고 때로는 공포로 다가오기도 한다. 나도 초등학교와 중학교 시절에 참 궁금했다. 나도 크면 내 아버지처럼 자연스럽게 여러 여성과 살게 되는 건지, 나도 내 아이들과 UFC를 하고 아이들 뺨에 뜨거운 박수를 선물해 주는 사람이 되는 건지.

모델이 하나였으면 아마 그리로 따라갔을지 모르겠지만 다행히, 그리고 감사하게도 나에게는 또 다른 모델이 있었다. 그리고 나는 내 의지로 그 롤 모델을 내 쪽으로 적극적으로 끌어당겼기에 나에게 더 큰 영향을 미치게 할 수 있었다. 다른 말로 하면 나는 내 스스로 더 큰 영향을 적극 빨아들였던 것 같다. 나에게는 그 모델이 성경에서 만난 하나님이었다. 단군신화 같으면 아마 이렇게 설명했으리라. '아버지, 저 죄짓는 인간들 때문에 화내지 마십시오. 제가 내려가서 설득해 보겠습니다. 안 되면 저를 제물로 바쳐서라도 속죄하겠습니다.' 하지만 성경의 하나님은 조금 달랐던 것 같다. 먼저 신과 인간이 등장하는데, 인간은 신의 시선을 벗어나 자기가 원하는 방향으로 가고자 한다. 하나님이 기뻐하지 않는 길이고 선한 길이 아님을 알면서도. 하나님은 안타까워하다가 속죄할 방법으로 자신의 아들까지 제물로 내준다. 그리고 아들은 죽음 직전에 이런 탄원을 한다. '아버지, 할 수 있으면 이 잔을 내게서 지나가게 하소서. 그러나 내 바람대로 마시고 아버지의 뜻대로 되기를 원합니다.' 그리고는 선선히 죽음을 받아들이고 스스로 제물이 된다.

사람마다 어린 시절의 어둠을 통과할 때 도움을 받기도 하고 위로받기도 하는 존재가 있을 텐데, 나에겐 가장 큰 도움이 그분에게서 왔던 것 같다. 물론 내 주위에 나를 위로하고 도와준 고마운 분들이 참 많고 그분들의 고마움을 이루 헤아릴 수 없다. 하지만 나의 내면을 붙잡아 이끈 분, 어둠 속에서 성장하면서 스스로 어둠처럼 될까 봐 고민하던 나를 어둠 밖으로 이끌어 주신 분은 그분이다.

우리 집 두 아이가 클 때 내가 가졌던 '아버지 상(image)'은 하나님 아버지였다. 어떤 면에서는 친아버지와 반대로만 하면 되니 편했다. 어린 나를 휘감았던 어둠이 내 속을 가득 채웠지만 내가 바라보는 모델은 온유한 분, 보듬어 주시는 하나님이었다. 그분이 늘 나를 내려다보면서, 내 어깨 위에 두 손을 얹고 나와 함께 걸어가신 다는 생각. 늘 내 편이 돼 주신다는 생각. 내가 잘못할 때는 안타까 워하면서 말없이 기다려 주시는 분, 그러다가 내가 다시 일어나 다 시 걸어가려 하면 함박웃음을 지으시며 내게 힘을 주시는 분… 그 래서 나도 내 아이들을 그렇게 봤던 것 같다. 격려해 주고 위로해 주 고 기다려 주고. 우리 아이들이 동의해 줄지는 모르겠다. 나도 인간 이고 처음 아빠였기에. 나도 힘든 직장생활을 하는 중에 아이들을 키웠고 가계가 여유롭지는 않았기에 못난 모습도 많았다. 과거의 내 모습이 내 속에서 불현듯 솟아 나오면 나도 가족도 힘들었다. 그 래도 나를 관통하는 기조를 말해 보라면 바로 그분이었다. 포용해 주고 도와주는 아버지.

부모님들이 늘 궁금해하는 것, 아이들을 어떻게 키우면 좋은지 생각해 보면 나는 이런 말을 해 주고 싶다. '모범'을 보여 주라고. 아 이들에게 말로 이렇게 하라, 저렇게 하라, 이런 사람이 되라고 말을 할 수 있지만 우리는 모두 알고 있다, 그게 별로 소용없다는 것을. 가장 효과적인 교육은 부모가 직접 그렇게 살면 아이들이 따라 한 다는 것이다. 아이들은 기가 막히게 안다. 부모의 말과 부모의 삶이 같은지, 다른지를. 그리고 자기도 모르게 부모의 말보다는 부모의 삶을 따른다, 본능적으로. 예를 들어 아이에게는 공부하라고 하고 부모는 안방에서 TV를 본다면 아이들도 시나브로 부모의 모습을 따른다.

근묵자흑(近墨者黑) 근주자적(近朱者赤). 선비들이 글 쓸 때 사용하 던 먹 같은 검은 것을 가까이하면 검게 되고 붉은 것을 가까이하면

붉게 된다는 뜻이다. 내 아이를 책 읽기 좋아하는 아이로 만들고 싶으면 부모가 먼저 책을 읽으면 된다. 부모가 운동을 하는 집안에서는 아이들이 자연스럽게 운동을 접하고, 음악가 집안에서는 아이들이 선천적으로나 후천적으로나 음악을 가까이하며 성장한다. 익숙해지면 편하다. 그래서 어느덧 자신에게 스며들게 되고 자연스럽게 체화되고 그러다 보면 남들에게서 '잘한다'는 말도 듣게 된다.

나는 이지성 작가의 《리딩으로 리드하라》는 책을 읽고 적잖이 충격을 받았다. 예를 들어, 고전을 읽는 것은 '당대 최고 천재들의 가르침을 직접 받는 것과 같다'는 이야기라던가 또는 '도서관에 책이 100만 권이 있어도 나와 무슨 상관이 있는가' 같은 말. 도서관 이야기를 나는 이렇게 기억한다. 내가 만약 한 달에 책 한 권을 읽는다면 나는 1년에 12권의 책을 읽게 된다. 그러면 나는 평생 약 60년 동안 720권의 책을 읽는다. 평생 읽는 책이 1,000권이 안 된다. 만약 얼심을 내서 1주일에 책 한 권을 읽는다면 1년이 52주이니 1년에 52권의 책을 읽는다. 이걸 50권이라고 치면 60년 동안 3,000권의 책을 읽는다. 내가 가는 도서관에 책이 100만 권이 있어도 '아, 나는 100만 권은커녕 평생 동안 1만 권도 읽을 수가 없구나!'

그때부터인가 내가 사는 대전의 유성구 도서관에서 책을 빌려 읽으면서 읽은 책을 기록해 보았다. 도대체 내가 1년 동안 책을 얼마나 읽는지. 연구하고 논문을 읽는 삶을 살면서 틈틈이 전공 책 외의 책을 읽다 보니 시간을 많이 투자할 수 없었고 1년에 20권이나 30권이 고작이었다. 그런데 그렇게라도 책을 읽다 보니 책이 재미있다는 것을 알게 되었고 어느새 나도 모르게 빠져들었다. 재미있는 책을 만나게 되면 엘리베이터에서도 책을 읽었고, 버스를 타고 가

다가 신호 대기에 걸리면 책을 폈고, 때로는 운전하다가도 교통 신호에 걸려 서게 되면 책을 읽었다. 그러다 보니 아이들이 어릴 적부터 자기들 아빠가 책을 좋아한다는 것을 알게 된 것 같다. "우리 아빠는 책을 좋아해"라는 말을 하는 것을 보니 말이다.

나의 그런 모습들이 아이들에게 모종의 교육 효과를 주었던 것 같다. TV나 유튜브, 핸드폰을 켜면 온갖 즐거움이 넘쳐난다. 시간 가는 줄 모르고, 잠깐 한 번 눈길을 주었다가 몇 시간을 보내며 화면에 중독되어 가는 세상. 그것 말고도 즐거움을 얻을 수 있는 곳이 있다는 것 정도는 알려준 것 같다. 누구나 핸드폰의 유혹을 이기기는 힘들다. 그래도 그 아이들이 살아가는 동안, 핸드폰 말고 다른 즐거움을 누리고 사는 누군가의 존재를 알고 있다는 사실, 자기들 가까이에 그런 존재가 있다는 사실만으로도 나는 다른 세상을 알려주었다는 데에 기쁨을 느낀다.

직장인들은 힘든 하루하루를 살아가기에 저녁 시간에 TV 드라마에서, 예능에서 즐거움을 얻기도 한다. 그래도 내 아내는 두 아이가 학생일 때 모범을 보이기 위해 집에서 TV를 없애기도 했다. 부모로서의 모범은 그런 모습인 것 같다. '나도 쉽지 않지만 너를 위해 이거 하나는 참아볼게. 함께 노력해 보자' 그런 모습.

결과론적인 이야기이지만 어린 시절의 곤란과 가난은 지금의 나를 있게 한 원동력이기도 했다. 사람마다 재주가 다르고 기호와 능력치가 다른데, 내 경우에는 피할 수 있는 길과 숨을 곳이 책과 공부였으니까. 그리로 한없이 피하고, 거기서 열심히 땅을 파다 보니 어느덧 여기까지 이르렀으니까. 물론 다시 돌아가서 좀 더 여유로운 삶을 살게 된다면 전혀 다른 방향으로 가 있을 수도 있겠다. 하지만 내가 이를 악물고 노력할 수 있었던 계기였다는 점은 부인할 수 없다.

우리 아이들에게도 같은 마음이다. 나는 우리집 아이들뿐만 아니라 모든 아이가 풍족한 삶을 살았으면 좋겠다. 나야 지금 정도의 풍요로움에 감격하고 감사하지만, 우리 아이들은 다를 수 있을 것 같고 실제 다르다. 우리 부모님 세대와 비교해서 지금 우리는 엄청난 부유함을 누리지만, 이미 선진국에 진입한 나라에서 태어나 결핍을 모르고 자란 우리 아이들 세대는 기대치가 다를 것이다. 누구나 나보다 덜 가진 사람을 보며 나의 풍요에 기뻐하고 감사하기보다는, 나보다 더 가진 쪽을 바라보며 사는 듯하다. 그래서 결과론적으로 말해서 내가 가난했기에 감사하다 - 교육면에서. 미리 선택할 수 있다면 누가 자식의 교육을 위해 내 가정의 결핍과 가난을 선택할 수 있을까. 하지만 지나고 나서 돌이켜보면 결핍이 있었고 가난했던 것이 우리 아이들의 교육을 위해서는 나았던 것 같다. 나 자신을 돌이켜 봐도 그렇고. 재벌 정도로 풍요가 넘치는 분들은 알 수 없고 누릴 수 없는 복! 나의 뒤를 돌이켜 볼 때 나는 '복'이라고 말할 수 있겠다 싶다. 물론 과거가 더 풍요로웠고 현재가 더 풍요롭다면 더 나은 결과를 보았을 수도 있다. 하지만 인간의 일을 누가 알까. 그저 지금의 모습까지 이끌어 주신 것에 감사할 뿐.

만약 내가 천문학자 대신 재벌이거나 기업의 CEO가 되었다면 우리 아이들은 지금보다 더 풍요롭고 부귀를 누렸을 것이다. 하지만 내가 천문학을 한다는 것을 통해 나는 특정한 목표를 향해 부단히 달려가는 부모의 모습을 보여 주었다고 생각한다. 지금보다 가난했던 시절, 천문학같이 '돈' 안 되는 순수과학을 하겠다고 뛰어들고 또 그 목표를 위해 열심히 달리는 부모. 엄청난 부는 아니어도 중산층에서 태어나게 하고 또 자신이 좋아하고 가치 있다고 여기는 것을 열심히 하는 모습을 보여 준 것. 그것이 큰 부를 물려주지는 못해도 남들과 다른 나만의 유산이라고 여긴다. 이 글을 읽는 분들에게 권하고 싶은 것은 '주변 사람들에게 그리고 자녀들에게 책 읽는 모습을 보여 주라'는 것이다. 그리고 책이 얼마나 즐거운지를 늘 감격하는 모습을 보여 주라. 거액의 재산 상속보다 훨씬 값어치 있는 자산이 될 것이다.

초중고 시절 아이들은 '아빠처럼은 되지 않겠다', '엄마처럼은 되지 않겠다'라고 다짐하는 경우가 많다. 물론 예외도 있겠지만 성격은 닮고 싶어 하지 않고, 사회적인 지위나 명성에서는 부모를 훨씬 뛰어넘고 싶어 한다. 하지만 시간이 흐르고 어느 순간 자신을 돌이켜 보면 나도 모르게 엄마나 아빠를 닮아 있는 자신을 발견하게 되고, 또 직업이든 지위든 아빠만큼만, 엄마만큼만 하기도 쉽지 않다는 것을 깨닫게 된다. 학문의 세계, 공부의 세계에서도 비슷하다. 고등학교 때까지는 기초적인 바탕을 쌓다가 대학에서 교수들을 만나고 수업을 듣다가 대학원에 들어가면서 희망을 품는다. 세계적인 과학자가 되겠다는, 아인슈타인이나 뉴튼 같은 학자가 되고 노벨물리학상을 받는 한국 제일의 과학자가 될 수 있겠다는. 지도교수를 통해 학문의 세계에 발을 들여 놓고 한 발자국 두 발자국 걸으면서 꿈을 꾼다. 거인이 되어 보겠다는.

사실 그때, 한창 성장하고 자라며 열심히 실험하고 일할 때가 가장 많은 열매를 거둘 때이다. 20대와 30대의 약 10~20년이 사실 일평생 중 가장 많은 일을 할 때이다. 노벨상도 사실은 그때의 성과에 대해 한참 후에 인정받고 상을 받는 것이다. 그 시절이 어느 정도 지나 박사학위를 받고 포닥 시절을 거치고 교수 또는 연구원이 되면 그땐 연구에만 집중하기 힘들어진다. 초중고 선생님들이 아이들을 가르칠 시간을 빼앗기며 행정 업무를 하듯이 교수와 연구원도 온갖 행정 업무가 상당 시간을 앗아간다. 그리고 슬슬 조직이나 예산, 인력을 관리하는 일에도 참여해야 하고, 후배도 챙기고 제자도 길러야 한다.

교수나 연구원이 된 초반기에는 그래도 꽤 연구에 집중할 수도 있다. 한편, 일생 중 다른 면을 보면 이때가 신혼 시절일 수도 있고 아이들이 막 태어나거나 어린 시절을 보낼 수도 있다. 내 경우에도 두 아이가 어렸을 때가 사실 내가 너무나도 바쁠 때였다. 어린아이라 병원에 갈 일도 많고, 함께 놀아 줘야 하고, 결국은 시간을 투자해야 한다. 특히 남자아이들은 넘치는 에너지를 발산할 수 있게 뛰고 씨름하고 땀 흘려 놀아 주지 않으면 건강하게 자랄 수가 없다. 둘째가 태어나서 첫 한두 해 동안 너무 바빠서 함께해 주지 못했다. 아이의 어린 시절에 잃어버린 1년을 나중에 보상하려면 두세 배의 시간을 들여야 겨우 가능하거나 또는 어쩌면 거의 불가능하다는 것을 알기에, 아이가 두세 살이 되고부터는 최대한 더 많이 놀아 주려고 노력했다. 딸이든 아들이든 엄마 혼자 교육할 때와 아빠가 일정 부분 교육에 참여할 때 아이에게 미치는 영향은 하늘과 땅만큼의 차이다. 내가 시간을 들인 만큼, 함께 놀아 주고 대화한 만큼 아이들은 건강하게 자라 주었다.

모든 사람에게 그런 것처럼 나에게도 '시간'은 딜레마였다. 연구는 시간을 들인 만큼 결과가 나오고, 그만큼 성과가 도출된다. 좋은 성과일수록, 그리고 성과가 많을수록 더 좋은 직장을 가질 확률도 높아지고 그만큼 학계에서의 명성도 올라간다. 똑같은 개념으로 아이들에게도 시간을 들인 만큼 아이들은 행복해하고 부모에게 고마위하고 건강하게 자란다. 연구와 아이 키우기, 둘 모두를 잘하고 두 가지 모두에서 성공해 아름다운 열매를 거두는 경우도 있지만 흔하진 않은 것 같다. 결국 나 같은 일반인은 둘 사이에서 균형을 잡고 어느 한쪽이라도 놓치지 않으려고 최선을 다하는 삶을 산다. 나는 천성적으로 '사람'보다 '일'을 우선하지만, 의식적으로 '일'보다 '사람'을 우선시하려 노력했는데 돌이켜 보면 나름 열심히 했던 것 같다. 나도 내 연구에 더 많은 시간을 투자하고 내가 하려고 했던 일들에 더 많은 시간을 들였다면 내가 꿈꿨던 것만큼 성과를 얻고 그만큼 이름을 드러냈을지도 모른다. 하지만 그건 욕심에 가깝고, 우리 아이들이 비뚤어지지 않고 건강하게 성장해 준 것에 훨씬 고마운 마음이다. 다시 돌아가더라도 동일한 선택을 할 것이다. 조금 더 열심히 해 보려고 노력하겠지만.

육아는 힘들다. 하지만 그 시절이 영원히 지속되는 건 아니다. 지나고 보면 아이들과 함께할 수 있는 시간은 오히려 금방 지나가 버린 듯 느껴진다. 그리고 그 잠깐의 시기를 놓친 동료들은 땅을 치고 후회한다. 내가 한 번은 중고차를 구매했는데, 차 핸들에 '파워 핸들'이라고 부르는, 한 손으로 핸들을 쉽게 돌릴 수 있게 부착하는 '핸들 봉'이 부착되어 있었다. 사고 시에 몸이 앞으로 쏠리면 위험하기도 하고, 나는 없는 것이 편해서 드라이버로 나사를 풀고 떼어냈다. 그런데 워낙 오랜 시간 동안 '핸들 봉'이 고정되어 있어서 핸들의 고무가 깊게 눌려서 금방 올라오지 않았다. 언젠가는 올라오겠지 하고 기다렸는데, 고리가 없던 주변과 같은 높이로 올라오는 데 거의 6개월이 걸렸다. 그러고서도 높이는 비슷해졌지만 한 번 눌렸던 부분은 자국이 남아 있다. 한갓 사물도 원래의 자리로 돌아오는

데 저렇게 오래 걸리고, 또 그래도 원상 복구는 안 되는데 사람은 오죽할까. 감정은 회복되는 데 더 오래 걸린다. 그리고 성장기의 어린 시절에 받은 상처를 회복하려면 상처받은 기간의 최소 2배 이상의 기간이 걸리는 것 같다. 그나마도 원래 받아야 할 사랑보다 훨씬 많은 관심과 애정을 쏟을 때 말이다. 학자로서 성과가 작고 출판한 논문의 수가 적으면 나 혼자 손해지만, 한참 크는 아이가 사랑과 관심을 필요로 하는 시기에 눈물을 흘리고 상처를 받으면 아이에게도, 부모인 나에게도, 모난 시민 하나를 품어야 하는 사회 모두에게 손해이고 힘들다.

나는 내 생일을 챙기는 것이 불편하다. 생일에 기쁨 가득한 축하를 받아본 기억이 거의 없어 그런지 동료들이나 심지어 가족이 내 생일을 축하해 줘도 마음속이 좌불안석이다. '떡도 먹어 본 사람이 먹는다'는 속담처럼 내 아이가 평생 행복한 아이로 살게 하고 싶으면 어렸을 때 행복을 느끼게 해 주면 된다. 아이는 불편한 것은 멀리하고 익숙한 것을 가까이하며 살 것이다. 내가 사는 아파트 단지 내부를 운전하다 보면 한쪽에 사람 다니는 길이 있는데, 어린아이 손을 잡고 굳이 차도를 걷는 부모들을 꽤 본다. 아이들은 혼자 돌아다닐 수 있게 되면 늘 부모와 함께 가던 길을 간다. 문제는 아직 어린 아이인 경우 위험 대처 능력이 약하다는 것이다. 내 아이가 내 손을 놓고 혼자 다니게 되었을 때 아이가 걸어가기를 바라는 길, 그 길을 아이 손잡고 다녀야 아이가 기억한다.

누구나 가장 어린 시절의 첫 기억이 있다. 사진이나 동영상이 기억을 만들어 내거나 왜곡시키기도 하는데, 제대로 된 기억은 대개 4

세 전후부터 남는 듯하다. 하지만 4세 이전의 아이들을 살펴보면 약하고 의사 전달이 어려울 뿐이지 자신의 의지가 있고 자신의 생각이 있다. 기억하지 못하는 시절의 경험들은 모두 압축되어 감정이라는 이름으로 저장되는 것 같다. 그때 사랑을 충분히 받고 안정감 속에 성장한 아이들은 모나지 않고 밝다. 그리고 주변의 모나고 상처 입은 친구들을 어루만져 준다. 하지만 감정에 눈물이 밴 아이들은 평생 분노와 억울함의 괴롭힘을 받는다. 그리고 그 뾰족뾰족함이 가족과 친구들, 주변 사람들을 찌른다. 한 아이의 성장에는 온 마을이 필요하다. 최소한 부모의 사랑이 있으면 아이들은 제대로 된 길에서 벗어나지 않는다.

9. 교육 - 자신만의 공부 방법

내가 평소에 하는 생각과 동일한 이야기를 다른 사람이 하는 경우가 있다. 2023년까지 한국천문학회 회장이셨던 경북대학교 천문대기과학 전공의 박명구 교수님이 해 주신 이야기다. 뭔가를 외울 때는 이야기를 덧입혀 외워야 오래 지속된다. 박 교수님이 대학원생일 때 동급생과 대화하는 중에 1024가 들어간 전화번호 이야기가 나온 적이 있다고 한다. 박 교수님은 외우기 쉬운 숫자이니 그냥 외웠는데 친구는 2의 10제곱이 1024라는 식으로 외웠다고 한다. 그때는 그냥 쉽게 외워지는 숫자를 뭐 그리 어렵게 외우나 생각했는데 오랜 시간이 지나고 나니 본인 머릿속에서 그 전화번호는 기억나지 않고 대신 '2의 10제곱'이라는 이야기가 생각나 전화번호를 다시 기억해 낼 수 있더란다. 이런 일은 비일비재하다. 과학에서도 외워야 할 항목이나 숫자가 많고 역사에서도 연도를 숫자로 알고 있어야 하는 경우가 많다. 모든 것에 이야기를 덧입히기가 쉽지는 않지만 그렇게만 할 수 있다면, 또는 노래나 문구로 만들 수 있다면 오래 지속 가능하다.

예를 들어, 임진왜란이 일어난 해인 1592년은 '이로구 있으면 위험하다'라고 외우면 된다는데 나는 이것을 최근에 TV에서 들었다. 저 92년은 세 번 연속으로 유명한데 태조 이성계가 고려를 무너뜨리고 조선을 건국한 해가 1392년이고, 콜럼버스가 미국 신대륙을 발견한 해는 1492년이다. 임진왜란은 딱 건국 200년 되는 해인 1592년에 발발했고, 서양 사람들이 새로운 땅을 발견해서 열심히 드나든 100주년 기념이 되는 해이기도 하다. 지구는 태양계에서 3번째 행성이고 안쪽에 있는 두 행성 수성과 금성을 '내행성'이라고 부른다. 이 두 내행성은 태양 주위를 공전하는 궤도가 지구보다 안쪽에 있다 보니 지구에서 보면 늘 태양 근처에서만 좌우로, 동서로 왔다 갔다 하며 움직인다. 그래서 새벽에 해가 뜰 때는 수성과 금성이 태양보다 먼저 떠 있어야, 즉 태양보다 서쪽에 있어야 우리에게 보이고, 반대로 해가 질 때는 태양보다 늦게 져야, 즉 태양보다 동쪽에 있어야 관측 가능하다. 수성과 금성은 늘 태양 근처에서 좌우로 왔다 갔다 하니 태양으로부터 일정한 각도 이상 벗어날 수 없게 되는데 이 각도를 '최대 이각'이라 한다. 내행성이 새벽에 태양보다 서쪽으로 가장 멀리 떨어져 있을 때는 '서방 최대 이각'이라 하고, 초저녁에 태양보다 뒤, 즉 동쪽으로 가장 멀리 떨어져 있을 때는 '동방 최대 이각'이라고 부른다. 수성의 최대 이각은 28도, 금성의 최대 이각은 48도인데 이런 경우 이 두 숫자를 '이판사판'이라고 외울 수 있다.

내가 중학교 1~2학년 때 영어 선생님은 교과서 본문을 외우게 하셨다. 나는 내 나름의 방법을 찾아 종이에 쓰면서 한 번 읽고, 다시 버스로 서너 정거장 되는 거리를 늘 걸어 다녔기에 걸으면서 그 종이를 손에 들고 다니다가 힐끗힐끗 보면서 읽고 또 읽으면서 외웠다. 당시에는 숙제로 여기고 했던 일인데 그때 외운 영어 문장들이 오랜 시간 내 머릿속에 남아 나의 영어 자산이 되었다. 그 뒤로는 독일어나 러시아어, 스페인어를 공부할 때도 똑같이 종이에 쓰고 들고 다니면서 외우게 되었다. 나의 경우는 중학교 때 익힌 언어 습득의 방법이 아주 잘 먹힌 예라고 할 수 있다.

수학은 공부하는 방법이 언어와 다르다. 수학은 '손으로' 공부해야 한다. 선생님이 칠판에 필기하면서 가르쳐 주시는 설명과 문제 풀이를 집중해서 보면 이해가 잘 된다. 하지만 조금 후에 내가 스스로 문제를 풀어 보려고 하면 꽉꽉 막힌다. 수학은 내 손으로 종이에 직접 풀어 봐야 내 지식이 된다. 내 고등학교 1~2학년 때 수학 선생님은 매일 연습장을 10장씩 쓰게 하셨다. 내가 내 손으로 직접 풀어 보고 해결해 본 것들만 내 지식이 된다. 그 '연습장 쓰기'는 내 수학 지식 확장에 결정적인 기여를 해 주었다.

하지만 이런 예들은 아주 지엽적인 사항이고 사람마다 무궁무진한 새로운 방법으로 길을 찾을 수 있고, 그런 길의 수는 셀 수 없이 많다. 또한, 다른 사람이 사용했던 방법을 배워서 쓰는 것보다 자신이 찾은 방법이 훨씬 오래 간다.

내 아이가 공부 잘하는 걸 보고 싶으면 내가 평소에 열심히 공부하면 된다. 아이들이 나를 볼 때뿐만 아니라 늘. 그리고 아이들은 안다. 부모가 보여 주려고 공부하는 건지, 정말 열심히 공부하는 건지.

또는 정말로 재미를 느끼는지. 그리고 부모든 자녀든 TV와 핸드폰에 시간을 뺏기기보다 밤에 충분히 잠을 자면 아이들도 따라온다. 아이가 밤에 충분히 잠을 자면 키도 크고 성장할 뿐만 아니라 낮에 졸지 않는다. 아이가 학교에서 졸리지 않으면 무엇을 할까. 한 가지는 수업하는 선생님과 눈 마주치는 것이다. 많은 아이가 수업 시간에 잠을 자고 있으면, 눈을 뜨고 경청하는 아이는 선생님 사랑의 대상이 되고 개인 교습을 받는다. 그리고 시험은 그 선생님이 출제하므로 성적이 좋아질 가능성이 아주 높다. 그 선생님이 숙제를 낸다면 수업을 경청한 아이가 가장 잘 풀 수 있을 것이고, 다음 시간에 어느 부분을 할지 알면, 그리고 공부 내용이 재미있거나 선생님의 사랑과 관심이 좋다면 예습을 할 것이다. 학생의 예습은 선생님을 기쁘게 하고 둘 사이에는 지식의 교감이 이뤄진다.

모든 공부에는 때가 있다. 교육 제도가 초등학교 4학년 때 영어를 처음 배우게 되어 있다면, 그 이전에는 모국어를 충분히 배우라는 의미이다. 《리딩으로 리드하라》 책에서 이지성 작가가 초등학교 5~6학년이 되기 전에는 책을 읽히지 말고 실컷 놀게 하라는 말은, 어린 시절에 실컷 놀아야 때가 되었을 때 독서에 몰입할 수 있기 때문인 것 같다. 어린 시절에 놀지 못하면 커서라도 놀게 된다. 성인이 일은 안 하고 놀기만 한다면 꼴불견이다. 너무 어린아이가 영어를 공부하는 것도 책을 읽는 것도 꼴불견이다. 아이들은 부모가 책을 읽고 즐거워하는 모습을 보는 것으로 충분하다. 그리고 본인들이 책 내용을 궁금해하면 책을 들고 와서 읽어 달라고 한다. 그때 내치지 않고 무릎에 앉히고 동화구연을 하면 아이들은 애정과 지식을 동시에 습득한다. 이런 일거양득을 우리 아이들에게도 더 많이 해 줄 걸 하는 후회가 지금도 늘 마음을 아린다.

수학은 계단을 한 칸 한 칸 쌓아 올려야 한다. 교육과정은 그런 계단을 잘 고려해서 쌓은 체계적인 계단이다. 만약 중간에 방황하거나 수학 선생님이 싫어지거나 외국이라도 1년쯤 다녀오면 중간 계단이 한 칸 빈다. 그러면 그다음 계단을 쌓는 것이 아주 힘들다. 빠진 칸이 무엇인지 빨리 파악하고 채워야 그다음 칸이 어려움 없이 채워질 수 있다. 처음 칸을 쌓을 때 재미를 느끼고 칭찬을 받아 즐거운 마음으로 시작할 수 있다면 첫 한 칸 쌓는 것과 다음 한 칸을 채우는 것은 그럭저럭 수행한다. 그러면서 그 위에 한 칸씩 쌓을 때 자기도 모르게 일상을 살 듯이 쌓아갈 수 있다면 그리고 다행히 그 과정에서 뿌듯함이나 재미를 느낄 수 있다면 제 궤도에 올라서는 것이다. 그런 과정을 초등학교와 중학교 시절에 성실하게 지날 수 있다면 '길'에 올라선 것이다. 그 길을 벗어나지만 않으면, 그리고 중간에 칸을 비우지만 않으면 계속 걸어가고 올라갈 수 있다.

그런 수학과 비교하면 과학은 '흥미'가 핵심이라고 할 수 있겠다. 어린아이들이 밤하늘의 달과 별에 황홀해하는 것, 곤충과 공룡에 빠지는 것, 이런 것이 과학의 요인이다. 문과 계통이든 이과 계통이든 사람마다, 아이마다 흥미를 느끼는 부분이 다르다. 부모는 아이의 그런 점들을 관찰해 관심을 보이는 것, 재미있어 하고 다가가려 하고 질문하는 내용을 주의해 보고 기회를 제공해 주면 된다. 호기심을 보이고 뭔가 궁금해서 자꾸 질문하면 흥미가 있는 것이고, 하나씩 하나씩 대답해 주고 궁금증을 해결해 주고 났을 때 아이가 거기까지만 관심 있어 하고 다른 분야로 옮겨가는지 또는 계속 더 궁금한 것을 찾아내고 또 다른 질문을 하는지 보면 된다. 관심과 재능이 있는 아이들은 멈추지 않는다. 뭔가를 더 질문하고 더 요구한다. 그런 기회 하나하나를 살려 주고 새로운 자극을 주면 아이들은 성장한다. 과학의 시작은 '질문하기'이다. 뭔가를 궁금해하면 과학이 시작된 것이다.

 ## 10. 사람들 앞에서 발표하기, 그리고 문학

피아니스트 정승미의 책 《무대 공포증 극복 시크릿》을 보면 블라디미르 호로비츠나 글렌 굴드 같은 피아니스트, 첼리스트 빠블로 까잘스, 성악가 르네 플레밍 등 유명한 음악인들도 무대에 오를 때면 다리가 후들후들 거리거나 뱃속이 울렁대는 등의 무대 공포증으로 고생했다고 한다. 과학을 하는 사람도 마찬가지다. 공부하고 연구한 내용을 청중 앞에서 발표하는 훈련을 대학원에서 하는데 사람들 앞에만 서면 눈앞이 캄캄해지고 가슴이 쿵쾅쿵쾅 뛰고 정신이 하나도 없다. 발표 전에 생각해 놓았던 말들, 잊지 않고 말해야지 했던 것들을 까맣게 잊고 무대를 내려오면 그제야 생각이 난다. 발표 후에 질문이라도 들어오면 머리가 돌아가질 않는다. '저 사람이 지금 질문을 하는데 뭐라고 하는 건지' 접수가 안 된다. 혹 질문은 이해했더라도 머릿속이 하얘져서 아무것도 생각나질 않는다. 발표를 마치고 내 자리로 돌아오면 온갖 자괴감이 나를 무너뜨린다. '내가 뭘 한 거지?'

어렸을 적에 나는 왜 발표를 안 하느냐고 혼났고, 억지로 뭔가를 말하거나 발표하면 못 한다고 혼났다. 그런 억눌림이 발표 공포증으로 이어졌고, 한 사람이건 청중이건 누군가의 앞에서 내 속의 뭔가를 꺼내는 것이 너무도 힘들었다. 어딘가에서 포기하면 딱 거기까지이다. 성공한 사람들은 '포기하지 않는' 부류이다. 사람마다 버티는 방법 또는 이겨 내는 방법은 다양하다. 앞의 정승미의 책에는 '우주 관련 유튜브를 본다'는 피아니스트 김준형의 이야기나 '청중이 벌거벗고 있다고 상상하는' 피아니스트 같은 이야기들이 등장한다. 나는 최대한 많은 연습을 하는 것과 발표할 기회를 최대한 많이 만드는 방법을 택했다. 발표할 일이 있으면 며칠 또는 심지어 1~2주를 투자해 가면서 발표 연습을 했다. 처음에는 말할 내용을 써 보기도 했지만, 문구 자체를 외우지는 않았다. 다만 '이 부분에서는 이이야기를 하고, 저기에서는 저 이야기를 하고' 하는 식으로 단어나 그림만 힐끗 보면 무슨 말을 해야 할지 내용을 익히고 또 익혔다. 할 때마다 말은 조금씩 달라지지만 이곳에서 무슨 말을 해야 할지는 완전히 파악했고, 반복 연습을 통해 더듬거림을 줄였고 해야 할 말을 빠뜨리는 실수를 줄였다. 나는 과학 연구 내용으로 유머를 전달하는 재주는 없어서 최대한 내용으로 감동을 주기 위해 노력했다.

연구 내용이건 일반 청중이나 초중고 학생들을 대상으로 하는 대중 강연이건, 진로 지도 강연이건 내게 요청이 왔을 때 시간만 되면 늘 받아들이고 무대에 섰다. 10년이나 20년 정도까지도 별로 개선된다는 느낌은 없었다. 다만 내 스스로 발표를 준비하는 데 그리고 연습하는 데 소요되는 시간은 짧아졌다. 이제 어느덧 30년가량 되어가는데 지금도 회피하고 싶고 안 하고 싶은 마음은 같지만 이제는 가슴이 콩닥거리는 심박수는 좀 낮아졌다. 대학원 때와 박사학위 직후에는 심장이 쿵쾅거려서 손을 가슴에 대면 손의 떨림이 보일 것 같이 생각될 정도였는데, 이제는 큰 숨을 몇 번 쉬면 참을 만한 정도까지는 되었다. 그래도 여전히 힘들다. 다만 습관처럼 발표를 하다 보니 익숙해진 것 같다.

연구자가 연구 내용을 발표할 때는 자신의 연구 내용을 얼마나 살 정리하고 요약했는지 그리고 그것을 얼마나 논리적으로 잘 전달하는지가 중요하다. 반면 일반 대중과 어린이, 학생들을 대상으로 한 대중 강연은 눈높이를 맞추는 것이 핵심이다. 보통은 강연을 기획하고 청중을 모집한 주최 측이 있고, 목표한 주제가 있다. 이럴 때는 강연해 달라고 섭외할 때 주제가 있을 수 있고, 청중의 나이나 지식 수준, 눈높이가 어떤지를 파악할 수 있다. 청중의 수와 총 강연 시간도 중요하다. 이런 정보들을 먼저 확인한 후 강연 준비를 시작해야 시간 낭비를 줄일 수 있고 청중이 원하는 내용, 눈높이에 맞는 내용을 전달할 수 있다. 눈높이가 맞아야 음식을 맛있게 먹듯이 강연을 소화할 수 있다.

눈높이를 맞추려면 먼저 상대방을 이해해야 한다. 남을 잘 이해하려면 인생을 살면서 다양한 많은 사람을 만나고 접해 본 경험이 풍부하거나, 또는 그렇게 오래 살지 않았다면 문학 작품을 통해 간접 경험을 할 수 있다. 나는 고등학생일 때 열심히 성경책을 읽었는데, 구약성경 39권과 신약성경 27권 중 특히 가장 앞의 '창세기' (Genesis)가 나에게 가장 깊은 영향을 주었다고 생각한다. 창세기의 초반에는 세상의 시작, 아담, 모세 등이 등장하고 그 뒤부터는 아브라함, 이삭, 야곱의 3대 그리고 마지막에는 이집트로 팔려갔다가 우여곡절 끝에 수상의 자리에까지 오르는 요셉의 파란만장한 이야기가 나온다. 나는 창세기가 다양한 인간 삶의 모습을 보여 주는 최고의 문학 작품이라고 생각한다. 창세기를 통해 세상에 각양각색의 사람이 존재한다는 것과 이들이 가지는 다양한 관점들을 보면서 사람의 심리를 이해할 수 있었다. 역지사지, 즉 상대방의 입장에서 생각하는 것은 쉽지 않다. 그가 왜 그렇게 생각하는지를 이해할 수 없는 사람은 역지사지할 수 없다. 나는 강연 때마다 미리 청중에 관해 질문하고 조사했다. 청중의 눈높이 그리고 그들이 원하는 것이 무엇인지 파악하려고 최대한 노력했다. 그리고 미리 대화하고 이야기를 나눌 수 있다면 접촉했고, 필요하면 현장에서라도 강연 내용을 바꿨다. 문학은 과학과 관계없을 것 같지만 그렇지 않다. 과학을 하는 사람과 연구 발표를 듣는 사람이 문학 작품의 주제이고, 과학자가 사용하는 언어가 문학의 도구이기도 하다.

과거의 나에게 깊은 영향을 준 것은 창세기였고, 지금 나를 비롯한 현대인의 마음을 아리게 하는 것은 현재 그 땅의 이스라엘이다. 현대전은 속전속결이 될 거라는 예상을 깨고 2022년 2월에 시작된 러시아-우크라이나 전쟁은 2년 넘게 지속되고 있고, 이스라엘과 팔레스타인 하마스 사이의 전쟁, 아니 가자 사람들에 대한 이스라엘의 학살도 이미 1년을 넘겼다.

아브라함을 믿음의 시조로 여기는 세 종교가 있다. 유대교, 이슬람교, 기독교… 그리고 이들은 모두 같은 신을 섬기는데 신을 부르는 이름이 조금씩 다르다. 신은 같은데 섬기는 방식이 다르다 보니 타 종교를 남으로 또는 심지어 적으로 여긴다. 지도에서 초승달 모양이며 비옥한 영역인 유프라테스강과 티그리스강 하류 지역, 고대의 메소포타미아, 지금의 이라크와 이란 남부 지방에 살던 족장 아브라함은 신의 계시를 받아 일가를 이끌고 지금의 이스라엘 지방으로 이주한다. 그 땅에는 이미 선주민들이 살고 있었지만 땅이 부족하지는 않았고 그럭저럭 함께 거주했다. 아브라함이 아들 이삭을 낳았고, 이삭이 낳은 아들 야곱(신이 그에게 지어준 새 이름이 이스라엘이다) 때에 이스라엘과 이집트 등 근동 지방에 여러 해 큰 가뭄이 들었다. 야곱과 그의 70여 명 가족은 야곱의 12 아들 중 11번째 아들 요셉이 국무총리가 되어 있는 이집트로 이주한다. 이집트의 비옥한 땅에 터를 잡은 야곱의 자손들은 그곳에서 번성해 큰 민족을 이루었다. 시간이 지나면서 강성해진 이스라엘 민족에 위협을 느낀 이집트인들은 그들을 노예로 삼는다. 이스라엘인들에 대한 이집트 사람들의 압제와 핍박은 점점 심해졌고, 신의 계시를 따른 모세의 인도로 이스라엘 민족 약 200만 명은 430년 만에 이집트를 탈출, 즉 출애굽(Exodus)한다.

모세가 홍해 바다를 좌우로 갈라지게 해 이스라엘 사람들은 그 사이 맨 땅으로 건넜고, 대거 탈출한 노예들을 뒤쫓던 이집트 군대는 어느새 다시 합쳐져 하나가 된 홍해에 수장되었기에 이스라엘인들은 잡히지 않고 무사히 탈출할 수 있었다. 그 후 이스라엘 민족은 이집트와 이스라엘 사이의 그리 넓지 않은 사막에서 40년을 이리저리 방황하다가, 모세가 사망한 후 그의 후계자인 여호수아 장군의 지도하에 지금의 이스라엘 땅으로 진입한다. 이때 이스라엘 땅에는 이미 다양한 민족들이 거주하고 있었고, 선주민과 이주민 사이의 전쟁이 오랫동안 벌어진다. 이스라엘 민족이 상당히 승리했지만 여전히 여러 민족들이 남아 있었다. 그중 지중해 연안에 거주하던 선주민이 블레셋, 지금의 '팔레스타인' 사람들이었다. 이스라엘의 삼손 같은 지도자와 첫 번째 왕 사울, 거인 골리앗을 이긴 두 번째 왕 다윗, 그의 아들 솔로몬 같은 왕들이 블레셋과 전쟁했던 지도자와 왕들이었다.

무엇이 먼저일까? 우리도 광개토대왕이 드넓은 만주 일대를 점령해 우리 땅으로 만든 적이 있었다. 그보다 훨씬 전에 만주 또는 중국 북동부 지방에 터 잡고 살던 단군 시대도 있었다. 아브라함이나 모세, 여호수아, 사울과 다윗의 시대에는 전쟁을 하면서 적들을 제압하는 것에 그치지 않고, 우리의 문화와 정신을 오염시킬 것을 염려해 몰살시켰다지만 그런 모습을 오늘날에도 보는 게 아닌가 싶을 만큼 어린이와 노인, 여성까지 죽음으로 몰고 있는 '가자'의 현실에 마음이 아프다. 히틀러에 의해 학살을 경험했던 피해자들, 이제 그들이 다시 가해자의 길에서 벗어나기를 바란다.

11. 나의 아버지와 일본 - 가해자에게 원하는 건 사과

나는 서울에서 30년가량 살다가 대덕연구단지의 한국천문연구원으로 옮겨 대전에 20년 이상 살고 있다. 내 어린 시절 서울은 매우 낙후했고 지금보다는 시골스러웠지만 그래도 대도시였다. 어린 시절의 기억은 나무나 풀 같은 자연이 아닌 시멘트와 벽 같은 도시적인 것들이 더 많다. 물론 당시에는 땅이 흙이긴 했지만 그 위의 벽은 온통 시멘트였다. 모두 가난했던 시절이니 서울이나 시골이나 가난하기는 매한가지였다. 그때는 시골에 가면 도시 사람이라서, 서울 사람이라서 부러움의 대상이었지만 지금은 시골에서 나고 자란 내 아내가 훨씬 부럽다. 내 어린 시절 기억이 시멘트와 벽과 흙탕물이라면 내 아내의 어린 시절은 나무와 산과 꽃이다. 그런 이유 때문인지 나이가 들어가기 때문인지 지금의 나는 시골을 좋아한다.

어린 시절을 기억하고 싶지 않은 또 다른 이유는 외로움 때문인 듯하다. 그 당시의 나는 따뜻한 위로보다는 매와 채찍이 기억에 남는다. 아기 코끼리를 바닥에 쇠사슬로 묶어 두면 힘이 없어 쇠사슬을 뽑거나 끊지 못하니 늘 묶여 지낼 수밖에 없다. 그렇게 성장하게 두면 어른이 되어서도 벗어날 생각을 하지 않는다고 한다. 이제는 충분히 몸이 커서 강해졌는데도 늘 묶여 있었기 때문에 자신에게는 그걸 뽑을 힘이 없다는 생각이 지배하게 되었기 때문이라고 한다. 어린 시절의 아픔과 외로움은 쉽게 잊혀지지 않는다. 평생을 따라다니며 괴로움을 안긴다. 바쁠 때나 기쁠 때는 뒤에 조용히 있다가 나올 만한 상황만 되면 불쑥 튀어나와 나와 가족을, 주변 사람에게 자신의 존재를 강하게 각인시킨다. 지금도 집안 어디에선가 무슨 소리가 나면 가슴이 콩알만 해지고 심장이 콩닥콩닥 뛰면서 공포가 밀려온다. 어렸을 때처럼.

상처 입은 이가 바라는 것은 사과와 따뜻한 위로다. 내가 무엇을 아파했고 무엇을 힘들어했는지 들어 주고 '그랬구나', '미안하다'라는 한 마디! 일제강점기 강제 동원 피해자들과 일본군 위안부 할머니들이 일본으로부터 바라는 것도 '사과'다. 위안부로 고생하셨다고, 미안하다고. 일본의 한반도 식민 지배가 불법이었고 진심으로 미안하다고. 내가 한 것은 아니지만 우리 선대가 행한 잘못이니 후손인 내가 대신 잘못을 빈다고. 이제라도 아픈 마음이 좀 누그러지셨으면 좋겠고, 남은 여생이라도 평안히 사셨으면 좋겠다고. 그러면 풀어질 일을 끝까지 잘못을 인정하지 않으니 할머니들의 한 맺힌 가슴이 응어리진 채 눈물과 한숨 속에 한 분 한 분 세상을 뜨고 계신다.

나에게 남겨진 트라우마 중 하나는 '술'이다. 적당한 술이 주는 즐거움도 있고 사람들과의 사귐의 매개이기도 하며 직장생활의 필수 요소이기도 했던 술을 가까이하기 힘들었던 첫 번째 이유는 그 '냄새'였다. 나에게 '술'과 '매'는 동의어였다. 일곱 살 즈음 어린 내가 맞을 때마다 맡았던 냄새. 후각은 기억을 불러내는 아주 강한 힘이 있다. 가까이하면 나에게는 바로 그 기억이 소환되니 본능적으로 멀리할 수밖에 없었고, 제대로 된 설명을 하기는 힘들었다. 직장에서 막내일 때 "사내 자식이 술도 하나 못 마시냐…!" 라며 비속어가 섞인 비아냥을 듣기도 하고, 심지어 소외되더라도 감수할 수밖에 없었다.

한국과 일본의 천문학자들, 물리학자들 사이에서는 제미니 망원경, 스바루 망원경 등을 매개로 공동 연구도 많고 또 미래의 한국 중성미자 관측소를 만들면서 함께 친밀한 협력을 할 것이다. 연구자들끼리야 친하게 지내고 오래 협력하기 위해 정치 이야기를 삼가려 하지만, 만약 한국과 일본 두 나라 사이에 진심 어린 사과와 화해의 악수가 있다면 훨씬 더 끈끈한 우정과 연결이 가능할 텐데 하는 소망을 가져 본다. 그 후에 대한해협이 연결되고 유럽처럼 경제 공동체가 된다면 안중근이 소망했던 '동양 평화'에 가까이 갈 수 있지 않을까.

12. 스스로 판단해야 하는 문화

'들어가지 마시오!'라는 문구가 있어도 꼭 들어가는 사람들을 본다. 산 정상에 건설한 연구용 천문대들은 크나큰 예산을 들여 짓고 치열한 경쟁을 통해 망원경 시간을 확보한 천문학자가 밤에 망원경을 자신의 연구에 사용할 수 있는 권한을 받아 연구에 사용한다. 혹 근처에 가로등이라도 하나 켜게 되면 어두운 별빛을 잠식하기 때문에 천문대에서는 모든 등을 끈다. 혹 사무실이나 숙소에서 밤에 불을 켜게 되면 이중 암막 커튼을 치고 불빛이 새 나가지 않도록 조치를 취한다. 그래서 차량의 이동을 최소화하고 불가피하게 차량 운행을 할 경우에는 다른 망원경의 관측에 방해를 주지 않기 위해 안전에 최대한 유의하면서 될수록 전조등 대신 미등만으로 운행한다.

1996년 경북 영천에 보현산천문대를 건설할 때는 날씨도 좋고 불빛도 적었는데 이제는 주변 도시에서 올라오는 불빛이 만만치 않고, 그보다 더 심각한 영향은 동해 바다를 환하게 밝히는 오징어잡이 배들의 불빛이다. 특별히 조치할 방법이 없어 그냥 그러려니 하며 감수하고 있는데 가끔은 밤에 민간 차량이 전조등을, 그것도 때로는 상향등을 켜고 산 정상까지 올라오는 경우가 있다. 헌데 이 차들이 희한한 것은 산 아래, 마을을 벗어나 산길로 접어드는 길에 강철 바리케이드를 세워 두고, "연구하는 곳이니 밤에는 차량의 출입을 금한다"는 문구를 써 붙여 두었음에도 차량이 올라온다는 점이다. 그래서 운전자에게 어떻게 올라왔는지 물으면 바리케이드를 옆으로 밀고 올라왔다는 것이다. 한국인의 집념이라고 해야 하나? 보현산 정상 부근은 넓지 않기도 해서 이제는 정상 조금 아래에 방문객용 넓은 주차장을 마련하고 주차장 이후부터는 허가 차량 외에는 출입할 수 없도록 번호판 인식 시스템을 설치했다.

1929년 '에드윈 허블'이 우주 팽창을 발견할 때 사용한 2.5m 망원경은 미국 캘리포니아주 로스앤젤레스 북동쪽 '윌슨산'에 있다.

다시 더 큰 망원경을 만들고자 할 때 망원경 크기를 그 두 배인 5m로 키웠는데, 이 망원경은 로스앤젤레스의 도시 불빛을 피해 1948년 캘리포니아 남부 '팔로마산'에 설치했다. 2008년에 나는 이곳에 관측 출장을 간 적이 있었는데, 사립대학인 캘리포니아공과대학(칼텍) 소유인 이곳에서는 천문학자에 대한 대우가 극진했다. 사립대학의 사립 천문대이다보니 숙소나 식당이 아담하면서도 고풍스럽고 가족 같은 분위기에서 귀족같이 대우한다. 마치 '우리는 최대한의 서비스를 해 드릴 테니 당신들은 최고의 연구를 수행하는 데 전념하라'는 듯이. 일반적으로 천문대에 갈 때는 가는 날과 오는 날은 가장 정신없이 바쁘고, 그 사이에 낀 날들은 그나마 조금 여유가 있다.

관측 일정의 중간 어느 날 나는 점심을 먹고 따뜻한 캘리포니아 햇빛을 쬐며 5m 팔로마천문대 돔 근처를 산책했다. 잔디밭 사이로 난 길을 따라 걷다 보니 방문객들을 인솔해서 견학을 하는 팀을 만났다. 그 일행을 살짝 비껴 숙소를 향해 걸으며 보니 길 위에 "여기서부터는 천문학자만 들어갈 수 있습니다"라고 적힌 작은 팻말이 있었다. 그런가 보다 하고 계속 걷다 보니 내 앞서 걷던 직원인 듯싶은 사람이 등 뒤에 인기척을 느끼고는 뒤돌아서서 내 앞을 막으며 짜증 섞인 묘한 얼굴 표정으로 나에게 '당신은 뭔가?' 하는 무언의 메시지를 마구 보내고 있었다. 아마도 아까 그 일행 중 하나가 함부로 길을 벗어나 엉뚱한 곳을 헤집고 다니고 있다고 여긴 모양이었다. 나는 떳떳하고도 자랑스러운 얼굴로 "아, 나 여기 관측자예요!"라고 한마디 했다. 그는 얼른 꼬리를 내리며 "아, 그러십니까?" 하면서 얼른 길을 비켜 주던 일이 떠오른다.

그때부터 곰곰이 생각하게 됐다. 왜 어떤 선진국 사람들은 '들어가지 말라'는 조그만 팻말 하나도 철석같이 지키는데 우리는 바리케이드로 막아도 그걸 치우고 들어오기까지 하는가? 우리는 수치상으로는 선진국에 진입했지만, 내면과 문화까지 진정한 선진국이 되려면 아직도 멀었나? 2014년에 수학여행 가던 고등학생 250명을 포함해 304명이 세월호와 함께 바다에 수장되는 비극을 온 국민이 발을 동동 구르며 지켜보았다. 그리고 가라앉는 배 안에는 '가만히 있으라'는 방송이 나왔다는 사실과, 배를 버려두고 도망해 목숨을 부지하는 선장을 우리는 뉴스로 지켜보았다. 2022년에는 서울 시내 한복판 이태원에서 생때같은 젊은이들을 포함한 시민 159명이 사망했다. 누가 무엇을 제대로 하지 않아서 이런 비극이 일어날 수밖에 없었는지 원인을 밝히고, 잘못한 부분이 있으면 처벌하고 사과를 받아야 한다. 하지만 우리 국민은 그런 경험을 하지 못한 채 10년을 살면서 반복되는 참사를 경험하고 있다. 잘못을 잘못이라고 하지 못하다 보니 비슷한 비극이 자꾸 발생한다. 사고가 있어도 아무도 잘못한 사람은 없고 책임지는 사람도 없다. 권력은 권력끼리 덮어 주고 감싸 주며 슬그머니 지나간다.

역사를 공부해 보니 이런 일은 최근에만 우리에게 있었던 게 아니었다. 1592년 '왜'가 조선을 침략한 임진왜란 때 선조 임금은 한양을 버리고 북쪽으로 피난을 떠났다. 임진강을 건넌 후에는 왜군이 뒤따라 강을 건널 때 쓰일까 싶어 백성의 필요는 고려하지 않고 배를 불태워 버렸다. 평양성에서는 백성들 앞에서 "평양성에서 죽을시언성 평양을 떠나지 않고 끝까지 지키겠다"라고 말했음에도 백성 몰래 '밤에' 북쪽으로 도주하기도 했다.

보통 6·25전쟁으로 부르는 한국전쟁은 1950년 6월 25일 시작되었다. 새벽 4시에 북한군은 북위 38도선을 넘어 일제히 남한을 향해 공격을 개시했다. 서울의 중앙방송국 업무는 26일부터 공보처에서 국방부로 넘어갔다. 27일 화요일 새벽 6시 뉴스에서는 정부를 수원으로 옮겼다는 뉴스를 방송했는데, 얼마 안 되어 다시 뉴스를 취소하는 방송을 내보낸다. 밤 10시에는 이승만 대통령의 육성 방송이 나왔는데 "미국이 장교들과 군수 물자를 보냈고, 곧 도착할 것"이라는 내용이었다. 대통령의 이 방송은 실은 대전에 있는 충남도지사 관사에서 촬영한 것이었고, 국민 몰래 새벽에 선글라스 끼고 서울을 떠나 대전에서 녹음한 방송을 수도 서울을 비롯한 국내에 내보낸 것이었다. 27일 새벽 1시의 심야 국무회의에서 이승만 대통령은 서울 시민의 피난 계획 수립은 없이 이미 수원 천도를 결정한 상태였다. 27일 새벽 3시, 이승만 대통령은 부인 및 비서와 함께 경무대를 나와 04시 특별 열차로 서울을 떠났다. 대통령을 필두로 정부 관료들과 국회의원, 기관장들과 가족들이 피난을 떠나면서도 국민에게는 알리지 않았다. 6월 28일, 서울은 북한 인민군에 의해 점령되었는데, 그 직전까지 방송된 이승만 대통령의 육성 녹음에서 대통령 본인이 대전에 있음을 말하지 않아 서울 시민들은 대통령이 '우리와 함께' 있다고 착각할 수밖에 없었다. 한강을 방어하기 위해 치열하게 싸우던 7월 1일에 대통령은 차로 그리고 다시 기차로 목포로 갔다. 다시 해군 배를 타고 19시간 걸려 부산에 도착했다. 7월 9일에는 다시 대구로….

전쟁이 터진 직후의 열흘 정도 기간 동안 이 나라에는 리더가 없었다. 소수의 측근들 외에는 대통령이 어디에 있는지도 몰랐다. 여기 있는가 보다 싶으면 떠나고 또 떠나기를 계속했으니. 대전이 함락된 7월 20일보다 훨씬 이른 시기에 부산이나 대구로 가야 죽음을 면할 수 있다고 생각해서였을까. 그랬으면 시간이 지난 후에 미안하고 죄송한 마음이 들지 않았을까. 그러나 이승만 대통령은 그런 마음이 없었던 모양이다. 국민들께 사과하라는 국회의장과 국회의원들의 요청을 싸늘하게 거절까지 했으니 말이다. 인제대 김연철 교수의 "반성하지 않으면 더 나은 세상을 만들기 어렵다. 희망은 반성과 성찰의 땅에서만 꽃을 피운다."라는 말을 유념해야 한다.

〈스파이더맨〉 영화 대사 중에 "큰 힘에는 큰 책임이 따른다"는 말이 있다. '노블레스 오블리주', 즉 부와 권력에는 책임과 의무가 수반된다는 말처럼 많은 경우 권한과 책임은 비교적 비례했던 것 같다. 제2차 세계대전 당시 영국의 수상이었고 노벨문학상을 수상한 윈스턴 처칠은 젊었을 때 남아프리카공화국에서 기자로서 취재 중 적에게 포로로 사로잡히기도 하고, 소위로 전투에 참전하기도 했다. 1982년에 영국이 아르헨티나와 벌였던 포클랜드전쟁에서 엘리자베스 2세 여왕의 차남 앤드루 왕자는 헬리콥터 조종사로 직접 전투에 참전하기도 했다. 우리나라도 임진왜란 때나 일제 침략 즈음 나라를 위해 분연히 떨쳐 일어섰던 의병들, 전 재산을 처분하고 신흥무관학교를 설립했던 우당 이회영 선생 일가 등의 사례가 수없이 많다. 우리나라와 동서양을 막론하고 보수이건 진보이건 왕족과 귀족, 부유층의 자제들이 험지를 마다하지 않고 앞서서 뛰어들었던 사례들이 많다. 현대의 우리는 이런 문화를 잘 기억 못 하는 듯하고, 나를 포함해 우리는 아직 이런 솔선수범이 부족한 것 같다. 바람직한 선비 정신을 회복해 오래 간직하고 싶다.

✳ 13. 신뢰 문화

노블레스 오블리주가 뿌리내리지 못한 문화에서는 시민들이 권력자와 부자들을 신뢰하지 않는다. 투표 전에는 표를 얻기 위해 온갖 좋은 말을 하다가도 일단 권력을 잡고 나면 돌변하는 정치인들도 많다. 내가 캐나다 토론토대학에서 방문연구원 생활을 시작하려 할 때 토론토대학 천문학과가 운영하는 학과 도서관을 방문했다. 사서에게 내가 1년 예정으로 학과에 방문연구원으로 왔다고 말을 하니 아주 기쁜 얼굴로 "환영한다, 축하한다"라고 하며 도서관 출입 및 대출카드를 만들어 주고 출입·대출·반납 방법을 설명해 준다. 그런데 나는 신분증 같은 것을 보여 주지 않았는데도 그냥 내 말만 듣고 대출카드를 만들어 준다. 도서관에는 탐사 자료같이 천문학자들이 보물처럼 여기는, 값을 매길 수 없는 사진 자료들도 수두룩하고 학회 발간 도서 등 때로는 한 권 가격이 10만 원을 훌쩍 넘어가는 책들도 많은 공간인데도 말이다. 이런 예는 한 가지 본보기일 뿐이고, 캐나다나 미국의 문화가 일단 사람을 신뢰하고 운영됨을 알았다. 물론 곳곳에 CCTV가 있으니 훔쳐 가더라도 범죄는 곧 밝혀질 것이다.

한국에 돌아와서 느끼는 차이는 우리는 일단 상대를 신뢰하지 않고 직원을 신뢰하지 않는 문화라는 것이다. 수많은 전쟁을 겪었고, 일제 강점기에는 동족을 팔아 배를 불리는 사람들을 많이 봐 왔기에 그럴 것 같기도 하다. 일단 모두가 도둑질하고 법의 빈 구멍을 찾아 자기 배를 불릴 것이라고 가정하고 규정이 만들어진 것 같다. 규정이 아주 세세하고 복잡한 데다 뭔가 사건이 발생하면 다시 더 촘촘하게 바뀌면서 삶을 옥죈다. 미국이나 캐나다에서는 외국으로 관측 출장을 가

250   4장 천문학자의 삶

거나 학회에 참석하는 경우 종이 한 장 정도의 간단한 서류 제출로 처리되고 사후 정산 과정도 비교적 간단하다. 하지만 우리는 국내 출장조차도 엄격한 문서가 필요하고 증빙과 정산도 숫자가 정확히 맞아야 할 만큼 까다롭다. 하물며 국외 출장은 더 말할 나위 없이 복잡하다.

물론 뉴스를 보면 내 주변에도 일탈을 일으키는 이들이 수두룩하다. 국외 출장을 간다고 하고는 실제로는 가지 않고 출장비로 골프를 치기도 하고, 법과 규정의 빈틈을 이용해 세금으로 받은 연구비를 몰래 빼서 쓰기도 하는 이의 뉴스가 있다. 하지만 그렇게 일탈을 일으키는 수보다 전체 과학자의 수가 훨씬 많은데 모든 과학자와 직원을 잠재적 범죄자로 여기고 규정을 강화하면 과학자의 삶이 번거로워지는 역효과가 일어난다. 대전에서 서울로 1박 2일 출장을 가면서도 숙박비나 교통비 영수증을 챙기고 때로는 참석자들의 서명을 받아 두려고 신경 쓰다 보면 머리가 연구보다는 증빙에 더 치우친다. 미처 증빙을 준비해 두지 못했거나 감사 과정에서 규정에 어긋나는 부분이 발생하면 그로 인해 겪는 고생과 마음 씀씀이는 너무 고통스럽다. 수백만 원도 중요하고 수만 원도 중요하지만 정부출연연구원에 오래 근무하다 보면 출장에서 연구 아이디어를 얻고 연구가 촉진되는 경험보다 증빙 확보하느라 애쓰던 나의 모습, 점심시간 규정에 어긋나 수차례 여기저기서 시달려야 했던 나의 쓰라린 경험이 더 기억에 남는다. 일단은 신뢰하고 규정으로는 최대한 간단히 처리하되, 실수하면 계도하고 그래도 변화 없이 일탈이 발생하면 엄벌에 처하면 어떨까 싶다. 제도를 만들고 운영하는 전문가들께 부탁하고 싶은 것은 과학자가 머릿속에 증빙 염려가 아닌 과학을 담을 수 있게 해 주십사 하는 것이다.

14. 빨리빨리 문화

천문학을 비롯한 과학의 상당 부분이 거대화되어 간다. 작은 망원경으로 연구할 수 있을 때는 심지어 자비로도 망원경을 제작하거나 구매할 수 있었고, 구경이 대략 1m보다 큰 망원경을 필요로 하게 되면서 국가의 예산으로 또는 기업의 기부금으로 장비를 구축했다. 이제는 망원경이 8~10m를 넘어 25m급 망원경을 만들다 보니 초강대국 미국조차도 예산을 혼자 감당하기 벅차 국제 공동으로 건설하고 있다. 1년은 365일이니 8m 망원경을 하나 만들어도 오직 연간 365일만 관측에 사용할 수 있다. 하룻밤에 한 명 또는 한 팀이 관측한다면 1년에 365명(팀)만 관측할 수 있다는 말이다. 그것도 날씨가 허락해야만.

하지만 한 나라의 천문학자의 수는 365명보다 많을 수도 있고, 어떤 연구는 하룻밤 관측만으로는 부족하기도 하다. 때로는 3일이나 10일의 시간이 필요할 수도 있다. 한 사람이 여러 아이디어로 여러 프로젝트를 수행하기도 한다. 그래서 망원경 시간은 수요보다 늘 부족하다. 이제는 여러 나라가 힘을 합쳐 더 큰 망원경을 만드는 시대가 되니 망원경 시간을 확보하기 위한 경쟁은 더욱더 치열해진다. 대형 망원경을 사용해야 하는 경우 1인 연구로는 시간을 따기가 어렵고 점점 팀 단위의 경쟁이다. 연구팀을 구성하는 회원들의 국가는 다양할수록 좋다. 그만큼 여러 나라 망원경 사용을 시도할 수 있는 기회가 생기니까. 그러다 보니 과학자들은 비슷한 연구를 하는 연구자들과 공동 연구를 추진하고 연구팀을 만든다. 연구팀에 훌륭하고 저명한 연구자가 많을수록 연구가 더 활성화되면서 뛰어난 성과도 도출하고 큰 망원경 시간을 확보할 때도 유리하다.

과거에 책을 보고 지식을 습득하고 혼자 연구하던 때와는 점점 상황이 달라진다. 망원경뿐만 아니라 물리학자들이 사용하는 입자 가속기도 수 km에 달하는 크기로 대형화되고 있고, 이론 연구를 하는 과학자가 사용하는 컴퓨터도 사람보다 클 뿐만 아니라 커다란 방을 가득 채울 만큼 대형화되고 있다. 이런 시설을 사용하기 위해서는 실력이 뛰어나고 훌륭한 아이디어가 있어야 하는 것은 말할 것도 없고 대형 연구팀을 조직하고 운영하거나 또는 참여해야 한다. 그러다 보니 과학자 사이의 소통이 중요해졌다. 과거에 과학자라고 하면 산속 실험실에 은둔해서 흰 가운을 입고 두꺼운 뿔테 안경을 쓰고 혼자 연구에 몰두하는 이미지였다고 하면, 이제 21세기의 과학자는 팀을 꾸리고 협동하고 토론하는 문화가 되고 있다. '빨리 가려면 혼자 가고, 멀리 가려면 같이 가라'는 말처럼 과학자들이 힘을 합치고 소통해야 성공하는 시대로 가고 있다.

한국인 과학자들 사이에서는 우리말 소통 능력이 중요할 것이고, 외국 학자들과는 국제 공용어가 된 영어의 사용, 그리고 현지 언어를 할 수 있다면 상대에게 다가가는 것이 더 수월할 것이다. 영어가 자유롭지 않은 한국 학자라면 상대가 한국어를 배워 나에게 말을 건다면 기쁘게 답하지 않겠는가. 그런 면에서 상대방의 문화와 역사를 이해하고, 사람의 심리를 이해하는 것도 중요하다. 때로는 야구나 축구, 풋볼 같은 스포츠가, 또 때로는 음악이나 미술, 와인 같은 취미가 사람과 사람을 가깝게 연결해 주기도 한다. 국제학회 후 이어지는 저녁 식사와 대화에서 천문학 주제의 토론으로 밤을 새우는 경우도 있지만, 야구나 와인 이야기로 몇 시간이고 대화를 이어가는 경우를 더 쉽게 본다. 늘 웃는 얼굴, 먼저 말을 걸고 친밀하게 대화하는 능력. 이런 건 타고나면 좋겠지만 훈련을 통해 습득할 수 있고, 이젠 그런 능력의 습득이 꼭 필요한 시대로 간다.

　내가 만났던 사람 중에 건국대 지리학과의 이승호 교수님은 다른 사람에게 친밀하게 말을 건네고 쉽게 친해지는 데 있어 가장 탁월한 분으로 기억한다. 억지로 다가가지 않으면서도 그냥 옆 사람에게 툭 하고 말을 건네고, 그렇게 시작한 대화는 계속 이어지고 웃음과 즐거움으로 마무리된다. 이 교수님의 그런 능력이 내게는 없어 너무 부러운데, 그 능력을 타고나셨는지 스스로 노력해서 터득하셨는지는 여쭤 보지 못했다. 지리학과 기상학을 모두 하시다 보니 전국에 안 가본 데가 없을 것 같이 해박하시고 입담이 좋아 재미있는 이야기가 그치지 않는다. 나는 타고나지는 못했고 후천적으로라도 그리 해 보려고 부단히 노력하지만 언감생심(焉敢生心), 이 교수님께는 발밑에도 도달하지 못한 것 같다. 빠득빠득 치열한 어린 시절이 내게 열정과 성실은 남긴 것 같지만 여유와 유머는 못 준 것 같아 유머를 익혀 보려고 열심히 독서도 하고 연습해 봐도 원래 타고난 사람들과는 비교할 수가 없다. 아재 개그를 듣고 읽어서 밥상머리에서 아이들에게 풀어 주면 어릴 때는 깔깔거리고 웃지만, 한 해 두 해 나이를 먹어가면서는 고급 유머가 아니고는 쉽지 않다. 고급 유머는 난이도가 높아 다다르기가 훨씬 어려운 듯하다.

　이승호 교수님의 책을 읽는 중에 왜 우리나라에 '빨리빨리' 문화가 있을까에 대한 지리학자로서의 견해를 접했는데 아주 공감이 되었다. 여기 간단히 옮겨 보면 이런 것이다. 우리 조상들은 오랫동안 가난하고 늘 먹을 것이 부족해 보릿고개 등으로 고생했는데, 우리 민족의 주식은 '쌀' 즉 벼농사를 기반으로 한다. 벼농사의 특징은 연중 반드시 일정 기간 햇빛을 받아야 한다는 것이고 그러기 위해서는 봄 특정 시기 이전에 모내기, 즉 벼를 심어야 한다. 너무 늦게 심으면 늦가을이 되고 날이 추워지기 시작해도 벼가 익지 않아 고개를 숙이지 않고 그러면 다음 해에 밥을 먹을 수 없게 된다. 한반도의 봄은 늘 가뭄이다. 논에 물이 가득 차야 벼를 심을 수 있는데 가뭄이라 늘 물이 부족하니, 서로 자기 논에 물을 대려는 싸움에서는 '아버지와 자식 간에도 양보하지 않는다'는 말이 있을 정도이다. 그래서 봄에 비가 오거나 또는 저수지에서 물을 끌어오기라도 하면 짧은 시간 내에 모내기를 마쳐야 한다. 논이 넓다 보니 혼자 할 수는 없어서 온 동네 사람이 힘을 합쳐, 오늘은 우리 논, 내일은 철수네 논, 모레는 영희네 논, 이런 식으로 품앗이를 한다. 물을 대는 것도, 마을 사람이 다 모이는 것도 쉬운 일이 아니다 보니 기회가 왔을 때 어떻게든 서둘러 일을 마쳐야 한다. 만약 늦어지면 가을에 문제를 겪게 되고 그러면 1년간 먹을 양식의 확보가 어려워진다. 결국 이런 과정을 거치면서 일을 서둘러야 할 때 확 집중해서 하게 되고 이런 문화가 우리네 DNA 속에 자리 잡게 되지 않았겠나….

우리나라 천문학계는 보현산천문대 1.8m 망원경을 사용하다가 다음 단계로 바로 25m 거대 마젤란 망원경으로 갑작스레 뛴 드문 경우에 해당한다. 선진국은 1~2m 망원경 다음에 4~5m 망원경을 사용하다가 현재 8~10m 망원경을 사용하고 있다. 그다음 단계로 25~30m 망원경을 준비하는 중이다. 한국 천문학자도 1.8m 망원경의 건설 이후 큰 망원경을 필요로 했는데 사실 모든 종류의 망원경, 즉 4~5m와 8~10m 망원경도 확보하고 싶었다. 하지만 그건 이상일 뿐이고 현실적인 대안을 찾아야 했는데, 예산을 주는 정부는 이왕이면 최신 그리고 최대를 원했다. 그래서 6.5m 쌍둥이 망원경 대신 세계 최대의 25m를 선택하는 길로 자연스레 들어서게 되었다. 하지만 25m로 가는 길은 한국뿐만 아니라 미국이나 호주 등이 참여하는 국제 공동 팀에게도 험난하다. 비축 거울을 만드는 과정에는 새로운 연구 개발도 필요했고, 예산이 워낙 크다 보니 여러 나라가 참여해도 충분한 예산을 확보하기 힘들어 완성 예정 시점이 자꾸 연기되기 일쑤였다.

아직 완성하려면 한참 남은 프로젝트로는 연구를 할 수 없다. 그래서 선택하고 확보하게 된 현존 최대 망원경이 제미니 천문대였다. 1~2m급 망원경을 쓰다가 갑자기 25m로 훌쩍 건너뛰는 빨리빨리 문화는 제대로 된 충분한 연구를 하기에는 적당하지 않다. 머리와 발만이 아니라 몸통이 있어야 하듯이 4m급도 8m급도 모두 필요하다. 지금은 8m 제미니 쌍둥이 망원경으로 급한 갈증은 해소한 상태이다. 하지만 망원경이 커질수록 사용할 수 있는 총시간은 줄어든다. 그리고 워낙 비싼 망원경일수록 한순간도 낭비하지 않기 위해 전문 관측자가 대신 관측해 주는 등 연구자가 이런저런 실험을 해볼 여지가 없다. 포닥(박사후연구원)과 대학원생, 심지어 대학생들의 천문 관측 교육을 위해서는 넉넉한 시간을 보유해 연구자가 직접 만져 보고 다룰 수 있는 시설이 필요하다. 장비에 큰 피해를 줄 만한 실수를 하지 않도록 선배 연구자와 전문 관측자가 늘 함께 하되 연구자가 자유로이 사용해 볼 수 있다면 관측을 수행하는 현장에서 바로바로 여러 가지 테스트를 해 보며 더 좋은 자료를 얻을 수도 있고, 새로운 아이디어가 생기면 약간의 시간 투자로 미래의 또 다른 프로젝트를 위한 마중물 자료를 얻어 볼 수도 있다. 또한, 큰 망원경은 거리가 아주 먼 천체나 밝기가 아주 어두운 천체의 관측에 적합한데, 그렇다고 해서 거리가 가까운 천체에 대한 연구가 필요 없는 것은 아니다. 4m급 망원경이 추가적으로 확보될 수 있다면 우리은하나 가까운 은하의 연구, 우리은하 내 별과 외계행성의 연구 등에 최적으로 사용될 수 있다. 또 큰 망원경보다 상대적으로 경쟁이 덜하므로 포닥, 대학원생 등 학문 후속 세대가 관측 제안서를 작성해 보고 본인이 직접 시간을 따고 관측을 수행해 보며 연구의 전체 사이클을 경험해 보는 데 사용될 수 있을 것이다.

 ## 15. 육식 vs 채식주의자

나는 고기를 먹지 않는다. 대략 채식을 한다. 엄밀히 말하면 생선은 먹고 육류(소고기, 돼지고기 등)와 조류(닭고기, 오리고기 등)는 먹지 않는다. 미국 등 영어권에서는 채식을 하는 사람을 베저테어리언(vegetarian)이라고 부르고, 나처럼 생선까지 먹는 사람은 피쉬테어리언(fishtarian)이라고 부른다. 물론 베저테어리언은 사전에 있지만 피쉬테어리언은 사전에 없다. 하지만 꽤 널리 퍼지고 있는 걸 보면 언젠가는 사전에 올라갈 수도 있을 것 같다. 우리나라에서 가장 중요한 외국어는 영어인데, 미국에서 가장 중요한 외국어는 스페인어이다. 한국인의 언어에 영어가 아주 많이 들어와 있는 것처럼 미국인의 언어에도 스페인어가 많이 들어와 있어서 미국에서는 피쉬테어리언을 스페인어인 '페스카타리안'(pescatarian)이라고도 많이 부른다. 스페인어가 모국어인 중남미 원어민들은 '뻬스까따리안'이라고 발음할 테지만, 미국 사람들은 한국인만큼 경음 발음이 쉽지 않은지 격음 발음이 강하다.

내가 태어나서 보니 우리 어머니는 고기와 생선을 전혀 안 드셨고, 아버지는 사회생활을 하면서 고기 먹는 것을 배우셨다고 들었는데 그래도 여전히 생선은 안 드셨다. 또한, 당시에는 모두가 가난한 때여서 고기를 먹는 건 드문 일이기도 했다. 하여간 나는 여러 이유로 다른 친구들보다 고기를 접하기 어려웠던 것 같다. 그래도 문제라고 여긴 적은 없는데, 고3 때는 체력적으로 조금 힘들다고 느꼈다. 사실은 나뿐만 아니라 누구나 그랬을지 모르지만, 늘 잠은 부족했고 장시간 노동(?)에 체력은 늘 부족했다.

대학에 입학하니 기숙사가 있었다. 문제는 학교 전체 입학생은 5천 명 정도인데 기숙사는 1천 명도 수용하지 못했다. 지금 생각해보면 그 정도 수용하는 것도 대단한 숫자이긴 한데, 지방 출신의 수에 비하면 턱없이 모자랐다. 추첨으로 기숙사 입사를 정했는데 나는 추첨에서 안 됐다. 실망과 낙담으로 친척 집에 빈대처럼 기생하고 있었는데, 3월 초 입학 즈음에 추첨에 합격하고도 기숙사 입사를 하지 않는 학생이 있을 수 있다며 기숙사 행정실을 찾아가 보라는 조언을 어디선가 들었다. 다시 희망을 품고 캠퍼스 내 언덕을 넘고 넘어 행정실에 가니 정말이었다. 몇 자리가 비어 있었고 딱히 빈자리를 메우는 제도는 없었던지 내가 문의하니 바로 기회가 왔다. 덕분에 며칠 내로 나는 기숙사에 입사할 수 있었다. 당시의 기숙사는 먼저 지은 구관과 나중에 지은 신관이 있었는데 구관은 4인실이고 신관은 2인실이었다. 호실당 수용 인원뿐만 아니라 신관은 건물도 가구도 시설 모든 것이 새것이었고 현대적이었다. 모두가 신관 배정을 희망했고 나도 그랬지만 아쉽게도 4인실의 구관이었다.

당시엔 기숙사 생활비와 한 달 치 식비를 선지급으로 내야 했다.

그러다 보니 하루 세 끼 모두를 기숙사 식당에서 먹어야 했는데, 늘 늦게 잠들고 아침에 늦게 일어나다 보니 선지급으로 식비를 낸 식사임에도 아침을 못 챙겨 먹는 친구들이 많았다. 특히 캠퍼스가 100만 평이나 되는 크기인 데다 산자락이다 보니 언덕과 계단이 참 많아 이동이 쉽지 않았다. 당시에는 늘 50분 수업에 쉬는 시간은 10분이었고, 1학년은 3학점짜리 수업 6~7개에다 1학점짜리 수업도 몇 과목 있다 보니 공강 시간은 별로 없었고, 짬을 내고 뛰어서 먼 거리를 이동해 기숙사 식당에서 점심을 챙겨 먹는 것이 참 에너지가 많이 드는 노동이었다. 요즘 같으면 건의도 하고 제도를 바꿔 볼 생각을 했을 것 같지만, 박정희와 전두환 독재 정권이 한참 기승을 부리던 때여서 그랬는지, 또는 민주주의 회복과 독재 종식 등 더 중요하다고 여기는 것에 온 마음이 가 있었는지, 아직 스무 살 언저리의 어린 학생이라 그랬는지 모두들 그러려니 하고 살았다.

기숙사생만 이용할 수 있는 식당 입구에서 식당 직원이 매달 발행하는 사생들의 식권 카드에 식사했는지를 볼펜으로 √ 표를 했다. 두 번 먹지 못하게. 물론 못 먹어서 칸이 비어 있어도 환급은 없다. 못 먹은 본인 탓이었다. 생선이 자주, 정확히 기억나진 않지만 대략 이틀마다 나왔다. 물론 고기도 나왔었고. 대학에 입학해서부터 고기를 먹는 연습을 하려고 했는데 잘되지 않았다. 특히 어려운 것은 생선이었다. 도대체 어떻게 먹는 건지를 몰랐다. 친구들을 좀 살펴봐도 모두 일률적이지 않았고 나로서는 쉽게 터득하기 힘든 과정이었다. 내 식성이 쉽게 바뀌지도 않아 결국 1년이 다 되도록 고기나 생선을 제대로 먹게 되지 않았다. 2주에 한 번은 '특식'이라고 해서 저녁에 통닭 반 마리가 나왔다. 고기나 닭을 지금만큼 구경하기 힘든 시절이라 통닭이 나오면 기숙사에 살지 않는 학과 친구들, 주로 서울 아이들이 기숙사로 몰려온다. 기숙사 식당 앞에 우루루 몰려와서는 기숙사생들과 나눠 먹었다. 핸드폰은 당연히 존재하지 않고 집 전화가 있으면 부자이던 시절로, 순박하고 순진했던 시절이라 모두 식판을 들고 나와 잔디밭에서 함께 나눠 먹곤 했다. 나는 친구들에게 당연히 인기 최고였다. 내 몫 없이 100% 나눠 주었으니. 문제는 남들은 행복한 특식 날인데 나만 배고프다는 것이었다. 평소 같으면 밥과 김치라도 먹겠지만 통닭 나오는 날은 밥도 적게 주고 반찬도 별로 없었던 것 같다. 다른 모두가 기다리던 특식 날이 나에게는 가장 꺼려지는 날이긴 했지만 그래도 그 시절이 지금은 추억으로 남아 있다.

내가 제대로 고기 먹는 법을 배운 것은 군대에서였다. 특히 나는 카투사 시험을 보고 논산훈련소로 입대했는데, 논산에서 6주와 2주 도합 두 달 훈련을 받고 다시 카투사 교육대에서 3주 훈련을 받았다. 앞과 뒤에 대기하고 이동하면서 기다린 시간까지 합하니 3개월가량 훈련만 받았는데 늘 뛰고 체력이 필요한 시절이다 보니 고기 먹는 훈련도 덩달아 함께했다. 9월 30일에 입대해 성탄절 직전 자대 배치를 받았다. 눈 오는 성탄절에 한 달 먼저 입대한 막고참으로부터 신병 교육을 받았던 기억이 생생하다. 내가 기억하는 우리나라 군은 장교와 사병의 구별이 엄격하고 식당도 따로 있었는데, 미군 부대 식당은 장교용과 사병용의 구별이 없었고 모두가 공통으로 이용했다. 당연히 미국식, 즉 양식이었고 처음엔 눈이 휘둥그레진다. 나 빼고 모두가, 고기를 실컷 먹을 수 있다는 것에 엄청 행복해한다. 나도 이젠 먹을 줄은 아는 정도가 됐다, 아직 즐길 정도는 아니었지만.

평균적으로 6개월은 간다고 한다. 무슨 말인가 하면 고기와 양식에 행복해하며 실컷 먹는 기간이 그렇다는 말인데 내 동료들이나 후배를 봐도 거의 예외가 없었다. 훈련 기간 빼고 자대에 2년 내지 2년 3개월 복무하는 동안 첫 6개월이 지나면서부터는 식사가 참으로 고역이었다. 느글느글해서 견딜 수가 없다. 때로는 먹기는커녕 생각만 해도 구역질이 나기도 했고 식당에 아예 가지 않으면서 후임들에게 빵 같은 것 있으면 하나 가져다 달라 해서 그것만 먹고는 기다렸다가 저녁에 라면을 끓여 실컷 먹는다. 1989~1990년에 우리를 먹여 살린 것은 '○탕면'이었다. 당시 이등병 월급은 6,000원 정도였고, 일등병은 7,000원, 상병은 8,000원, 그리고 병장 월급이 9,000원 정도였다. 우리 막사에는 열두어 명이 있었는데 월급날이 되면 막내가 1인당 1,000원씩 회비를 걷고 그 돈으로 ○탕면을 한 달 치 박스로 구매해 둔다. 그리고 매일 저녁이 되면 막사에서 라면을 끓이고 김치와 함께 배를 채우고 즐거운 담소(?)의 시간을 갖는다.

내 군생활이 절반을 넘기고 슬슬 고참이 되어갈 무렵 '○라면'이라는 게 등장했다. 막사 부대원 누군가 휴가에서 복귀하면서 사 와서 하루 특식으로 여기고 먹었는데…. 와우! 이건 완전히 새로운 신세계였다. 세상에 이런 음식이 있을 수 있는가 싶었다. 우리 모두는 만장일치로 갈아타기로 했다. 이런 신문물을 마다할 이유가 없었다. 그리고 며칠간 우리는 천국의 기쁨을 누렸다. 하지만 천국의 삶은 오래 가지 않았다. 어느 날 막내가, 아니 정확히는 막내의 바로 위 막고참이 '문제가 있다'며 보고했다. 당시 ○탕면은 130원이었고 ○라면은 200원이었는데, 회비가 모자란다는 것이었다. 한 달에 1인당 1,000원을 걷어서는 거의 2배 인상된 라면 값을 감당할 수 없다는 것이었다. 긴급 회의가 소집되었다. 방법은 두 가지였다. 비용이 대략 두 배 인상되었으니 회비를 두 배 올리거나 또는 다시 ○탕면으로 돌아가는 것. 6,000~7,000원 월급을 받아서 1,000원을 내는 후임들은 물론이고 고참들도 월 회비 2,000원은 너무 많다는 게 다수의 생각이었다. 그러면 남은 방법은 하나였다. 다시 ○탕면!

고통은 거기서부터 시작이었다. 충분히 ○라면의 진가를 혀에 각인시켜둔 뒤에 끓인 ○탕면은 이제 우리의 음식이 아니었다. 그때까지 사실상 우리의 건강과 체력을 지탱해 준 고마운 존재였으나 이젠 아니었다. 뚜껑을 여는 순간 맡은 냄새는 우리에게 이것은 '음식'이 아니라고 소리치고 있었다. 십여 명 어느 누구도 손을 대지 못했고, 우리 모두는 음식을 그대로 버리는 죄악의 현장에 공범이 되었다. 그 뒤부터 우리는 지옥 아닌 지옥의 삶을 산 것 같다. 음식을 먹지 않고는 살 수 없고, 식당 음식을 행복하게 소화할 수 없는 한국인의 위와 내장을 가지고, 월 1,000원 회비로 살아갈 수 있는 방법은 이틀에 한 번 라면 먹기!…였다. 먹는 날은 천국, 굶는 날은 지옥… 천국과 지옥이란 이런 것인가 보다 하며.

사람에겐 호흡을 통한 생존 욕구부터 식욕, 수면욕, 성욕 같은 생리적 욕구, 안전 추구 욕구, 사랑과 소속에 대한 욕구, 그리고 존경과 자아실현 욕구 등 본능적인 욕구가 있게 마련이다. 사춘기 때 '나는 누구인가'를 고민했던 것처럼, 어느 날 보니 내가 고기를 먹고 싶어 하지 않음을, 아니 싫어한다는 사실을 알게 되었다. 어느 날 아내에게 이젠 육식을 멈추고자 하는 내 의향을 말했는데 감사하게도 순순히 인정해 준다. "당신이 그동안 싫은 데도 먹어 줬다는 것을 안다"라며. 아내가 너무 고마웠다. 우리 아이들은 육식을 좋아하는 편이기에 아내는 음식을 준비할 때 두 가지 종류를 마련한다. 아이들을 위해 그리고 나를 위해 따로 준비한다. 그래도 다시 육식으로 돌아가라고 하지 않고 인정해 줘서 너무 감사하다. 대한민국에서뿐만 아니라 사실 전 세계 어디에서건 고기를 먹지 않으면 음식을 먹을 때 제약이 아주 심하다. 그나마 요즘에는 우리나라가 세계 10위권에 드는 경제 성장을 했고 주머니 사정도 넉넉해진 편이라 골라 먹을 수 있다. 가난하면 자주 고기를 먹지는 못하겠지만 어떤 종류의 음식이건 있는 대로 먹어야 할 것이기에 자신의 음식 정체성을 유지하기가 쉽지 않을 것이다. 내가 어렸을 때와 젊었을 때와는 달리 이제는 우리나라 사회에서도 채식에 대한 이해와 인내심이 생겼기에, 또한 그런 취향을 인정할 수 있는 정도의 역량이 되었기에 감사하다. 채식을 하는 이들의 통계는 모르겠지만, 내 주변에서는 수백 명 중 나 혼자인 듯하니 1%보다는 작을 것 같고 하여간 소수자(minority)임은 확실한 듯싶다. 다양한 '소수자' 중에서는 음식 때문에 소수자인 것에 감사하다. 만약 성소수자였다면 아직은 한국에서 행복한 삶을 영위하기가 참 힘들 것 같다. 비건(Vegan)도 아니고 생선까지 먹는데도 구내식당 메뉴를 보면 내가 먹을 게 별로 없는 날이 참 많고, 외식을 하더라도 식당을 고르는 것이 그다지 쉬운 편은 아니지만 그래도 채식을 하는 이들에 대한 사람들의 인식은 많이 나아졌으니 말이다.

하와이 마우나케아산 정상, 해발 4,200m에는 10여 개의 천문대가 있다. 나는 캐나다-프랑스-하와이 망원경(CFHT), 일본의 스바루 망원경을 사용하기 위해 저 높이에 올라 본 적이 있다. 요즘에는 한국 천문학자들이 사용하는 마우나케아 망원경이 제미니 망원경, 제임스 클럭 맥스웰 망원경(JCMT), 서브밀리미터 전파 망원경 배열

(SMA) 등으로 꾸준히 다양해지고 있다. 이렇게 높은 고도에서는 산소가 60%밖에 없으니 사람이 오래 머무를 수 없기도 해서 숙소와 식당, 사무실은 해발 2,800m 높이에 지어 놓았다. 이 숙소 영역을 하와이 말로 '할레포하쿠'라고 하는데, 숙소 건물들 중앙에 있는 커다란 건물에 식당과 사무실이 있다. 국가도 소속도 모두 다른 천문대들이지만 이 건물과 건물 내 식당을 공동으로 이용한다. 하와이 천문대에서 관측할 수 있는 사용 허락을 받으면 미리 숙소와 식사를 예약해야 하는데, 이때 어느 어느 끼니를 먹을 건지 등을 예약한다. 이 예약 서류를 보면 식사 종류(meal code)를 적는 칸이 있는데, 1번은 비건, 즉 계란, 치즈, 버터 등 동물로부터 나오는 유제품을 먹지 않으며 엄격한 채식을 하는 사람, 2번은 계란, 치즈, 버터 등의 동물성 유제품까지만 먹는 사람, 3번은 나처럼 거기에 더해 생선까지 먹는 사람, 4번은 한 단계 더 나아가 조류까지 먹는 사람이고 5번은 육류까지 즉 모든 것을 먹는 사람이다. 나는 늘 3번을 표시했는데, 이 이야기를 하면 마우나케아에 다녀온 동료들조차도 그런 게 있었느냐고 반문한다. 즉 육식을 하는 대부분의 사람들은 이런 칸이 있는지조차 모르고, 중요한 사항이 아니라고 생각해 유심히 보지 않고 건너뛴다. 아마도 식당에서도 이 칸을 비워 두는 사람들에 대해서는 당연히 5번으로 여기는 모양이다. 왜 표시 안 했느냐고 따지는 걸 본 적이 없으니 말이다.

예전에 내가 고기를 먹을 때와는 달리 지금은 직장에서 회식을 할 때 늘 미안하다. 동료들은 나를 배려하려고 노력하는데 그러다 보면 동료들이 먹고 싶은 음식을 먹지 못할 뿐만 아니라 갈 만한 식당의 수가 줄어든다. 그래서 내가 다른 일이 있어 회식에 참석하지 못할 때는 오히려 마음으로 동료들을 격려한다. 오늘 같은 날은 나 때문에 못 먹던 음식을 마음껏 드시라고. 그러면서도 라디오에서 들은 말, '편안함을 느끼면 뇌는 활동을 멈춘다'와 같은 말로 위안을 삼는다. 내 덕에 동료들의 뇌가 더 활성화된다고. 그래서 그런지 우리 식구들과 외식을 하려 할 때에는 아이들도 어른도 모두 머리가 슝슝 잘 돌아간다. 모두가 만족할 수 있는 식당을 찾기 위해.

16. 출연연 과학자의 미래 연구

한국천문연구원 같은 정부출연연구원은 천문학 및 우주과학 연구도 하고 국가적인 규모의 대형 관측 시설과 관측 기기를 만들고 운영하기도 하며 우주 환경의 감시, 역과 표준시의 관리, 그리고 국민들에게 천문 지식과 정보를 보급하는 등의 일을 한다. 대학원에서 박사학위 과정을 밟으며 공부할 때 보통은 지도교수 아래 여러 학생이 팀을 이루어 연구를 수행한다. 박사후연구원 과정에서도 비슷한 연구를 수행하다가 연구원에 직원으로 채용되면 잠시 역할의 혼동이 있을 수 있다. 대학과 대학원에서 대략 5~10년간 한 분야의 연구를 수행하다 보면 전문가가 되어 있기도 하고 재미도 있다. 자신을 지도했던 지도교수처럼 평생 그 분야를 연구할 수 있을 것 같다. 그래서 기회가 되면 이번에는 자신이 지도교수의 역할을 하며 연구하기 위해 지도할 학생과 박사후연구원을 고용하고 싶어진다.

천문인에도 급여는 물론 등록금까지 받으며 대학원 과정을 공부할 수 있는 과학기술연합대학원대학교(UST)가 있다. 하지만 이 제도는 대덕연구단지 등에 전문가들이 워낙 많으니 썩히지 말고 소수 정예 학생이 실험을 가까이에서 도우며 배우게 하는 도제식 교육이 목적이다. 그래서 자신이 학위과정에서 학생으로서 경험했던 정도의 다수 학생을 고용하는 팀을 꾸리기는 어렵다. 또한, 대학교수와 출연연 연구원의 공통점은 연구인 반면, 대학에서는 강의와 학생 지도라는 임무를, 연구원에서는 대형 관측 시설과 관측 기기의 건설·제작과 운영이라는 임무를 부여받는다. 연구원에 재직하는 10년, 20년, 30년의 시간 동안 자신이 담당한 관측 시설과 관측 기기의 전문가가 되는 특권이 주어지는 셈이다.

연구는 일반적으로 자신이 희망하는 연구 아이디어를 도출해 수행하기도 하고, 지도교수나 기관이 제공한 미션의 일부를 맡아 수행하기도 한다. 출연연에서는 국가적인 필요에 따라 대형 지상 망원경이나 우주망원경을 만들고 활용 연구를 수행하기도 한다. 연구원 각자가 수행하던 연구를 지속하는 것 외에 출연연같이 박사급 인력이 대단위로 모여 있는 장점을 발휘할 필요가 있다. 대학에서는 지도교수 1명과 대략 10여 명 이하의 학생·포닥이 팀을 이루는 반면, 출연연에서는 박사급 인력이 그보다 많이 참여하는 프로젝트를 만들 수 있다. 한국천문연구원이 미 항공우주국과 함께 제작 중이고, 2025년 즈음 우주로 발사할 예정인 스피어엑스(SPHEREx) 우주망원경같이 기관이 참여를 결정하고 많은 인력이 참여해 개발하고 발사 후에는 이를 활용해 연구를 수행하는 것도 좋은 전략이다. 스피어엑스처럼 장비가 먼저 대두되고 그를 이용한 연구 아이디어를 찾고 정리해 수행하는 경우도 있을 수 있고, 반면 연구원들이 꾸준히 아이디어를 내고 선진국들을 타산지석으로 삼으며 미래의 나아갈 방향을 모색하면서 연구 주제를 도출할 수도 있다.

참여 인력이 많을수록 아이디어가 확장되고 커지면서 대형 프로젝트가 만들어진다면 그를 위한 장비가 만들어질 수도 있을 것이다. 과거에는 늘 예산 부족 때문에 또는 기관 임무의 부담이 너무 커서 주어진 업무밖에 할 수 없었던 반면, 선진국 문턱을 넘어선 이제는 한국도 스스로의 위치를 되돌아보고 미래의 10년, 20년 동안 어떤 연구를 수행할시, 우리 기관의 인력 구조와 역량으로 도전할 수 있는 가장 좋은 목표가 무엇인지 모색할 필요가 있다. 경영진이 목표를 제시하기 전에 연구원들이 자발적으로 미래를 모색하는 노력을 한다면 자발적인 노력이 더 훌륭한 주제를 만들어 낼 수 있을 것이며, 프로젝트에 참여할 때도 '내가 만든 과제'여서 열정을 가지고 몰입할 수 있을 것이다. '장비 주도의 연구'가 아닌 '과학 주도의 연구'가 한국에서는 드물었는데 이제 많이 쏟아져 나오길 소망한다.

글을 마치며

연구원이라는 직업의 특징은 하고 싶은 연구를 마음껏 할 수 있다는 점이고, 그래서 자기가 하고 싶어 하는 일을 하면서 돈까지 받기에 부러움의 대상이다. 그런데 나이가 조금 들고 나니 가끔은 내가 친구들보다 취미생활에 시간을 적게 들일 수밖에 없었구나 하는 생각도 든다. 천문학자 등 과학자들은 늘 머릿속에 해결해야 할 문제와 내가 다음에 해야 할 일들이 들어 있다. 그래서 주중에 열심히 논문을 읽고 자료를 분석하다가 주말이 오면 일을 할 수 없다는 생각을 하게 된다. 그래서 모든 연구원은 아니라 하더라도 상당수가 한편으로는 주말을 맞는 것이 슬프기도 하다.

연차가 올라가면 하고 싶은 연구 외에도 해야 하는 일들이 내 앞에 쌓인다. 연구비를 받으니 보고서도 써야 하고, 많은 연구원이 모인 조직이다 보니 조직 관리도 해야 하고, 후배 연구자와 학생들을 모집하고 평가하고 때론 지도도 한다. 본업이 그렇다 보니 이 책을 쓰는 작업이 생각 외로 길어졌다. 몇 달이면 되리라 생각했지만 1년을 훌쩍 넘겨 버렸다. 그래도 늘 인자한 얼굴로 참아 주신 광문각에 너무 감사하다. 한편으론 나를 힘들게 한 몇 가지 일들이 책을 쓰는 기간에 벌어졌다. 2023년 초에 부친상을, 다시 1년여 후에 모친상을 당했다. 어머님이야 말할 것 없지만, 나와 별로 친하지도 않고 나를 늘 힘들게 해서 내가 하나도 마음 아플 것 같지 않던 아버님의 죽음마저 나를 이렇게 힘들게 할 줄은 몰랐다. 해결되지 않은 아픔들이 내 속에서 다시 되살아났고, 내가 그토록 듣고 싶었던 '미안하다'는 말 한마디 없이 가 버린 분이 용서되지 않았다.

그래도 이제 와 생각하면 한편으로는 고마움도 남는다. 내가 뭔가에 매진할 수 있었던 에너지는 '궁금증'도 있지만 한편으로는 '분노'였다. 욕구가 만들어 내는 에너지도 강하지만 분노가 유발하는 에너지 역시 강하다. 나는 그 에너지 덕을 많이 봤다. 부모님을 하늘로 보내 드리고 이제는 내가 중년이 되면서 내 속의 상처만큼이나 다른 사람들의 상처가 눈에 들어온다. 우리 모두의 상처로 눈물을 흘리며 위로를 찾는다. 그리고 조금이나마 긍정하며 일어서 보려 한다. 따뜻한 봄 햇살도 시원하게 내려 주는 빗줄기도, 마음을 토닥토닥 위로해 주는 붉은빛 아름다운 단풍과 소복소복 쌓이는 하얀 눈도 나를 위로해 주니까.

이미지 출처

1장 천문학자라는 사람들

[그림 3] https://www.kasi.re.kr/resources/htmlconverter_skin/doc.html?fn=213396826480526.JPG&rs=/file/htmlconverter_preview
[그림 4] https://en.wikipedia.org/wiki/Reflecting_telescope
[그림 5] https://en.wikipedia.org/wiki/The_Starry_Night#/media/File:Van_Gogh_-_Starry_Night_-_Google_Art_Project.jpg
[그림 6] https://en.wikipedia.org/wiki/Hubble_Space_Telescope#/media/File:Hubble_01.jpg
[그림 8] https://webb.nasa.gov/content/forPress/index.html – First Look: NASA's James Webb Space Telescope Fully Stowed
[그림 9] https://webb.nasa.gov/content/forPress/index.html – Tower Extension Test a Success for NASA's James Webb Space Telescope
[그림 10] apple (그림 : 한국천문연구원 이윤진)

2장 망원경 이야기 - 망원경은 클수록 좋다!

[그림 11] https://www.kasi.re.kr/kor/publication/post/notice/433?clsf_cd=notice003
[그림 12] https://en.wikipedia.org/wiki/Comet_Shoemaker%E2%80%93Levy_9#/media/File:Shoemaker-Levy_9_on_1994-05-17.png
[그림 13] https://en.wikipedia.org/wiki/Comet_Shoemaker%E2%80%93Levy_9#/media/File:Hubble_Space_Telescope_Image_of_Fragment_BDGLNQ12R_Impacts.png
[그림 14] gmto_giant_magellan_telescope_technical_animation_00454.png
[그림 15] https://www.tmt.org/image/197
[그림 16] https://en.wikipedia.org/wiki/W._M._Keck_Observatory#/media/File:KeckTelescopes-hi.png
[그림 17] https://en.wikipedia.org/wiki/W._M._Keck_Observatory#/media/File:KeckObservatory20071013.jpg
[그림 18] https://upload.wikimedia.org/wikipedia/commons/a/a0/Paranal_camp.jpg
[그림 19] https://en.wikipedia.org/wiki/Pleiades#/media/File:Pleiades_large.jpg
[그림 20] https://upload.wikimedia.org/wikipedia/commons/a/a7/MaunaKea_Subaru.jpg
[그림 21] https://en.wikipedia.org/wiki/Mauna_Kea#/media/File:Mauna_Kea_observatory.jpg
[그림 22] Hawaii_8_islands.jpg : google map
[그림 23] https://en.wikipedia.org/wiki/Hawaii_hotspot#/media/File:Hawaii_hotspot.jpg
[그림 24] https://en.wikipedia.org/wiki/Hawaii_(island)#/media/File:Location_Hawaii_Volcanoes.svg
[그림 25] https://en.wikipedia.org/wiki/Canada%E2%80%93France%E2%80%93Hawaii_Telescope#/media/File:CFW_Telescope.JPG
[그림 26] https://giantmagellan.org/gallery/telescope-renderings/#data-fancybox-6
[그림 27] https://giantmagellan.org/gallery/primary-mirrors/#data-fancybox-7 – M5 turned vertically
[그림 28] https://www.kasi.re.kr/kor/publication/post/photoGallery/28891?cPage=3
[그림 29] http://wiki.kas.org/index.php/천체망원경, http://wiki.kas.org/index.php/파일:천체망원경-그림5.jpg
[그림 30] https://giantmagellan.org/gallery/primary-mirrors/#data-fancybox-14 – img-15.jpg
[그림 31] https://giantmagellan.org/ → A Giant Leap in Size
[그림 32] https://giantmagellan.org/gallery/telescope-renderings/#data-fancybox-5
[그림 33] https://en.wikipedia.org/wiki/Astronomical_spectroscopy#/media/File:Spectral-lines-absorption.svg
[그림 34] https://www.giantmagellan.org/wp-content/uploads/2021/11/GMTScienceBook2018.pdf – page 12
[그림 35] https://www.cfa.harvard.edu/research/gmacs
[그림 36] https://phys.org/news/2022-11-webb-nirspec-instrument-windows.html

3장 칠레 이야기 - 남반구 하늘을 열다

[그림 37] LCO마젤란_1491.jpg (사진: 김상철)
[그림 38] LCO마젤란설산_1570.jpg (사진: 김상철)
[그림 39] LCO전경_1458.jpg (사진: 김상철)
[그림 40] LCO건물식물_1478.jpg (사진: 김상철)
[그림 41] LCO안데스_1615.jpg (사진: 김상철)
[그림 42] LCO공구_1551.jpg (사진: 김상철)
[그림 43] LCO드라이버_1552.jpg (사진: 김상철)
[그림 44] https://www.tmt.org/
[그림 45] https://en.wikipedia.org/wiki/Thirty_Meter_Telescope#/media/File:Thirty_Meter_Telescope_protest._October_7,_2014_C.jpg
[그림 46] https://en.wikipedia.org/wiki/Gran_Telescopio_Canarias#/media/File:Grantelescopio.jpg
[그림 48] https://noirlab.edu/public/images/noirlab-20180724-korean-flag-raising-0050/
        Credit: International Gemini Observatory/NSF's NOIRLab/AURA/J. Pollard
[그림 49] https://en.wikipedia.org/wiki/Transit_of_Venus#/media/File:SDO's_Ultra-high_Definition_View_of_2012_Venus_Transit_(304_Angstrom_Full_Disc_02).jpg
[그림 50] Transit_concept.jpg (별표면 통과(Transit) 외계행성계의 개념도,
        (그림: 이재우) https://www.kasi.re.kr/kor/publication/post/newsMaterial/2549
[그림 51] http://wiki.kas.org/index.php/중력렌즈

[그림 52] https://en.wikipedia.org/wiki/Gravitational_lens#/media/File:A_Horseshoe_Einstein_Ring_from_Hubble.JPG

[그림 53] https://en.wikipedia.org/wiki/Gravitational_lens#/media/File:Einstein_cross.jpg

[그림 54] https://en.wikipedia.org/wiki/Gravitational_microlensing#/media/File:Gravitational.Microlensing.Light.Curve.OGLE-2005-BLG-006.png

[그림 55] http://wiki.kas.org/index.php/미시중력렌즈 → Fig 3

[그림 56] https://www.kasi.re.kr/kor/publication/post/newsMaterial/2549

[그림 57] https://www.kasi.re.kr/kor/publication/post/newsMaterial/2313

[그림 58] http://wiki.kas.org/index.php/외계행성탐색시스템 → Fig 3

[그림 59] http://wiki.kas.org/index.php/외계행성탐색시스템 → Fig 1

[그림 60] KSP_N3923_2_2018ku.pdf → p. 14

[그림 61] LaSerenaAirport.jpg (사진: 김상철)

[그림 62] beard.jpg (사진: 김상철)

[그림 63] cacti.jpg (사진: 김상철)

[그림 64] CTIO_arrival.jpg (사진: 김상철)

[그림 65] KMTNet돔 (사진: 김상철)

[그림 66] KMTNet현판 (사진: 김상철)

[그림 67] NatureAstronomy_표지사진.jpg (KMTNet 초신성) https://www.nature.com/natastron/volumes/6/issues/5

[그림 68] https://www-sk.icrr.u-tokyo.ac.jp/en/sk/experience/gallery/pr_photo_14.jpg (Full Construction (2006), No. 14)

[그림 69] Moneda_IMG_5797.JPG (사진: 김상철)

[그림 70] Allende_IMG_5796.JPG (사진: 김상철)

[그림 71] IMG_6052_CTIO.JPG (사진: 김상철)

[그림 72] KMTNet_6434.JPG (사진: 김상철)

[그림 73] Fuerza_172941.jpg (사진: 김상철)

그동안 몰랐던
별의별 천문학 이야기
― 별에 빠지다 ―

2024년 12월 24일	1판	1쇄	인 쇄	
2025년 1월 3일	1판	1쇄	발 행	

지 은 이 : 김　　　상　　　철

펴 낸 이 : 박　　　정　　　태

펴 낸 곳 : **주식회사 광문각출판미디어**

10881
파주시 파주출판문화도시 광인사길 161
광문각 B/D 3층
등　　　록 : 2022. 9. 2 제2022-000102호
전 화(代) : 031-955-8787
팩　　　스 : 031-955-3730
E - mail : kwangmk7@hanmail.net
홈페이지 : www.kwangmoonkag.co.kr

ISBN : 979-11-93205-45-7　　　03440

값 : 18,000원